江西理工大学清江学术文库

# 视觉特征表达的
## 集成深度学习研究

罗会兰 ⊙ 著

Visual
Feature
Expression

·长沙·

# 内 容 简 介

图像视频大数据的分析与处理是保障国家和社会公共安全以及智能工业化的战略高技术手段，也是电子信息产业新的增长点，具有很大的发展潜力和广阔的应用前景。视觉处理任务的难易程度极大地取决于图像视频是如何表征的，一个好的视觉表达能使后续的学习任务更容易。本书从三个维度研究了视觉特征表达的新方法和新结构：研究图像特征的表达机制，以解决特征提取与选择问题；研究视频特征的表达机制，以探索模型的复杂度与计算效率问题；研究多任务视觉特征的表达机制，以探讨多模态学习与多任务融合问题。

本书可供从事模式识别、机器学习、图像分析等相关领域工作的研究人员参考。

# 前　言

视觉特征的表达是实现计算机视觉的关键步骤,简单高效的表达是视觉理解的本质。本书针对不同的视觉数据进行特征表达和学习研究,利用集成学习和基于生成对抗的无监督学习方法,在不同的视觉任务上进行特征表达模型的研究,取得以下研究成果。第一,在对 RGB 视频数据和人体骨架视频数据进行特征提取和表达方面,提出了协同时空注意力、多维特征激励融合、多维动态拓扑学习图卷积等一系列新颖的特征提取和表达方法,以学习到有效的时空视觉特征,并将其应用于人体动作识别领域,获得了较好的效果。第二,对基于图像的数据进行特征提取和表达研究,以完成目标检测、显著性目标检测和语义分割等基于单个图像信息的视觉任务,提出了一系列细节特征和语义特征增强和融合的方法,利用注意力指导模块集成多尺度、跨维度特征,设计交互模块以促进上下文语义信息和空间信息的交互学习,以完成不同级别的图像识别任务。另外,为了减少特征融合过程中的信息损失,提出了一种新的渐进式特征集中结构,将低层特征和高层特征逐层集成,实现多层次特征的递进融合,通过语义引导融合来解决低层特征在融合过程中的语义稀释问题,实现了更精准的特征表达。第三,集成多任务的特征表达学习研究,以利用有限的训练数据学习到通用视觉特征,通过共享特征和任务特定特征的学习,基于压缩激励和可选择权重的多任务学习网络,利用交互注意力机制,对多任务特征进行双向注意力融合学习,以学习对特定任务更具辨别性的特征。

视觉特征表达是一个极具挑战性且具有广阔应用前景的研究领域,也是多媒体信息产业中的关键问题之一。撰写本书的目的是通过总结近年来笔者在计算机视觉相关领域的研究成果,帮助读者深入了解视觉特征表达研究中的核心问题及其理论与技术，激发读者对这一领域的研究兴趣，同时为工程技术人员提供理论参考。本书系统地研究了视频特征表达学习、图像特征表达学习以及视觉多任务特征表达学习方法，探讨了通过设计新颖的网络架构和学习方法来增强视觉特征表达学习的能力，以更高效地完成不同的视觉任务。书中内容是笔者与其指导的研究生(易慧、王佩、陈圆、黎宵、曹立京、包中生、胡伟霞、梁柏诚)近年来研究成果的结晶。随着技术的不断发展，书中内容可能存在不足之处，恳请读者批评指正。

本书得到了国家自然科学基金项目(62361032)、江西省主要学科学术和技术带头人培养计划——领军人才项目(20213BCJ22004)、江西省自然科学基金重点项目(20232ACB202011)，以及多维智能感知与控制江西省重点实验室(2024SSY03161)的资助。

# 目 录

第1章 绪　论 …………………………………………………………………（1）

第2章 用于图像分类的三流卷积神经网络 …………………………………（8）

 2.1 引言 ……………………………………………………………………（8）

 2.2 用于图像分类的三流卷积神经网络模型 …………………………（10）

  2.2.1 模型结构 …………………………………………………………（10）

  2.2.2 特征提取学习方法 ………………………………………………（12）

  2.2.3 分类器融合方法 …………………………………………………（13）

 2.3 实验与分析 ……………………………………………………………（14）

  2.3.1 实验数据集 ………………………………………………………（14）

  2.3.2 实验设置 …………………………………………………………（14）

  2.3.3 实验结果 …………………………………………………………（14）

 2.4 本章小结 ………………………………………………………………（19）

第3章 浅层特征融合与语义信息增强的目标检测模型 ……………………（23）

 3.1 引言 ……………………………………………………………………（23）

 3.2 基于浅层特征融合和语义信息增强的目标检测方法 ……………（24）

  3.2.1 浅层特征增强模块 ………………………………………………（25）

  3.2.2 特征融合模块 ……………………………………………………（26）

  3.2.3 上下文信息增强模块 ……………………………………………（26）

  3.2.4 感受野增强模块 …………………………………………………（28）

3.2.5 损失函数 …………………………………………………（28）
　3.3 实验数据集及参数配置 ……………………………………（29）
　　3.3.1 实验数据集 ………………………………………………（29）
　　3.3.2 评估标准 …………………………………………………（29）
　　3.3.3 实验设置 …………………………………………………（30）
　3.4 实验结果及分析 ……………………………………………（30）
　　3.4.1 PASCAL VOC 2007 的检测结果 ………………………（30）
　　3.4.2 MS COCO 2017 的检测结果 ……………………………（33）
　　3.4.3 上下文信息增强模块的可视化 …………………………（35）
　　3.4.4 测试结果的比较 …………………………………………（36）
　　3.4.5 消融实验 …………………………………………………（37）
　　3.4.6 效率分析 …………………………………………………（41）
　3.5 本章小结 ……………………………………………………（42）

# 第 4 章 用于交通标志检测的多维特征交互学习 …………………（46）

　4.1 引言 …………………………………………………………（46）
　4.2 相关工作 ……………………………………………………（47）
　　4.2.1 小目标检测 ………………………………………………（48）
　　4.2.2 注意力机制 ………………………………………………（48）
　　4.2.3 自注意力机制 ……………………………………………（49）
　4.3 方法 …………………………………………………………（49）
　　4.3.1 VisioSignNet 概述 ………………………………………（49）
　　4.3.2 LGIM 模块 ………………………………………………（50）
　　4.3.3 ECSI 模块 ………………………………………………（54）
　　4.3.4 损失函数 …………………………………………………（56）
　4.4 实验结果与分析 ……………………………………………（57）
　　4.4.1 数据集与评估指标 ………………………………………（57）
　　4.4.2 VisioSignNet 在 TT100K 数据集上与先进算法的比较 ……（59）
　　4.4.3 VisioSignNet 在 GTSDB 数据集上与先进算法的比较 ……（61）
　　4.4.4 消融实验 …………………………………………………（62）
　4.5 本章小结 ……………………………………………………（68）

## 第5章 基于上下文和浅层空间编解码网络的图像语义分割方法 ……（72）

- 5.1 引言 ……（72）
- 5.2 相关工作 ……（74）
- 5.3 本书所提出的方法 ……（75）
  - 5.3.1 网络结构概述 ……（75）
  - 5.3.2 混合扩张卷积模块 ……（77）
  - 5.3.3 残差金字塔特征提取模块 ……（79）
  - 5.3.4 链式反置残差模块 ……（80）
  - 5.3.5 残差循环卷积模块 ……（80）
- 5.4 实验 ……（81）
  - 5.4.1 实验设置 ……（81）
  - 5.4.2 CamVid 数据集上的结果 ……（82）
  - 5.4.3 SUN RGB-D 数据集上的结果 ……（84）
  - 5.4.4 Cityscapes 数据集上的结果 ……（85）
  - 5.4.5 消融实验 ……（86）
- 5.5 本章小结 ……（90）

## 第6章 用于骨架动作识别的多维动态拓扑图卷积网络 ……（93）

- 6.1 引言 ……（93）
- 6.2 方法 ……（95）
  - 6.2.1 图卷积网络 ……（95）
  - 6.2.2 动态图计算 ……（96）
  - 6.2.3 MD$^2$TL-GCN 概述 ……（97）
  - 6.2.4 纯粹节点拓扑结构学习图卷积 ……（98）
  - 6.2.5 动态时序特异性拓扑学习图卷积 ……（99）
  - 6.2.6 通道特异性拓扑学习图卷积 ……（102）
  - 6.2.7 多尺度时间维卷积模块 MS-TC ……（103）
  - 6.2.8 多流 MD$^2$TL-GCN ……（103）
- 6.3 实验 ……（104）
  - 6.3.1 数据集与实验设置 ……（105）

## 6.3.2 消融实验 ········································· (105)
## 6.3.3 多流融合模型 ····································· (108)
## 6.3.4 与其他先进骨架动作识别算法的比较 ················· (109)
### 6.4 结论 ················································· (111)

## 第7章 特征采样运动信息增强的动作识别方法 ················· (114)
### 7.1 引言 ················································· (114)
### 7.2 方法 ················································· (116)
#### 7.2.1 LGMeNet 网络结构 ································ (116)
#### 7.2.2 MfS 采样模块 ····································· (117)
#### 7.2.3 LME 模块 ········································· (118)
#### 7.2.4 GME 模块 ········································· (119)
### 7.3 实验 ················································· (120)
#### 7.3.1 数据集 ··········································· (120)
#### 7.3.2 实现细节 ········································· (121)
#### 7.3.3 消融实验 ········································· (121)
#### 7.3.4 与其他先进方法的比较 ···························· (125)
### 7.4 本章小结 ············································· (127)

## 第8章 注意力-边缘交互的光学遥感图像显著性目标检测 ········ (132)
### 8.1 引言 ················································· (132)
### 8.2 相关工作 ············································· (134)
#### 8.2.1 语义增强网络 ····································· (134)
#### 8.2.2 边缘辅助网络 ····································· (135)
#### 8.2.3 语义-边缘辅助网络 ································ (135)
### 8.3 方法 ················································· (136)
#### 8.3.1 多尺度注意力交互模块 ···························· (137)
#### 8.3.2 语义指导的融合模块 ······························ (141)
#### 8.3.3 损失函数 ········································· (142)
### 8.4 实验 ················································· (142)
#### 8.4.1 实验设置 ········································· (142)

        8.4.2 实验结果及分析 ……………………………………… (144)
        8.4.3 消融实验 …………………………………………… (153)
    8.5 讨论 ……………………………………………………………… (155)
    8.6 本章小结 ………………………………………………………… (157)
第9章 用于密集预测任务的分层多任务学习网络 …………………… (161)
    9.1 引言 ……………………………………………………………… (161)
    9.2 相关工作 ………………………………………………………… (162)
        9.2.1 多尺度特征融合 …………………………………… (162)
        9.2.2 多任务信息交互 …………………………………… (163)
    9.3 提出的方法 ……………………………………………………… (163)
        9.3.1 HirMTL 概述 ………………………………………… (163)
        9.3.2 特征传播和连接模块 ……………………………… (165)
        9.3.3 任务自适应多尺度特征融合模块 ………………… (167)
        9.3.4 MFF 模块 …………………………………………… (169)
        9.3.5 非对称信息对比模块 ……………………………… (170)
        9.3.6 多任务学习损失函数 ……………………………… (171)
    9.4 实验 ……………………………………………………………… (171)
        9.4.1 实验设置 …………………………………………… (172)
        9.4.2 与其他先进算法的比较 …………………………… (172)
        9.4.3 不同任务依赖关系的研究 ………………………… (175)
        9.4.4 消融实验 …………………………………………… (176)
    9.5 本章小结 ………………………………………………………… (179)

# 第1章 绪 论

图像视频大数据的分析与处理是保障国家和社会公共安全以及智能工业化的战略高技术手段,也是电子信息产业新的增长点,具有很大的发展潜力和广阔的应用前景。在现代生产和生活应用的方方面面,都有图像及视频数据智能处理的需求,这给计算机视觉研究领域带来了巨大的发展机遇,同时海量的数据也使得视觉分析处理面临新的挑战。物体的多样性和同一类物体外观的多变性,以及复杂背景、不同视角和尺度、遮挡等使得视觉识别分析具有很大的难度。视觉处理任务的难易程度极大程度上取决于图像视频是如何表征的,一个好的视觉表达能使后续的学习任务变得更容易,所以对图像和视频数据进行智能处理是表征它们的关键。表达学习是指给机器输入原始数据,使其发现用于检测和分类的表示。

视觉表达学习领域的研究大体可以分成三类。第一类是使用很强的先验知识进行学习的产生式模型[1-3],这种算法本质上是捕捉特征的共生统计信息。第二类是使用人工精心设计的算法来表达特定的有限信息,如尺度不变特征变换(scale invariant feature transform,SIFT)[4]、方向梯度直方图(histogram of oriented gradients,HOG)[5]、梯度位置方向直方图(gradient location-orientation histogram,GLOH)[6]和加速鲁棒特征(speeded-up robust features,SURF)[7]。这类方法通常包含两个阶段,即先进行特征检测和特征描述,然后将其表示成词袋模型(bag-of-words,BoW)。这类表征方法的表达能力有限,鲁棒性差,不能满足不同视觉任务的需求。第三类是从图像本身学习视觉表达,从 Olhausen 和 Field 的自动编码工作[8]开始,他们的目标是学习到稀疏和可重构的视觉表达,他们的工作表明,可以直接从数据学习到类似初级视皮层 V1 的滤波器。此思想被 Hinton 和 Salakhutdinov[9]扩展,用来以一种非监督方式训练一个自动编码网络,通过层层叠加有限玻尔兹曼机(restricted boltzmann machine,RBM)来达到将高维数据转换成低维码的目的。与此类似,Bengio 等[10]将深度置信网络(deep belief net,DBN)和 RBM 进行扩展,用于处理连续输入的变量,并研究了深度训练优化算法。自动去噪编码方法[11]通过从随机扰乱的输入样本中重构数据来学习噪声鲁棒的特征。Le 等[12]进一步将多层自动编码器扩展到大规模无标签数据上,他们证实尽管网络是在无监督方式下训练的,高层神经元对于人头和猫脸这样的语义物体仍具有高响应。

深度网络模型作为特征表达具有天然的优势,通过将低层特征组合成更高层的特征,不但可以学习到训练数据中不曾出现的结构,而且表达能力获得了指数级提升。深度卷积神经网络(convolutional neural network,简称CNN)是当前比较流行的深度网络模型之一,其使用的卷积滤波和池化技术较好地保留了图像的局部空间结构信息。在大数据集ImageNet上的竞赛结果[13-16]表明卷积神经网络在图像或物体分类中的应用非常成功。谢智歌等[17]提出了一种基于卷积自动编码机的三维特征学习方法,提取的特征在三维模型分类和三维物体检测等实验任务中取得了良好的结果。文献[18]中李寰宇等利用分层学习得到特征向量,对原始图像进行多层卷积滤波,从而提取出图像更深层次的抽象表达。在文献[19]中,Guo和Chao提出在空域和频域进行深度卷积网络学习,得到双模式的图像表征。高君宇等[20]提出并构建了一个两路对称且权值共享的深度卷积神经网络来对候选目标进行稀疏特征表示。文献[21]中卢泓宇等提出基于卷积神经网络的特征选择模型,将特征评价方法作为先验知识加入神经网络的训练过程中,得到的特征表达在后续的识别任务中取得了良好的效果。

视频能为表达学习提供另一种信息。在大多数情景下,虽然视频识别对象的外观会随时间变化,但它们的标识保持不变,可以通过挖掘这种时域相干性来学习视觉表示。Le等[22]通过扩展独立子空间分析从视频数据中学习不变时空特征,用在动作分类上的效果优于许多利用人工设计特征的算法。文献[23]在自动编码器框架中包含基于视频的约束以学习到不变性特征。与此类似,Goroshin等[24]提出基于时域关联性学习自动编码器。Taylor等[25]从相继图像对中通过训练卷积门限RBMs学习潜在表达。Srivastava等[26]提出用非监督式学习一个长短时记忆网络(long-short term memory,简称LSTM)来预测未来图像帧。Zou等[23]通过对特征表达施加时序缓变约束,用线性自动编码器从视频中学习到不变特征。文献[27]中提出一种视频表示方法,在三个层次上学习视频的动态信息,利用深度卷积网络特征来捕捉短时动态,在此基础上通过线性动态系统得到中间层动态,然后利用池化技术得到长时动态信息。Wang和Gupta[28]从数十万数量级的网络视频中学习视觉表达,他们使用视觉跟踪作为监督信号来训练暹罗三元网络得到视觉表达。第一人称视频(egocentric video)也被用来学习视觉表达[29],本体感觉运动信号被作为无监督正则化因子用于卷积神经网络的训练学习。

尽管当前数据集如ImageNet[30]有千万数量级的带标签图片,但性能较好的深度模型需要训练的参数已达到十亿数量级,所以带标签数据集仍然无法满足复杂度不断增加的深度模型[31]。人类与动物的学习都是通过观察来发现世界的结构的,而不是通过告知每个物体的名字。研究如何高效利用无标签数据对于理解智能具有重大意义。机器学习有监督学习与非监督学习两大类，后者根据无标签训练样本与当前识别任务的相关程度又可以分成自我学习、迁移学习和半监督学习。自我学习是指从与当前任务不相关的、没有特定约束的无标签数据中学习。而迁移学习或半监督学习则对无标签数据有一定要求，如迁移学习需要有来自类似任务的标签数据，当目标领域与源领域有很大差别时迁移学习的效果不理想。自我学习是新近出现的一种非监督式学习方法[32-35]，其是通过构造不同的模型来利用低成本无标签数据进行学习。为了实现自我学习，文献[36]提出种子样本数据方法，通过从图像到物体的转换和挖掘密集子图来找到可靠的正训练样本。Bettge 等[37]通过稀疏表达理论实现自我学习，结合有标签数据实现特征表达，用于遥感图像分类。在文献[38]中，Gan 等提出用自我学习的概念来减少对深度学习训练样本的要求，通过预训练深度网络来学习评判人面部美丽程度的特征。由于自我学习对训练样本的要求非常低，可以很容易获得，因此它具有很大的实用性和可用性。

为了减少对标签数据的要求，许多不同的产生式模型被提出。文献[39]中提出了一种深度卷积生成对抗网络(generative adversarial network，GAN)，用来学习分级特征表示。文献[40]中 Shrivastava 等通过 GAN 生成图片来减少深度模型训练对标签数据的依赖。此外，深度自动编码网络(deep auto-encoder，DAE)也被用于非监督式表达学习，通过约束表达的稀疏性、强化抗噪性和对输入数据的敏感性，最大化表达可还原性学习到数据的编码。在文献[41]中 Yang 等提出了一个规范化的深度 DAE 网络来进行非监督式图像表达学习，在 DAE 结构基础上使用了额外结构化规范网络，同时学习了高层语义和数据流形的局部几何结构。为了更好地利用无标签数据，文献[42]中使用图像内物体间空间关系信息作为监督信号来训练卷积神经网络，学习视觉表示。有些文献提出利用视频的时序信息进行无监督学习，如文献[43]中 Lee 等把时序关联作为监督信号，使用无标签视频学习通用的视觉表达。文献[44]中利用视频中物体外观、位置和形状的时序平滑性，将非监督式训练深度卷积网络用于物体检测。此外，文献[45]中提出利用上下文无关网络进行迁移特征表示学习，其实验表明学习到的特征能捕捉语义相关内容。文献[46]中 Li 等提出使用挖掘得到的正负图像对作为监督信号，利用卷积神经网络来学习有效的图像表示。

尽管计算机视觉领域的特征表达学习研究已取得显著进展，但在图像特征表达、视频特征表达以及多任务特征表达学习中仍面临以下挑战。

(1)特征提取与选择的高效性和准确性：虽然深度学习方法能够自动学习视觉特征，但从高维图像和视频数据中准确且高效地提取和选择最具区分性的特征仍然是一个难题，尤其是在面对各种视觉变化、遮挡和噪声的情况下。

(2)模型复杂度与计算效率的平衡：深度学习模型，特别是那些为高性能设计的模型,通常伴随着大量的参数和计算需求,这使得在实时应用和资源受限设备上部署这些模型方面成为一大挑战。

(3)跨模态和跨任务特征的配准:在多模态和多任务学习场景中,不同来源或任务的特征之间可能存在巨大差异,如何有效对齐、融合或转换这些特征以实现一致的表达仍是一个尚未完全解决的问题。

本书从三个维度探讨了视觉特征表达的新方法和新结构:一是研究图像特征的表达机制,以应对特征提取与选择问题;二是研究视频特征的表达机制,以探索模型复杂度与计算效率的平衡;三是研究多任务视觉特征的表达机制,以解决多模态学习与多任务融合的问题。图像与视频的大数据分析与处理不仅是确保国家和社会公共安全的关键技术,也是电子信息产业新的增长引擎。其潜在的发展空间和广泛的应用场景备受瞩目。本书的研究成果为通用视觉表征研究提供了一些新的思路,并为提升视觉特征表达能力提供了有益的技术和理论参考。希望这些研究能够在一定程度上推动图像和视频数字经济产业的发展,为智能信息产业的进一步发展贡献一些力量。

## 参考文献

[1] HINTON G E, DAYAN P, FREY B J, et al. The "wake-sleep" algorithm for unsupervised neural networks[J]. Science, 1995, 268(5214): 1158-1161.

[2] SUDDERTH E B, TORRALBA A, FREEMAN W T, et al. Describing visual scenes using transformed Dirichlet processes[J]. Advances in Neural Information Processing Systems, 2005: 1297-1304.

[3] REZENDE D J, MOHAMED S, WIERSTRA D. Stochastic backpropagation and approximate inference in deep generative models [EB/OL]. 2014: 1401. 4082. https://arxiv.org/abs/1401.4082v3.

[4] LOWE D G. Distinctive image features from scale-invariant keypoints[J]. International Journal of Computer Vision, 2004, 60(2): 91-110.

[5] DALAL N, TRIGGS B. Histograms of oriented gradients for human detection[C]//2005 IEEE Computer Society Conference on Computer Vision and Pattern Recognition (CVPR'05). June 20-25, 2005, San Diego, CA, USA. IEEE, 2005: 886-893.

[6] MIKOLAJCZYK K, SCHMID C. A performance evaluation of local descriptors [J]. IEEE Transactions on Pattern Analysis and Machine Intelligence, 2005, 27(10): 1615-1630.

[7] BAY H, TUYTELAARS T, VAN GOOL L. SURF: speeded up robust features[M]//Lecture Notes in Computer Science. Berlin, Heidelberg: Springer Berlin Heidelberg, 2006: 404-417.

[8] OLSHAUSEN B A, FIELD D J. Sparse coding with an overcomplete basis set: a strategy employed by V1? [J]. Vision Research, 1997, 37(23): 3311-3325.

[9] HINTON G E, SALAKHUTDINOV R R. Reducing the dimensionality of data with neural networks

[J]. Science, 2006, 313(5786): 504-507.

[10] BENGIO Y, LAMBLIN P, POPOVICI D, LAROCHELLE H. Greedy layer-wise training of deep networks[M]//Advances in Neural Information Processing Systems 19. Cambridge: The MIT Press, 2007: 153-160.

[11] VINCENT P, LAROCHELLE H, BENGIO Y, et al. Extracting and composing robust features with denoising autoencoders[C]//Proceedings of the 25th international conference on Machine learning-ICML'08. July 5-9, 2008. Helsinki, Finland. ACM, 2008: 1096-1103.

[12] LE Q V. Building high-level features using large scale unsupervised learning[C]//2013 IEEEInternational Conference on Acoustics, Speech and Signal Processing. May 26-31, 2013, Vancouver, BC, Canada. IEEE, 2013: 8595-8598.

[13] KRIZHEVSKY A, SUTSKEVER I, HINTON G E. ImageNet classification with deep convolutional neural networks[J]. Communications of the ACM, 2017, 60(6): 84-90.

[14] SIMONYAN K, ZISSERMAN A. Very deep convolutional networks for large-scale image recognition[EB/OL]. 2014. https://arxiv.org/abs/1409.1556v6.

[15] SZEGEDY C, LIU W, JIA Y Q, et al. Going deeper with convolutions[C]//2015 IEEE Conference on Computer Vision and Pattern Recognition (CVPR). June 7-12, 2015, Boston, MA, USA. IEEE, 2015: 1-9.

[16] ZEILER M D, FERGUS R. Visualizing and understanding convolutional networks[M]//Lecture Notes in Computer Science. Cham: Springer International Publishing, 2014: 818-833.

[17] 谢智歌, 王岳青, 窦勇, 等. 基于卷积-自动编码机的三维形状特征学习[J]. 计算机辅助设计与图形学学报, 2015, 27(11): 2058-2064.

[18] 李寰宇, 毕笃彦, 杨源, 等. 基于深度特征表达与学习的视觉跟踪算法研究[J]. 电子与信息学报, 2015, 37(9): 2033-2039.

[19] GUO J, CHAO H Y. Building dual-domain representations for compression artifacts reduction[M]//Lecture Notes in Computer Science. Cham: Springer International Publishing, 2016: 628-644.

[20] 尚君宇, 杨小汕, 张天柱, 等. 基于深度学习的鲁棒性视觉跟踪方法[J]. 计算机学报, 2016, 39(7): 1419-1434.

[21] 卢泓宇, 张敏, 刘奕群, 等. 卷积神经网络特征重要性分析及增强特征选择模型[J]. 软件学报, 2017, 28(11): 2879-2890.

[22] LE Q V, ZOU W Y, YEUNG S Y, et al. Learning hierarchical invariant spatio-temporal features for action recognition with independent subspace analysis[C]//CVPR. June 20-25, 2011, Colorado Springs, CO, USA. IEEE, 2011: 3361-3368.

[23] ZOU W Y, ZHU S H, NG A Y, et al. Deep learning of invariant features via simulated fixations in video[J]. Advances in Neural Information Processing Systems, 2012, 4: 3203-3211.

[24] GOROSHIN R, BRUNA J, TOMPSON J, et al. Unsupervised learning of spatiotemporally coherent metrics[C]//2015 IEEE International Conference on Computer Vision (ICCV). December 7-13, 2015, Santiago, Chile. IEEE, 2015: 4086-4093.

[25] TAYLOR G W, FERGUS R, LECUN Y, et al. Convolutional learning of spatio-temporal features [M]//Lecture Notes in Computer Science. Berlin, Heidelberg: Springer Berlin Heidelberg, 2010: 140-153.

[26] SRIVASTAVA N, MANSIMOV E, SALAKHUTDINOV R. Unsupervised learning of video representations using LSTMs [EB/OL]. 2015: 1502. 04681. https://arxiv.org/abs/1502.04681v3.

[27] LI Y W, LI W X, MAHADEVAN V, et al. VLAD3: encoding dynamics of deep features for action recognition[C]//2016 IEEE Conference on Computer Vision and Pattern Recognition (CVPR). June 27-30, 2016, Las Vegas, NV, USA. IEEE, 2016: 1951-1960.

[28] WANG X L, GUPTA A. Unsupervised learning of visual representations using videos[C]//2015 IEEE International Conference on Computer Vision (ICCV). December 7-13, 2015, Santiago, Chile. IEEE, 2015: 2794-2802.

[29] JAYARAMAN D, GRAUMAN K. Learning image representations tied to egomotion from unlabeled video[J]. International Journal of Computer Vision, 2017, 125(1): 136-161.

[30] RUSSAKOVSKY O, DENG J, SU H, et al. Imagenet large scale visual recognition challenge [J]. International journal of computer vision, 2015, 115: 211-252.

[31] 张顺, 龚怡宏, 王进军. 深度卷积神经网络的发展及其在计算机视觉领域的应用[J]. 计算机学报, 2019, 42(3): 453-482.

[32] RAINA R, BATTLE A, LEE H, et al. Self-taught learning: transfer learning from unlabeled data[C]//Proceedings of the 24th international conference on Machine learning. Corvalis Oregon USA. ACM, 2007: 759-766.

[33] DAI W Y, YANG Q, XUE G R, et al. Self-taught clustering[C]//Proceedings of the 25th international conference on Machine learning - ICML'08. July 5-9, 2008. Helsinki, Finland. ACM, 2008: 2008: 200-207.

[34] RAINA R. Self-taught learning[D]. Stanford: Stanford University, 2009.

[35] WANG H, NIE F P, HUANG H. Robust and discriminative self-taught learning[J]. 30th International Conference on Machine Learning, ICML 2013, 2013(PART 2): 1335-1343.

[36] JIE Z Q, WEI Y C, JIN X J, et al. Deep self-taught learning for weakly supervised object localization [C]//2017 IEEE Conference on Computer Vision and Pattern Recognition (CVPR). July 21-26, 2017, Honolulu, HI, USA. IEEE, 2017: 4294-4302.

[37] BETTGE A, ROSCHER R, WENZEL S. Deep self-taught learning for remote sensing image classification[EB/OL]. 2017: 1710.07096. https://arxiv.org/abs/1710.07096v2.

[38] GAN J Y, LI L C, ZHAI Y K, et al. Deep self-taught learning for facial beauty prediction[J]. Neurocomputing, 2014, 144: 295-303.

[39] RADFORD A, METZ L, CHINTALA S, DINAKARAN R, EASOM P, ZHANG L, BOURIDANE A, JIANG R, EDIRISINGHE E. Unsupervised representation learning with deep convolutional generative adversarial networks[EB/OL]. 2015: 1511.06434. https://arxiv.org/abs/1511.06434v2.

[40] SHRIVASTAVA A, PFISTER T, TUZEL O, et al. Learning from simulated and unsupervised images through adversarial training[C]//2017 IEEE Conference on Computer Vision and Pattern Recognition (CVPR). July 21-26, 2017, Honolulu, HI, USA. IEEE, 2017: 2242-2251.

[41] YANG S J, LI L, WANG S H, et al. A graph regularized deep neural network for unsupervised image representation learning[C]//2017 IEEE Conference on Computer Vision and Pattern Recognition (CVPR). July 21-26, 2017, Honolulu, HI, USA. IEEE, 2017: 7053-7061.

[42] DOERSCH C, GUPTA A, EFROS A A. Unsupervised visual representation learning by context prediction[C]//2015 IEEE International Conference on Computer Vision (ICCV). December 7-13, 2015, Santiago, Chile. IEEE, 2015: 1422-1430.

[43] LEE H Y, HUANG J B, SINGH M, et al. Unsupervised representation learning by sorting sequences[C]//2017 IEEE International Conference on Computer Vision (ICCV). October 22-29, 2017, Venice, Italy. IEEE, 2017: 667-676.

[44] CROITORU I, BOGOLIN S V, LEORDEANU M. Unsupervised learning from video to detect foreground objects in single images[C]//2017 IEEE International Conference on Computer Vision (ICCV). October 22-29, 2017, Venice, Italy. IEEE, 2017: 4345-4353.

[45] NOROOZI M, FAVARO P. Unsupervised learning of visual representations by solving jigsaw puzzles[M]//Lecture Notes in Computer Science. Cham: Springer International Publishing, 2016: 69-84.

[46] LI D, HUNG W C, HUANG J B, et al. Unsupervised visual representation learning by graph-based consistent constraints[M]//Lecture Notes in Computer Science. Cham: Springer International Publishing, 2016: 678-694.

# 第 2 章　用于图像分类的三流卷积神经网络

## 2.1　引言

图像分类是计算机视觉领域的基本问题，是指根据图像中的内容给图像分配一个语义类别标签。图像分类在医学影像、遥感图像、行人重识别、人脸识别等领域具有广泛应用。尽管当前图像分类研究取得了很大的进展，如对抗训练[1]、卷积分解技术[2]、知识蒸馏方法[3]、DCNN-RCNN 框架[4]和网络模型压缩技术[5]等，但是其也存在很多的挑战，如极端尺度目标的分类、类内不同实例的分类，以及无训练样本学习等。

图像分类方法大体可以分为两类：传统的手工特征提取算法[6-10]和基于深度学习的卷积神经网络的图像分类算法[11-18]。传统方法是首先从图像中手工提取特征描述符，然后将这些特征描述符输入分类器进行训练学习，分类准确性在很大程度上取决于手工特征设计的有效性。深度学习由于具有自动学习特征表达的能力，并且特征表达学习和分类学习无缝连接，实现了端到端学习，所以在图像分类领域具有传统方法无法比拟的性能。用于图像分类的主流深度学习方法是基于卷积神经网络[19,20]（convolutional neural network，CNN）模型及其衍生的一系列方法。研究者通过许多方法对卷积神经网络模型进行了改进，如增加网络的深度[21-23]，扩大网络的宽度[24,25]，将网络模型的卷积层的卷积核设置得更小或为池化层设置更小的步长[22,26]，提出新的非线性激活函数[27,28]，提出新的网络层[29,30]，以及更有效的正则化方法[31]，等等。

相比前期图像分类深度模型的工作关注点大多在如何减少网络参数、增强网络泛化性能、提高网络工作效率等方面，后期工作的关注点更侧重如何增加有效特征的提取。Srivastava 等[12]提出在树的结构中加入先验知识，并将这些先验知识应用于网络模型的最后一层，使用一个类继承的方法来实现类之间的信息共享。这种方法能够解决少量样本或者罕见类别数据的分类问题。Lee 等[14]通过对网络模型的隐藏层进行监督学习，充分利用隐藏层中的潜在特征信息，提取具有区分性的图像特征,在很大程度上解决了梯度消失的问题。Murthy 等[17]提出深度决策网络(deep decision network,DDN)模型框架,通过引入决策树理论和样本分区来构建网络模型,将不同类别的样本分别聚类,以此得到丰富的图像特征,通过将传统机器学习方法与深度学习方法相结合,在分类效果上取得了很大的提升。

一些文献通过构建并行的卷积神经网络来提取更加充分有效的特征,提高图像分类准确度。Lin 等[32]提出一种双线性 CNN 模型(bilinear models)用于图像细粒度分类。该模型结构由两个对称的特征提取器组成,对两个网络流的输出特征进行外积操作,得到最终的图像描述子。双线性形式简化了梯度计算,能够对两个网络流在只有图像标签的情况下进行端到端训练,但是双线性模型得到的特征是高维的,其特征维度一般为几十万到数百万[33]。为了降低文献[32]中的计算成本,Gao 等[34]提出两种紧凑的双线性表征方法,具有和双线性模型相当的表征能力,但模型得到的特征维度只有几千。Kong 等[35]采用对称双流 CNN 网络模型,运用一个低秩双线性分类器进行图像细粒度分类。Hou 等[18]提出构建对称的卷积神经网络框架用于图像识别,具体做法是构建两个子网络结构完全相同的双流网络,双流网络迭代交替训练,通过学习到互补的特征,提升图像分类效果。双流网络在图像分类的应用上并不多见,但在动作识别领域应用较为广泛。Simonyan 等[36]提出构建双流 CNN 网络,将视频看作一段图像序列,通过空间流处理静止图像帧,提取到形状信息,通过时间流计算光流 CNN 特征,提取到视频运动信息,再将时间流和空间流的 CNN 特征进行融合,该方法用于动作识别时具有良好的鲁棒性。在双流 CNN 网络的基础上,Wang 等[37]提出构建三流 CNN 网络模型用于视频中的行为识别,进一步将时间流分成局部时间流和全局时间流,弥补了时间流上丢失的信息,提高了识别的准确性。

目前双流以及多流网络结构模型的研究工作虽然较多,但是大多数都是研究应用于视频中的动作识别,分别学习空间和时间信息。近年来图像分类领域取得的较大突破大多是通过增加网络层数获得的,如:AlexNet[38]网络达到 8 层的深度,VGG[22]网络达到 19 层的深度,GoogLeNet[30]达到 22 层的深度,后续增加到 31 层[30],ResNet[21]网络达到 152 层的深度。利用单个深度卷积网络学习整个图像细节较为困难,因为处于低层次但是区分性较强的独特细节有可能被丢弃在中间网络层,或者被大量无用信息淹没[18]。多流 CNN 源于动作识别领域,并且在该领域已经取得了良好的识别效果。但将多流网络用于图像分类还有很多值得探讨的地方,如每个流分别用来学习图像什么类型的特征,如何让不同流网络之间学习到的特征具有互补性,以及训练方式等都有研究的空间。受到文献[18]和文献[36]的启发,我们在双流 CNN 的基础上,结合文献[37]中的三流 CNN 的思想,探讨三流 CNN 在图像分类领域的分类性能,并将多流 CNN 运用到图像分类中，提出一种基于三流卷积神经网络模型的图像分类方法，旨在通过拓宽 CNN 网络结构，充分提取图像特征。文献[39]指出，通常卷积神经网络学到的权向量是"杂乱无章"的，网络同一层中的权向量通常存在较强的相关性，这种"相关性"对于特征表达可能造成不必要甚至非常有害的冗余。受文献[39]的启发，同时为了解决不同网络流学习到的特征表达相关性和冗余的问题，我们提出了一种交叉"间隔"式的方法来训练三流网络，以充分提取有互补性的图像特征。这种方法是在训练分类器阶段，由每个网络流训练一个分类器，运用分类器融合算法对每个网络流学习到的分类器赋予不同权值，得到三个网络流分类器的融合输出，最终实现图像分类。我们提出的方法主要有三个创新点，首先，将动作识别中的多流 CNN 运用到图像分类领域，提出了一种三流卷积神经网络模型框架用于图像分类。其次，为了充分描述图像的有效特征，减少数据冗余，提出了一种交叉"间隔"式的特征提取方法。最后，运用分类器融合算法将三个子网络的分类器赋予不同权值，得到三个网络流分类器的融合输出。2.2 小节将详细论述我们提出的方法；2.3 小节通过在三个标准数据集上的实验，验证我们所提出的方法的有效性和鲁棒性；2.4 小节阐述结论。

## 2.2 用于图像分类的三流卷积神经网络模型

### 2.2.1 模型结构

考虑到多流 CNN 在动作识别研究领域的良好效果，我们提出一种三流卷积神经网络模型框架用于图像分类，即利用三个对称网络流充分提取图像特征，然后将三个子网络的分类器进行加权处理并融合。模型框架如图 2.1 所示，其主要由 S1、S2 和 S3 三个子网络组成，整体框架主要包括特征提取、分类器和融合分类器三部分。其中，S1、S2 和 S3 网络结构相同，但通过使用不同的训练方法、学习率和偏置项设置方式，学习到不同的图像特征，然后将特征输出到相应分类器。最后根据三个分类器的性能，分别赋予不同权值，将三个分类器的分类结果值加权求和，即采用 SUM 的方式进行融合。图 2.1 中示例的子网络结构采用的是 CaffeNet 网络[38]模型，CaffeNet 网络模型是 AlexNet 网络[38]模型的一种变体。单个 CaffeNet 网络模型主要由 5 个卷积层和 3 个全连接层构成。第一和第二层卷积部分由卷积层（Conv）、激活函数层（ReLU）、池化层（pool）和归一化层（norm）构成。第三、第四和第五层卷积部分由卷积层和激活函数层构成，第五层后面加了池化层。第六和第七层由全连接层、激活函数层和 dropout 层组成。第八层是全连接层，在后面跟着 softmax 层分别输出分类结果并计算损失。融合分类器部分将三个子网络的全连接层的输出结果进行加权求和后再输入 softmax 层实现分类结果的融合。网络框架中的三个子网络 S1、S2、S3 可以替换成 NIN[13]、ResNet[21]、VGGNet[22] 等其他网络结构。

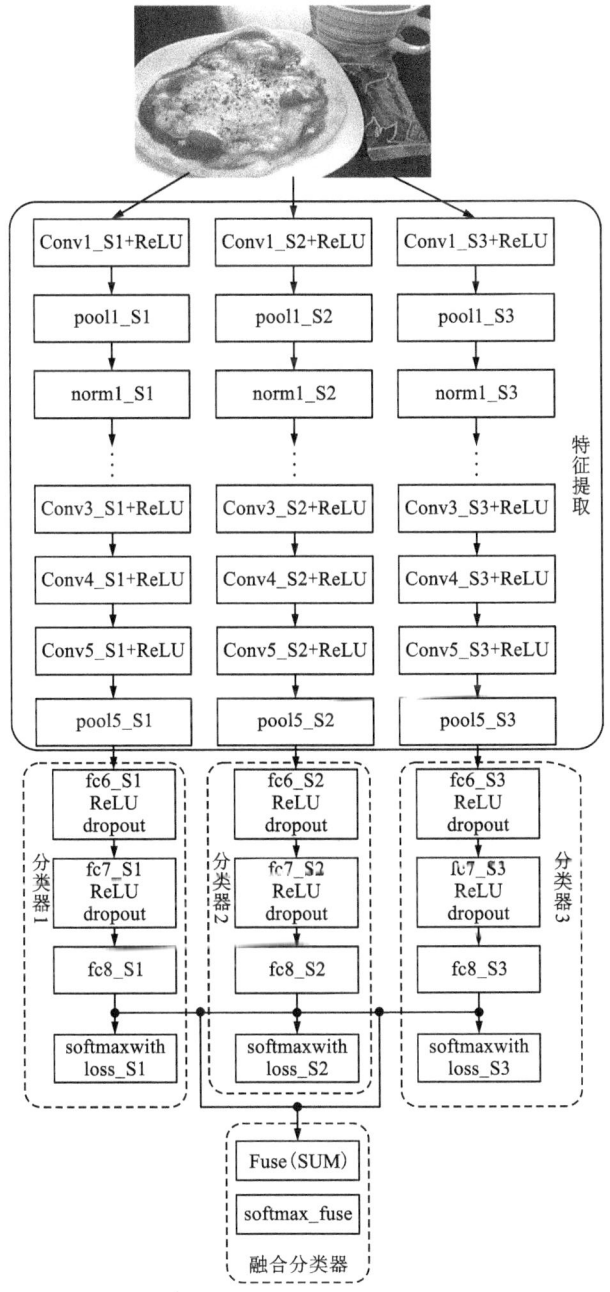

图 2.1　三流卷积神经网络模型框架

## 2.2.2 特征提取学习方法

为了让三个结构相同的特征提取子网络学习到图像的互补特征,我们提出了一种交叉"间隔"式训练方法。通过将 S1、S2 两个网络流的部分卷积层参数固定,并微调其他卷积层参数的方式来学习图像的不同特征。第三个子网络 S3 采用预训练方法,对 S1、S2 遗漏的图像信息进一步补充学习。对于一幅图像而言,这种交叉"间隔"式特征提取方法能够将图像的边角、轮廓特征以及更高层次的抽象特征充分提取出来。以三流 CaffeNet 网络为例,对于 S1,设置第二层和第四层的卷积层权值和偏置的学习率 lr mult = 0,权值和偏置的衰减 decay mult = 0;对于 S2,设置第一层、第三层和第五层的卷积层权值和偏置的学习率 lr mult = 0,权值和偏置的衰减 decay mult = 0,从而实现交叉"间隔"式训练。S3 在 ImageNet 数据库上预训练。图 2.2 是我们提出的交叉"间隔"式特征提取示例,实验图片来自 UECFOOD-100[40] 数据集。三个特征图分别对应三个子网络流 S1、S2 和 S3 的第五层卷积层提取到的特征图,每个特征图大小为 13×13,由 256 个大小为 13×13 的特征图组成。图 2.3 为三个网络流特征图的可视化示意图,可以看出,三个网络流提取的图像特征不尽相同,S1 和 S2 提取的图像特征较 S3 详细丰富,而 S3 提取的特征较 S1 和 S2 细节更充实、区分性更强,三者具有较好的互补性。

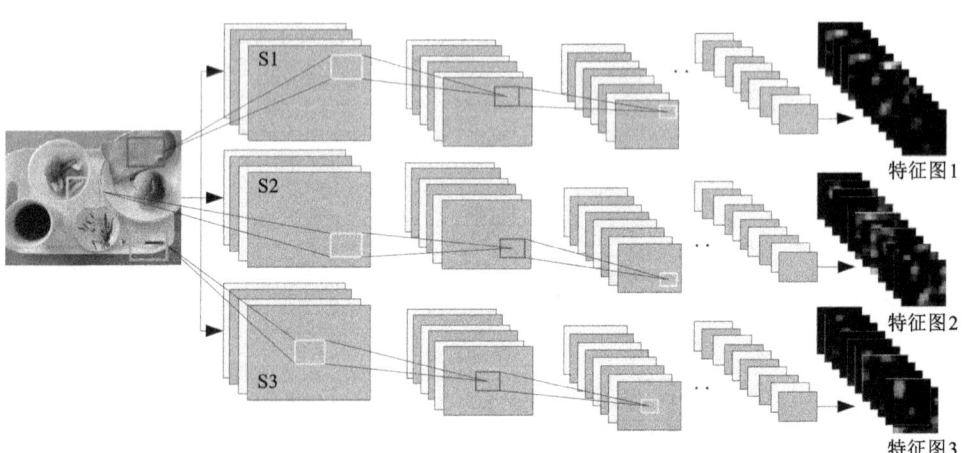

图 2.2 交叉"间隔"式特征提取示例

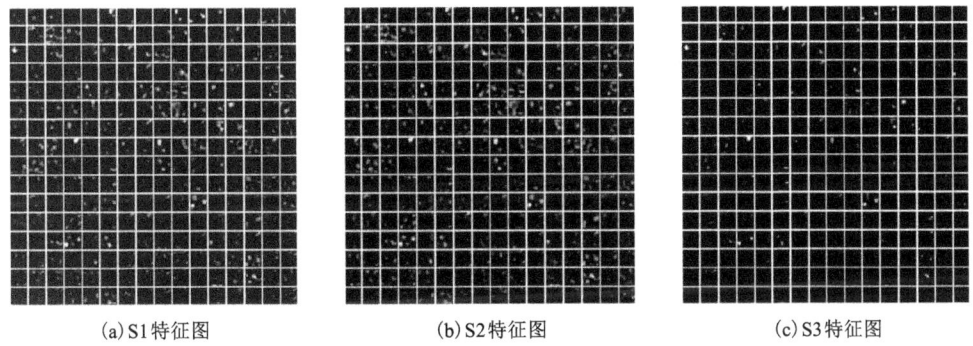

(a) S1特征图　　　　　　　(b) S2特征图　　　　　　　(c) S3特征图

图 2.3　三个网络流特征图的可视化示意图

## 2.2.3　分类器融合方法

用单个分类器处理图像特征的组合会产生特征冗余,造成准确率下降。考虑到单个分类器的不足之处以及单个图像特征不能充分描述图像的问题,我们利用三个网络流提取的有效图像特征,同时训练三个网络流对应的分类器,然后对三个网络流输出的分类结果赋予不同权值,最后用加权求和的方式融合三个网络流的分类结果。权值的确定参考了集成学习中的 Boosting 思想:刚开始训练时对三个分类器分别赋予相等的权值,再用训练集训练 $N$ 轮,每轮训练后,观察三个流分类器的准确率,然后对训练结果较好的分类器赋予较大的权值。最终不同的分类器根据其性能获得不同权值,性能越强的分类器分配的权值越大。分类器融合框架如图 2.4 所示。在每轮训练过程中,采用如式(2.1)所示的损失函数,将三个网络流分类损失的加权和作为总的损失函数。

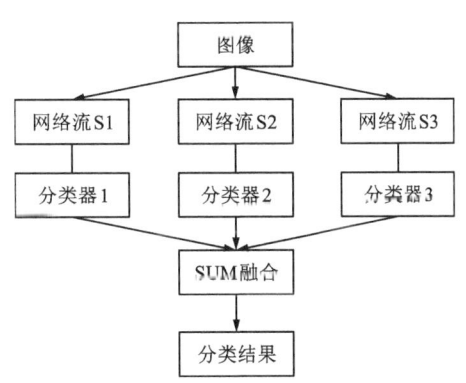

图 2.4　分类器融合框架示意图

$$\text{loss} = \lambda_{S1}\text{loss}_{S1} + \lambda_{S2}\text{loss}_{S2} + \lambda_{S3}\text{loss}_{S3} \tag{2.1}$$

式(2.1)中的 $\text{loss}_{S1}$、$\text{loss}_{S2}$、$\text{loss}_{S3}$ 分别通过图 2.1 中的 softmaxwithloss_S1、softmaxwithloss_S2 和 softmaxwithloss_S3 三个网络层输出的交叉熵计算得到。

## 2.3 实验与分析

为了验证我们提出的三流卷积神经网络模型的有效性和鲁棒性,我们采用了目前图像分类领域常用的三个数据集:CIFAR-100[41]、Stanford Dogs[42]和 UEC FOOD-100[40],在这些数据集上分别验证了我们提出的三流卷积神经网络模型的分类性能。在实验中分别使用了 NIN[13]、ResNet[21]、CaffeNet[38]和 VGGNet[22] 4 个常用的基础网络来构建三流卷积神经网络模型。

### 2.3.1 实验数据集

CIFAR-100 数据集是一个使用较为广泛的经典图像分类数据集,共有 60000 张彩色图片,图片大小为 32×32,包括 100 个类别。我们将数据集分为训练集(50000 张图片)和测试集(10000 张图片)。

Stanford Dogs 数据集是一个用于图像细粒度分类的数据集,共有 20580 张图片,包含 120 个类别,每个类别的图片数目为 148~252 张,我们将数据集分为训练集(12000 张图片)和测试集(8580 张图片)。

UEC FOOD-100 数据集是一个用于日本食品识别的数据集,共有 14461 张图片,包含了 100 个类别,每个类别的图片数目为 101~729 张,我们将数据集分为训练集(10000 张图片)和测试集(4461 张图片)。

### 2.3.2 实验设置

实验的硬件环境:CPU 为 Intel(R) Xeon(R) CPU E5-2690 v4 @ 2.60 GHz,内存为 512 GB,显卡为 4 块 16 GB 的 NVIDIA Tesla P100-PCIE,系统类型为 64 位 Win10 操作系统。实验结果采用平均精度(mean average precision,mAP)[43]来对网络性能进行评价。mAP 考虑了图像分类的召回率,能很好地反映算法性能。

我们实验部分分别以 CaffeNet[38]、NIN[13]、ResNet[21]和 VGGNet[22]作为基础网络来构建三流模型,其中三流 CaffeNet 和三流 VGGNet 的预训练模型是 ImageNet[44]数据库上训练的 16 层 VGGNet 网络和 CaffeNet 网络。我们应用的 NIN 网络结构和 ResNet 网络结构与文献[18]相同,只采用了文献[13]中提出的 NIN 网络的三个卷积层部分和三个池化层部分,ResNet 网络只采用了文献[21]中的前 20 层网络,为了便于区分,分别将其记为 NIN-3、ResNet-20。

### 2.3.3 实验结果

为了验证我们提出的三流卷积神经网络模型具有良好的分类性能,我们在三个数据集上分别和不同研究者的实验结果进行了对比。

(1) CIFAR-100 数据集上分类性能对比。

参照文献[13]中 NIN 网络模型在数据集 CIFAR-100 上的学习参数设置,我们在训练三流 NIN-3 网络模型时,将学习率设置为 0.1,每训练 40000 次,学习率降低为原来的 1/10,总共训练 20 万次。三流 NIN-3 网络模型在 CIFAR-100 数据集上学习到的三流分类器权值 $w_{cn1}=[0.2, 0.1, 0.7]$。

三流 ResNet-20 网络模型参照文献[21]中的设置,将学习率设置为 0.01,每训练 40000 次,学习率降低为原来的 1/10,总共训练 20 万次。由于 CIFAR-100 数据集的图像分辨率较低,故参考文献[21]中的数据增强方法。三流 ResNet-20 网络模型学习到的分类器权值 $w_{cr1}=[0.1, 0.2, 0.7]$。

我们提出的三流 NIN-3 网络模型和三流 ResNet-20 网络模型在 CIFAR-100 数据集上的实验结果如表 2.1 所示。表 2.1 中的基础网络 NIN-3 和 ResNet-20 的分类结果来自文献[18],DNI 和 DNR 分别是文献[18]中以 NIN-3 和 ResNet-20 作为基础模型构建的双流模型。从表 2.1 的实验结果可以看出,我们提出的三流 ResNet-20 网络模型比文献[18]中的 DNR 模型准确率提高了 2.11 个百分点,比单个 ResNet-20 网络模型准确率提高了 5.45 个百分点。我们提出的三流 NIN-3 网络模型比文献[18]中的单个 NIN-3 网络模型准确率提高了 2.26 个百分点。这表明我们提出的三流卷积神经网络模型能更好地提取图像特征,使得图像分类效果有较为显著的提升。

表 2.1 NIN-3、ResNet-20 网络模型在 CIFAR-100 数据集上的 mAP 对比

| 方法 | NIN-3[18] | DNI[18] | ResNet-20[18] | DNR[18] | 三流 NIN-3 | 三流 ResNet-20 |
| --- | --- | --- | --- | --- | --- | --- |
| mAP/% | 66.91 | 69.76 | 69.09 | 72.43 | 69.17 | 74.54 |

表 2.2 所示是我们提出的方法与当前一些先进方法[11-18]在 CIFAR-100 数据集上分类结果的比较。文献[11]提出一个新的 maxout 激活函数,得到的准确率为 61.43%,比我们提出的方法低了 7.74 个百分点。文献[12]使用类继承的方法实现类之间信息共享,该方法的准确率比我们提出的方法低了 6.02 个百分点。文献[13]利用多层感知卷积层来替代传统卷积层,同时采用全局平均池化层替代全连接层,该方法的准确率比我们提出的方法低了 4.85 个百分点。文献[14]通过对网络模型的隐藏层进行监督学习来提取具有区分性的特征,得到的准确率为 65.43%,比我们提出的方法低了 3.74 个百分点。文献[15]在文献[13]的基础上,提出了一个自适应分段线性激活函数,该方法的准确率比我们提出的方法低了 3.57 个百分点。文献[16]通过将深度 CNN 嵌入两级类别层次结构中来加深 CNN 的深度,同时使用粗类别分类器区分简单类别与精细类别分类器区分复杂类

别相结合的方法，该方法的准确率比我们提出的方法低了 1.79 个百分点。文献[17]提出深度决策网络 DDN，得到的准确率为 68.35%，比我们提出的方法低了 0.82 个百分点。文献[18]中的 DNR 比我们提出的三流 ResNet-20 方法准确率低了 2.11 个百分点。由表 2.2 可以看出，我们提出的方法获得了相对于其他方法更高的准确率，具有较好的分类性能。

表 2.2　不同分类方法在 CIFAR-100 数据集上的 mAP 对比

| 方法 | mAP/% |
| --- | --- |
| maxout network[11] | 61.43 |
| tree based priors[12] | 63.15 |
| network in network[13] | 64.32 |
| DSN[14] | 65.43 |
| NIN+LA units[15] | 65.60 |
| HD-CNN[16] | 67.38 |
| DDN[17] | 68.35 |
| 三流 NIN-3 | 69.17 |
| DNR[18] | 72.43 |
| 三流 ResNet-20 | 74.54 |

（2）Stanford Dogs 数据集上分类性能对比。

为了探讨我们提出的基于三流卷积神经网络模型用于图像分类的良好性能，我们选择了 Stanford Dogs 数据集来验证三流 CaffeNet 和三流 VGGNet 网络模型的分类性能，并且将我们提出的方法与当前一些先进方法[18, 45-50]在该数据集上取得的分类结果进行比较。

将三流 CaffeNet 网络模型在 Stanford Dogs 数据集上的学习率设置为 0.001，每训练 20000 次，学习率降低为原来的 1/10，总共训练 6 万次。三流 CaffeNet 网络模型在 Stanford Dogs 数据集上学习到的分类器权值 $w_{sc1}=[0.3, 0.1, 0.6]$。将三流 VGGNet 网络模型的学习率设置为 0.0001，每训练 40000 次，学习率降低为原来的 0.1，总共训练 12 万次。三流 VGGNet 网络模型在 Stanford Dogs 数据集上学习到的分类器权值 $w_{sv1}=[0.1, 0.2, 0.7]$。

三流 CaffeNet 和三流 VGGNet 网络模型在 Stanford Dogs 数据集上的 mAP 如表 2.3 所示。文献[45]利用图像分割和局部定位的方法分离出图像前景，得到的准确率为45.60%，分别比三流CaffeNet和三流VGGNet网络模型低了24.20个百分点和34.35个百分点。文献[46]通过利用整体形状粗略的对齐物体来定位图像独特的细节信息，得到的准确率为50.10%，分别比三流CaffeNet和三流VGGNet网络模型低了19.70个百分点和29.85个百分点。文献[47]提出一种通过选择性的汇集局部视觉描述符的图像识别框架，得到的准确率为52.00%，分别比三流CaffeNet和三流VGGNet网络模型低了17.80个百分点和27.95个百分点。表2.3中的基础网络CaffeNet和VGGNet的分类结果来自文献[18]。表2.3中的DNC和DNV分别表示文献[18]中以CaffeNet和VGGNet作为基础模型的双流模型，它们的分类结果也来自文献[18]。由表2.3可以看出，在Stanford Dogs数据集上，三流CaffeNet和三流VGGNet网络模型的mAP均比文献[18]中DNC和DNV的高。其中，三流CaffeNet比单个CaffeNet网络模型的mAP提高了2.96个百分点，比文献[18]中的DNC网络模型的mAP提高了1.86个百分点；文献[48]中使用卷积神经网络特征本身产生一些关键点，再利用这些关键点提取局部区域信息，得到的准确率为68.61%，分别比三流CaffeNet和三流VGGNet网络模型的mAP低了1.19个百分点和11.34个百分点。文献[49]提出了一种对深度网络中的filter进行挑选的方法，利用挑选的filter构建复杂特征表达，得到的准确率为71.96%，比三流VGGNet网络模型的mAP低了7.99个百分点。文献[50]构建了一个基于GoogLeNet的深度递归神经网络(deep recurrent neural network，RNN)模型，得到的准确率为76.80%，比三流VGGNet网络模型的mAP低了3.15个百分点。三流VGGNet比单个VGGNet网络模型的mAP提高了5.84个百分点，比文献[18]中的DNV网络模型的mAP提高了2.39个百分点。由此可知，我们提出的三流CaffeNet和三流VGGNet网络模型和文献[18]中的DNC和DNV网络模型相比，更能提取到充分有效的特征，具有更好的分类性能。表2.3中的结果表明，在Stanford Dogs数据集上，我们所提出的分类方法优于其他方法。

表2.3 不同分类方法在 Stanford Dogs 数据集上的 mAP 对比

| 方法 | mAP/% |
| --- | --- |
| Chai[45] | 45.60 |
| Gavves[46] | 50.10 |
| Chen[47] | 52.00 |
| CaffeNet[18] | 66.84 |
| DNC[18] | 67.94 |
| Simon[48] | 68.61 |

续表2.3

| 方法 | mAP/% |
| --- | --- |
| 三流 CaffeNet | 69.80 |
| Zhang[49] | 71.96 |
| VGGNet[18] | 74.11 |
| Sermanet[50] | 76.80 |
| DNV[18] | 77.56 |
| 三流 VGGNet | 79.95 |

(3) UEC FOOD-100 数据集上分类性能对比。

将三流 CaffeNet 网络模型在 UEC FOOD-100 数据集上的学习率设置为 0.001，每训练 20000 次，学习率降低为原来的 1/10，总共训练 6 万次。三流 VGGNet 网络模型在 UEC FOOD-100 数据集上学习到的分类器权值 $w_{uc1}=[0.3, 0.1, 0.6]$。将三流 VGGNet 网络模型的学习率设置为 0.0001，每训练 40000 次，学习率降低为原来的 1/10，总共训练 12 万次。三流 VGGNet 网络模型在 UEC FOOD-100 数据集上学习到的分类器权值 $w_{uv1}=[0.3, 0.1, 0.6]$。

在 UEC FOOD-100 数据集上，我们提出的三流 CaffeNet 和三流 VGGNet 网络模型与其他方法的实验结果对比如表 2.4 所示。由表 2.4 可以看出，我们提出的三流 CaffeNet 和三流 VGGNet 网络模型在 UEC FOOD-100 数据集上的分类性能较基础模型均有较为明显的提升。三流 CaffeNet 网络模型和单个 CaffeNet 网络模型的 mAP 相比，提高了 2.74 个百分点，和文献[18]中的 DNC 网络模型相比，提高了 1.55 个百分点；三流 VGGNet 网络模型和单个 VGGNet 网络模型的 mAP 相比，提高了 2.87 个百分点，和文献[18]中的 DNV 网络模型相比，提高了 1.08 个百分点。说明我们提出的方法可以充分学习到图像不同层次的特征，使得分类效果显著提升。

表 2.4　不同分类方法在 UEC FOOD-100 数据集上的 mAP 对比

| 方法 | mAP/% |
| --- | --- |
| CaffeNet[18] | 39.92 |
| DNC[18] | 41.11 |
| 三流 CaffeNet | 42.66 |
| VGGNet[18] | 47.40 |

续表2.4

| 方法 | mAP/% |
| --- | --- |
| DNV[18] | 49.19 |
| 三流 VGGNet | 50.27 |

## 2.4 本章小结

我们提出了一种基于三流卷积神经网络模型的图像分类方法。该方法主要通过构建一个三流卷积神经网络框架来充分提取图像特征。分别对第一、第二个网络流采用交叉"间隔"的方式进行训练以得到图像的不同特征，第三个网络流则进一步补充图像的细节信息。同时针对每个网络流训练相应的分类器，运用分类器融合算法对每个网络流的分类器赋予不同权值，得到分类结果。在 Stanford Dogs、UEC FOOD-100 和 CIFAR-100 数据集上的平均精度表明，我们所提出的方法在图像分类中具有很好的性能。

## 参考文献

[1] GOODFELLOW I, POUGET-ABADIE J, MIRZA M, et al. Generative adversarial nets[EB/OL]. 2014. https://www.semanticscholar.org/paper/Generative-Adversarial-Nets-Goodfellow-Pouget-Abadie/86ee1835a56722b76564119437070782fc90eb19.

[2] SZEGEDY C, VANHOUCKE V, IOFFE S, et al. Rethinking the inception architecture for computer vision [C]//2016 IEEE Conference on Computer Vision and Pattern Recognition (CVPR). June 27-30, 2016, Las Vegas, NV, USA. IEEE, 2016: 2818-2826.

[3] PAPERNOT N, MCDANIEL P, WU X, et al. Distillation as a defense to adversarial perturbations against deep neural networks[C]//2016 IEEE Symposium on Security and Privacy (SP). May 22-26, 2016, San Jose, CA, USA. IEEE, 2016: 582-597.

[4] WANG J, YANG Y, MAO J H, et al. CNN-RNN: a unified framework for multi-label image classification [C]//2016 IEEE Conference on Computer Vision and Pattern Recognition (CVPR). June 27-30, 2016, Las Vegas, NV, USA. IEEE, 2016: 2285-2294.

[5] CHENG Y, WANG D, ZHOU P, et al. Model compression and acceleration for deep neural networks: the principles, progress, and challenges[J]. IEEE Signal Processing Magazine, 2018, 35(1): 126-136.

[6] WELDON T P. Gabor filter design for multiple texture segmentation[J]. Optical Engineering, 1996, 35(10): 2852.

[7] LOWE D G. Object recognition from local scale-invariant features[C]//Proceedings of the

Seventh IEEE International Conference on Computer Vision. September 20-27, 1999, Kerkyra, Greece. IEEE, 1999: 1150-1157.

[8] DALAL N, TRIGGS B. Histograms of oriented gradients for human detection[C]//2005 IEEE Computer Society Conference on Computer Vision and Pattern Recognition (CVPR'05). June 20-25, 2005, San Diego, CA, USA. IEEE, 2005: 886-893.

[9] PERRONNIN F, LIU Y, SÁNCHEZ J, et al. Large-scale image retrieval with compressed Fisher vectors[C]//2010 IEEE Computer Society Conference on Computer Vision and Pattern Recognition. June 13-18, 2010, San Francisco, CA, USA. IEEE, 2010: 3384-3391.

[10] JÉGOU H, PERRONNIN F, DOUZE M, et al. Aggregating local image descriptors into compact codes[J]. IEEE Transactions on Pattern Analysis and Machine Intelligence, 2012, 34(9): 1704-1716.

[11] GOODFELLOW I J, WARDE-FARLEY D, MIRZA M, et al. Maxout networks[C]//30th International Conference on Machine Learning, ICML 2013.

[12] SRIVASTAVA N, SALAKHUTDINOV R. Discriminative transfer learning with tree-based priors[J]. Advances in neural information processing systems, 2013, 26.

[13] LIN M, CHEN Q, YAN S C. Network in network[EB/OL]. 2013: 1312.4400. https://arxiv.org/abs/1312.4400v3.

[14] LEE C Y, XIE S, GALLAGHER P, et al. Deeply-supervised nets[C]//Artificial intelligence and statistics. Pmlr, 2015: 562-570.

[15] AGOSTINELLI F, HOFFMAN M, SADOWSKI P, et al. Learning activation functions to improve deep neural networks[EB/OL]. 2014: https://arxiv.org/abs/1412.6830v3

[16] YAN Z C, ZHANG H, PIRAMUTHU R, et al. HD-CNN: hierarchical deep convolutional neural networks for large scale visual recognition[C]//2015 IEEE International Conference on Computer Vision (ICCV). December 7-13, 2015, Santiago, Chile. IEEE, 2015: 2740-2748.

[17] MURTHY V N, SINGH V, CHEN T, et al. Deep decision network for multi-class image classification[C]//2016 IEEE Conference on Computer Vision and Pattern Recognition (CVPR). June 27-30, 2016, Las Vegas, NV, USA. IEEE, 2016: 2240-2248.

[18] HOU S H, LIU X, WANG Z L. DualNet: learn complementary features for image recognition[C]//2017 IEEE International Conference on Computer Vision (ICCV). October 22-29, 2017, Venice, Italy. IEEE, 2017: 502-510.

[19] LECUN Y, BOSER B, DENKER J S, et al. Backpropagation applied to handwritten zip code recognition[J]. Neural Computation, 1989, 1(4): 541-551.

[20] 常亮, 邓小明, 周明全, 等. 图像理解中的卷积神经网络[J]. 自动化学报, 2016, 42(9): 1300-1312.

[21] HE K M, ZHANG X Y, REN S Q, et al. Deep residual learning for image recognition[C]//2016 IEEE Conference on Computer Vision and Pattern Recognition (CVPR). June 27-30, 2016, Las Vegas, NV, USA. IEEE, 2016: 770-778.

[22] SIMONYAN K, ZISSERMAN A. Very deep convolutional networks for large-scale image

recognition[EB/OL]. 2014: 1409.1556. https://arxiv.org/abs/1409.1556v6.

[23] SZEGEDY C, LIU W, JIA Y Q, et al. Going deeper with convolutions[C]//2015 IEEE Conference on Computer Vision and Pattern Recognition (CVPR). June 7-12, 2015, Boston, MA, USA. IEEE, 2015: 1-9.

[24] SERMANET P, EIGEN D, ZHANG X, MATHIEU M, FERGUS R, LECUN Y. OverFeat: integrated recognition, localization and detection using convolutional networks[EB/OL]. 2013: https://arxiv.org/abs/1312.6229v4.

[25] ZAGORUYKO S, KOMODAKIS N. Wide residual networks[EB/OL]. 2016: https://arxiv.org/abs/1605.07146v4.

[26] ZEILER M D, FERGUS R. Visualizing and understanding convolutional networks[M]//Lecture Notes in Computer Science. Cham: Springer International Publishing, 2014: 818-833.

[27] HE K M, ZHANG X Y, REN S Q, et al. Delving deep into rectifiers: surpassing human-level performance on ImageNet classification[C]//2015 IEEE International Conference on Computer Vision (ICCV). December 7-13, 2015, Santiago, Chile. IEEE, 2015: 1026-1034.

[28] MAAS A L, HANNUN A Y, NG A Y. Rectifier nonlinearities improve neural network acoustic models[C]//Proc. icml. 2013, 30(1): 3.

[29] HE K M, ZHANG X Y, REN S Q, et al. Spatial pyramid pooling in deep convolutional networks for visual recognition[J]. IEEE Transactions on Pattern Analysis and Machine Intelligence, 2015, 37(9): 1904-1916.

[30] SZEGEDY C, LIU W, JIA Y Q, et al. Going deeper with convolutions[C]//2015 IEEE Conference on Computer Vision and Pattern Recognition (CVPR). June 7-12, 2015, Boston, MA, USA. IEEE, 2015: 1-9.

[31] IOFFE S, SZEGEDY C, PARANHOS L, HAMMAD M M. Batch normalization: accelerating deep network training by reducing internal covariate shift[EB/OL]. 2015: https://arxiv.org/abs/1502.03167v3.

[32] LIN T Y, ROYCHOWDHURY A, MAJI S. Bilinear CNN models for fine-grained visual recognition[C]//2015 IEEE International Conference on Computer Vision (ICCV). December 7-13, 2015, Santiago, Chile. IEEE, 2015: 1449-1457.

[33] 罗建豪, 吴建鑫. 基于深度卷积特征的细粒度图像分类研究综述[J]. 自动化学报, 2017, 43(8): 1306-1318.

[34] GAO Y, BEIJBOM O, ZHANG N, et al. Compact bilinear pooling[C]//2016 IEEE Conference on Computer Vision and Pattern Recognition (CVPR). June 27-30, 2016, Las Vegas, NV, USA. IEEE, 2016: 317-326.

[35] KONG S, FOWLKES C. Low-rank bilinear pooling for fine-grained classification[C]//2017 IEEE Conference on Computer Vision and Pattern Recognition (CVPR). July 21-26, 2017, Honolulu, HI, USA. IEEE, 2017: 7025-7034.

[36] SIMONYAN K, ZISSERMAN A. Two-stream convolutional networks for action recognition in videos[J]. Advances in Neural Information Processing Systems, 2014, 1: 568-576.

[37] WANG L L, GE L Z, LI R F, et al. Three-stream CNNs for action recognition[J]. Pattern Recognition Letters, 2017, 92: 33-40.

[38] KRIZHEVSKY A, SUTSKEVER I, HINTON G E. ImageNet classification with deep convolutional neural networks[J]. Communications of the ACM, 2017, 60(6): 84-90.

[39] SUN Y F, ZHENG L, DENG W J, et al. SVDNet for pedestrian retrieval[C]//2017 IEEE International Conference on Computer Vision (ICCV). October 22-29, 2017, Venice, Italy. IEEE, 2017: 3820-3828.

[40] MATSUDA Y, HOASHI H, YANAI K. Recognition of multiple-food images by detecting candidate regions[C]//2012 IEEE International Conference on Multimedia and Expo. July 9-13, 2012, Melbourne, VIC, Australia. IEEE, 2012: 25-30.

[41] KRIZHEVSKY A. Learning multiple layers of features from tiny images[EB/OL]. 2009: https://www.semanticscholar.org/paper/Learning-Multiple-Layers-of-Features-from-Tiny-Krizhevsky/5d90f06bb70a0a3dced62413346235c02b1aa086.

[42] KHOSLA A, JAYADEVAPRAKASH N, YAO B, et al. Novel datasets for fine-grained image categorization[C]//First Workshop on Fine Grained Visual Categorization, CVPR. Citeseer. Citeseer. Citeseer. 2011, 5(1): 2.

[43] PHILBIN J, CHUM O, ISARD M, et al. Object retrieval with large vocabularies and fast spatial matching[C]//2007 IEEE Conference on Computer Vision and Pattern Recognition. June 17-22, 2007, Minneapolis, MN, USA. IEEE, 2007: 1-8.

[44] RUSSAKOVSKY O, DENG J, SU H, et al. ImageNet large scale visual recognition challenge [J]. International Journal of Computer Vision, 2015, 115(3): 211-252.

[45] CHAI Y N, LEMPITSKY V, ZISSERMAN A. Symbiotic segmentation and part localization for fine-grained categorization[C]//2013 IEEE International Conference on Computer Vision. December 1-8, 2013, Sydney, NSW, Australia. IEEE, 2013: 321-328.

[46] GAVVES E, FERNANDO B, SNOEK C G M, et al. Fine-grained categorization by alignments [C]//2013 IEEE International Conference on Computer Vision. December 1-8, 2013, Sydney, NSW, Australia. IEEE, 2013: 1713-1720.

[47] CHEN G, YANG J C, JIN H L, et al. Selective pooling vector for fine-grained recognition [C]//2015 IEEE Winter Conference on Applications of Computer Vision. January 5-9, 2015, Waikoloa, HI, USA. IEEE, 2015: 860-867.

[48] SIMON M, RODNER E. Neural activation constellations: unsupervised part model discovery with convolutional networks[C]//2015 IEEE International Conference on Computer Vision (ICCV). December 7-13, 2015. Santiago, Chile. IEEE, 2015: 1143-1151.

[49] ZHANG X P, XIONG H K, ZHOU W G, et al. Picking deep filter responses for fine-grained image recognition[C]//2016 IEEE Conference on Computer Vision and Pattern Recognition (CVPR). June 27-30, 2016, Las Vegas, NV, USA. IEEE, 2016: 1134-1142.

[50] SERMANET P, FROME A, REAL E. Attention for fine-grained categorization[EB/OL]. 2014: https://arxiv.org/abs/1412.7054v3.

# 第 3 章　浅层特征融合与语义信息增强的目标检测模型

扫一扫，看本章彩图

## 3.1　引言

目标检测的主要任务是借助计算机对输入图像中的目标进行分析和定位，得出目标所属的类别和位置坐标，以便进行更深入更细化的其他研究。近年来，基于深度学习的目标检测方法研究取得了显著的进展，但由于复杂背景与小目标自身属性的影响，卷积神经网络无法更好地学习小目标和密集目标的特征，所以在检测密集目标和小目标方面还存在巨大的挑战。

Cai 等[1]提出了一种使用不同 IoU 阈值的多级网络，获得了良好的小目标检测性能。此外，为了减少小目标信息的丢失，文献[2-4]使用高分辨率特征进行检测，文献[5-7]将深度特征与浅层特征融合，以增强对浅层语义信息的检测。为扩大特征的感受野，文献[8-10]使用不同扩张率的扩张卷积来提取不同尺度的感受野特征，从而捕获更大的目标区域。然而，使用多级网络和高分辨率特征进行检测需要更高的计算成本。本章提出了一种基于浅层特征融合和语义信息增强的目标检测方法。与文献[5-7]不同，在增强浅层特征后，本章方法设计了两个并行分支，分别获得全局和局部信息，形成互补，并与不同尺度的感受野特征进行融合，从而提高对小目标和密集目标的检测性能。此外，与基于多级网络和高分辨率特征的方法相比，本章提出的模型更轻量高效。本章提出的模型由四个模块组成，即浅层特征增强模块、特征融合模块、上下文信息增强模块和感受野增强模块。

本章的主要成果如下。

(1) 提出了一个新的模型，该模型着重于有效地学习空间信息和语义信息。通过增强浅层特征信息，为小而密集的目标检测提供更精确的目标区域和位置信息。

(2) 设计了四个模块，其中浅层特征增强模块和特征融合模块充分利用了浅层特征中的小目标像素,上下文信息增强模块和感受野增强模块建立了局部信息和全局信息之间的联系,扩大了接收范围。

(3)通过大量实验验证了本章所提出的方法的优越性,实验结果表明,本章提出的方法在准确性和效率方面与最新技术相比具有良好的竞争力。特别是该方法在小目标检测方面具有明显的优势。

## 3.2 基于浅层特征融合和语义信息增强的目标检测方法

本章提出了一种基于浅层特征融合和语义信息增强的目标检测方法(object detection method based on shallow feature fusion and semantic information enhancement,FFSI),该方法能同时丰富语义信息和空间信息。FFSI 网络整体框架如图 3.1 所示。在 SSD 网络的基础上,为了更好地检测不同尺度的目标,本章主要设计了 4 个模块来增强不同卷积层的信息。首先,提出用浅层特征增强模块和特征融合模块来保留空间信息和学习语义信息,从而提高网络对小目标和密集目标的定位和检测能力。然后,设计了一个具有两个分支的上下文信息增强模块(context information enhancement module,CIE),使获得的特征更具鉴别能力。其中一个分支使用卷积和池化来获取局部上下文信息,另一个分支使用自我注意力机制来获取全局上下文信息。为了融合来自不同尺度的多个感受野的特征信息,我们进一步设计了感受野增强模块(receptive fifield enhancement module,RFE),

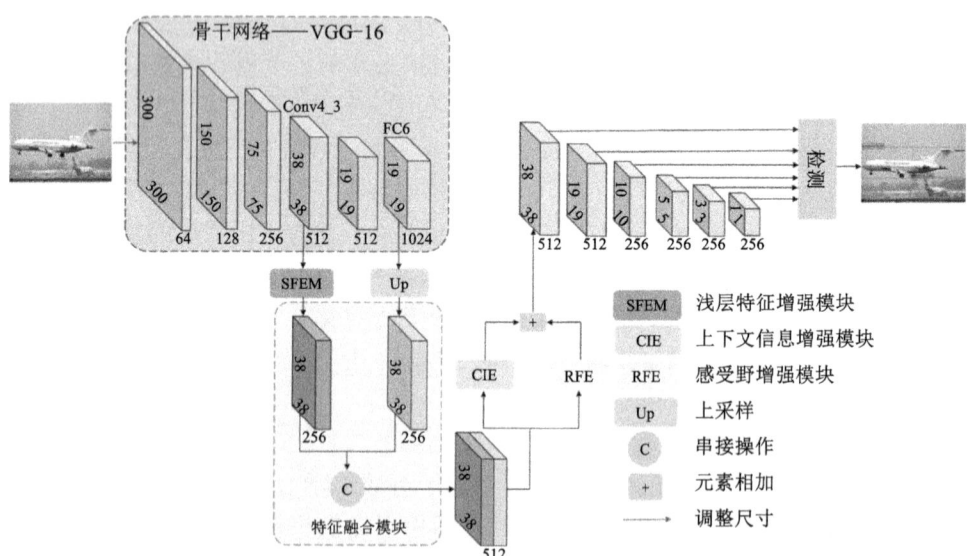

图 3.1　FFSI 网络整体框架

该模块采用不同扩张率的扩展卷积来增强网络感受野,从而获得更丰富的语义信息。最后,采用元素求和的方法对上下文信息增强模块和感受野增强模块的输出进行融合。因此,网络可以从不同方式的增强方法中学习更多的信息,从而提高检测精度,特别是对小目标的检测精度。

### 3.2.1 浅层特征增强模块

卷积层数较少的特征提取网络其特征提取能力有限。例如,SSD 检测器使用 VGG-16 网络进行特征提取,提高了检测速度,但检测精度不高。另外,随着主干网络深度的增加,小目标在卷积过程中会丢失像素,从而出现漏检情况。为了在特征提取网络(如 VGG-16 网络)中获得具有更多空间和语义信息的浅层特征,本章提出了一种浅层特征增强模块,如图 3.2 所示。整个模块由两个分支组成:第一个分支旨在学习更多的语义信息;第二个分支被设计为残差分支,以尽可能多地保留浅层特征。第一个分支采用拆分和合并策略,将特征映射分为两部分:一部分通过使用残差块加深网络来学习更多的语义信息;另一部分通过调整通道数以保留更多的空间信息进行特征融合。通过将这两部分进行连接,输出的特征不仅具有足够多的空间信息,而且具有丰富的语义信息。通过使用拆分和合并策略,网络的特征学习能力得到增强。第二个分支通过 1×1 卷积,目的是减少通道数量,并在原始输入特征中保留小目标的像素信息。最后,对两个分支进行元素相加融合操作,得到具有丰富空间信息和语义信息的浅层增强特征。该过程如式(3.1)所示:

$$F_{\text{SFEM}} = \Phi_{\text{C}} \{ \text{Res}[\text{Conv}(X)], \text{Conv}(X) \} + \text{Conv}(X) \quad (3.1)$$

式中:$X$ 表示输入特征;Res(·)表示残差块操作;Conv(·)表示依次由卷积、BatchNorm 和 ReLU 三个操作组成;$\Phi_{\text{C}}$ 表示串联融合操作。

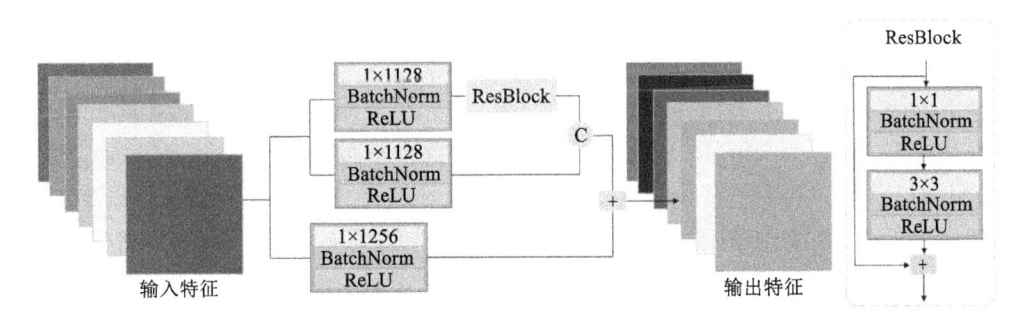

图 3.2 浅层特征增强模块

## 3.2.2 特征融合模块

在卷积神经网络中，不同的卷积层包含的信息也各不相同。低层特征图中包含丰富的空间信息，而高层特征图中具有丰富的语义信息。如果将不同卷积层提取到的信息融合在一起，就可以得到更全面的图像信息，从而达到更好的检测效果。例如，FSSD算法[11]融合三种不同尺度的浅层特征，进行多尺度特征聚合，提高了小目标的检测效果。但FSSD算法只是将不同层次的特征采样到相同的尺度进行拼接，并没有将更高级的语义信息注入浅层特征中。因此，本章提出了一个轻量高效的特征融合模块，将来自浅层特征增强模块的特征与更深层的特征（如图3.1中的FC6层）进行融合，从而平衡浅层特征中的空间信息和语义信息。这个过程如式(3.2)所示：

$$F = \Phi_C \{ \text{SFEM}(F_1), \text{Up}(F_2) \} \tag{3.2}$$

式中：$F_1$ 和 $F_2$ 分别表示浅层特征（如 Conv4_3）和深层特征；SFEM(·) 表示浅层特征增强模块；Up(·) 表示双线性插值算子；$\Phi_C$ 表示串联操作。

为了将不同尺度的特征进行拼接，我们将浅层特征图的尺度作为基本特征图的尺度，以保留更多的空间信息。对于尺寸小于浅层特征图的高层特征图，本章采用双线性插值算法将其上采样到与浅层特征相同的尺寸。浅层特征增强模块在增强完浅层特征的空间信息和语义信息后，本章将获得的浅层增强特征与高层特征进行融合，最终得到融合后的输出特征。融合后的输出特征在上下文信息增强模块和感受野增强模块中进一步交互融合，可有效地将具有鉴别性的高级语义信息注入浅层特征，这对于指导小目标的检测至关重要。

## 3.2.3 上下文信息增强模块

特征融合模块得到的融合特征虽然增强了空间纹理信息和语义信息，但冗余信息或无关区域特征可能会误导检测过程。为了解决这个问题，本章提出了一个上下文信息增强模块，通过建立全局信息和局部信息之间的信息流动来学习子区域之间的相关性，并突出包含目标的区域。如图3.3所示，首先，使用两个1×1卷积运算，得到两个特征，即 $X_1$ 和 $X_2$，将特征通道数减少到原始输入特征通道数的一半。然后，将它们分别输入不同的分支学习不同的信息。在第一个分支中，利用卷积和池化操作获得 $X_1$ 特征上的局部信息，得到 $Y_1$。在第二个分支中，对 $X_2$ 进行自注意力操作，目的是获取全局信息，得到 $Y_2$。最终，通过这两个分支的串联特征可以获得局部和全局信息，这也使得特征更具区分性。在第一个分支中，我们通过式(3.3)获得局部信息：

$$X_{\text{local}} = \text{sig}\{ \text{Up}\{ \text{Conv}_{3 \times 3}[ \text{AvgPool}(X_1) ] \} + X_1 \} \tag{3.3}$$

式中：sig(·) 表示 Sigmoid 函数；Up(·) 表示双线性插值算子。首先，在 $X_1$ 上使用卷积核大小为 2×2、步长为 2 的局部平均池化操作来获得局部上下文特征。然后，在卷积和上采样之后，将局部上下文特征和 $X_1$ 进行相加融合，以获得局部注意信息，其中 $X_1$ 作为残差连接可保留更多的局部原始特征。最后，将局部注意信息 Sigmoid 激活后作为最终的局部注意信号，并将其与原始特征 $X_1$ 相乘，如式（3.4）所示：

$$Y_1 = \text{Conv}_{3\times3}[\text{Conv}_{3\times3}(X_1) \odot X_{\text{local}}] \tag{3.4}$$

式中：⊙ 表示元素乘法。在元素乘法操作前后使用卷积核大小为 3×3 的卷积，旨在进一步增强局部信息的特征。最后，特征图上的每个像素都被允许自适应地考虑周围的上下文信息，并建立空间信息依赖性，从而在一定程度上避免了无关信息的混淆。

在第二个分支中，我们将自注意力机制从自然语言处理（natural language processing，NLP）领域引入当前任务。这样可以增强特征图中子区域之间的相关性，更有效地突出有用的信息和区域。

如图 3.3 所示，先对 $X_2$ 进行线性变换，产生三个特征空间 $F$、$G$ 和 $H$。然后对特征空间 $F$ 和 $G$ 应用矩阵乘法获得 $N\times N$ 的注意力特征，其中每个像素都包含全局上下文信息。通过 softmax 操作对注意力矩阵的每一行进行归一化处理之后，将注意力特征 $R$ 和特征 $H$ 相乘，从而获得更具鉴别性的全局特征。最后，我们添加了一个残差连接获得输出特征 $Y_2$。这个过程如式（3.5）所示：

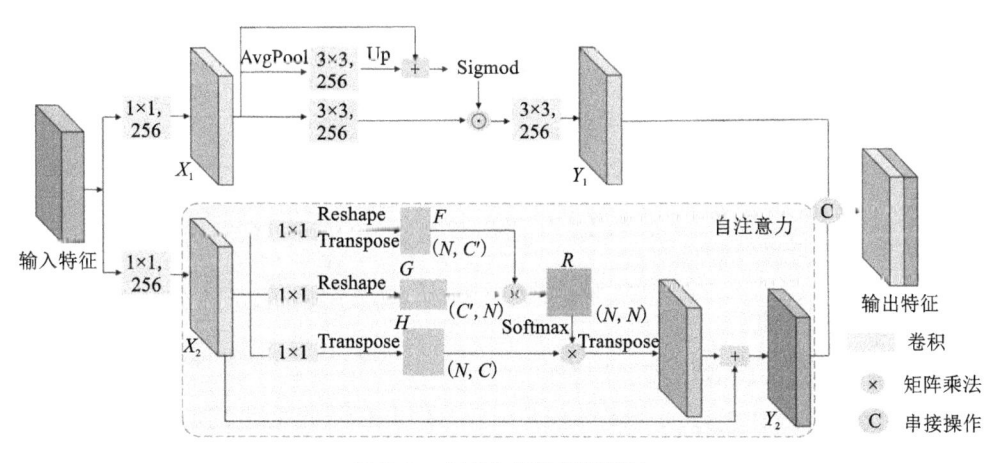

**图 3.3　上下文信息增强模块**

$$Y_2 = [(\boldsymbol{W}_k X_2)^{\text{T}}(\boldsymbol{W}_q X_2)] \times (\boldsymbol{W}_v X_2) + X_2 \tag{3.5}$$

式中，$\boldsymbol{W}_k$、$\boldsymbol{W}_q$、$\boldsymbol{W}_v$ 通过三个 1×1 的卷积运算实现，并将它们调整为二维矩阵。自注意力机制能对所有像素建立一个更大范围的依赖关系，从而学习特征图的全局上下文信息,并为每个目标提供更准确的位置。另外为了防止梯度消失,并且保留较多的细节空间信息,我们增加了一条额外的残差路径。

### 3.2.4 感受野增强模块

在目标检测任务中,存在大量小目标或尺度变化剧烈的目标,这对模型设计提出了很大的挑战。为了解决这个问题,特征图的感受野要覆盖不同尺度的目标。因此,本章提出了一种基于扩张卷积的感受野增强模块。与普通卷积相比,扩张卷积可以通过提高卷积核的扩张速率来扩大特征映射的局部计算范围,这样在不增加网络参数的情况下,可以捕获更多的目标区域特征。如图3.4所示,感受野增强模块具有三个分支。左边分支是一个跳跃连接,旨在保留原始特征。对于其他两个分支,我们首先对每个分支使用尺寸为1×1的卷积来减少特征映射中的通道数,并学习通道间的信息。然后,通过使用尺寸为1×3和3×1的卷积来减少参数和更深的非线性层。在卷积层之后分别使用扩张率为3和5的扩张卷积层,去学习来自两个不同尺度感受野区域的不同信息。最后,将两个分支的特征映射与左边分支相加融合获得最终的输出特征。因此,该模块可以加强网络特征提取的能力,并获得分辨率较高的小目标特征。其计算过程如式(3.6)所示:

$$F_R = D_3[\text{Conv}_m(X_i)] + D_5[\text{Conv}_r(X_i)] + \text{Conv}_l(X_i) \tag{3.6}$$

式中:$X_i$ 表示输入特征;$D_3(\cdot)$ 和 $D_5(\cdot)$ 分别表示扩张率为3和5的扩张卷积;$\text{Conv}_l$ 表示1×1卷积;$\text{Conv}_m$ 表示1×1和3×1卷积;$\text{Conv}_r$ 表示1×1、1×3、3×3卷积。这种设计是通过验证实验得到的,实验结果表明,与其他方案相比,本书提出的方案能获得更好的性能。

### 3.2.5 损失函数

本章中的损失函数如式(3.7)

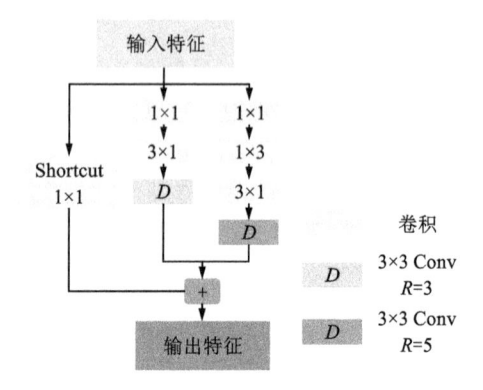

**图3.4 感受野增强模块**

所示,与SSD算法的损失函数相同,它由定位损失和分类置信度损失组成。

$$L(x, c, l, g) = \frac{1}{M}[L_{\text{conf}}(x, c) + \alpha L_{\text{loc}}(x, l, g)] \tag{3.7}$$

式中:$M$ 为匹配框的数量;$x$ 为预测置信度和对象的预测框;$c$ 为分类对象的真实值;$l$ 为预测框和真值框的位置偏移;$g$ 为真值框,通过交叉验证将权重项 $\alpha$ 设置为1;$L_{\text{conf}}$ 为分类置信度损失函数;$L_{\text{loc}}$ 为定位损失函数。定位损失函数由预测框和真值框之间的 $\text{smooth}_{L1}$ 损失得到。分类置信度损失函数由多目标置信度的

softmax 损失组成。同时，为了平衡正负样本的数量，保证训练过程的稳定性，本章将正负样本数量的比例设置为 1∶3。

## 3.3 实验数据集及参数配置

### 3.3.1 实验数据集

为了验证本书所提出模型的有效性，本章在 PASCAL VOC 数据集和 MS COCO 2017 数据集上进行了大量的性能测试和消融实验。

PASCAL VOC 数据集中包含 20 个类别，在训练时常将 VOC 2007 和 VOC 2012 放在一起进行联合训练，从而增加样本数量，使模型学习到更多特征。

MS COCO 2017 数据集与 PASCAL VOC 数据集相比，其图像数量和种类都更多，图像中包含许多尺度变化较大的目标、小目标和密集目标，其评价标准更加严格和规范。

### 3.3.2 评估标准

本章采用平均精度（mAP）和每秒帧数（FPS）作为评价标准。每秒帧数即检测速度。该值越大，表示模型的实时检测效果越好，但是该值有时与硬件 GPU 性能有关。mAP 为所有类别精度的均值，如式（3.8）所示。

$$\text{mAP} = \frac{\sum_{q=1}^{Q} \text{AP}(q)}{Q} \tag{3.8}$$

式中：$Q$ 表示对象类别的总数；$q$ 表示对象类别之一；AP 为对象类别的平均检测精度，表示精度召回曲线下的面积，其计算公式如式（3.9）所示。实际上，它是通过计算 11 个精度值的平均数得到的最终结果，这些精度值是通过从 0 到 1 每隔 0.1 取一个召回率来计算获得的。

$$\text{AP} = \int_0^1 P(r) \, dr \tag{3.9}$$

式中：$P$ 表示精度；$r$ 表示召回率。精度和召回率的计算分别如式（3.10）和式（3.11）所示。

$$P = \frac{\text{TP}}{\text{TP} + \text{FP}} \tag{3.10}$$

$$r = \frac{\text{TP}}{\text{TP} + \text{FN}} \tag{3.11}$$

式中：TP 表示正确识别的正样本数量；FP 表示错误识别为正样本的负样本数量；

FN 表示预测为负样本的正样本数量。如果预测框和真值框的重合区域高于 IoU 阈值,则边界框被视为正样本,否则被视为负样本。对于 PASCAL VOC 数据集我们只评估 IoU 阈值为 0.5 时的 AP,对于 MS COCO 数据集,我们取 10 个不同的 IoU 阈值来评估 AP,例如[0.5:0.05:0.95]。

### 3.3.3 实验设置

本章的实验基于 PyTorch1.2 框架,Python 版本为 3.6,实验训练使用的硬件环境为 NVIDIA GeForce RTX 2080Ti。训练时没有重新对特征提取网络进行训练,而是使用预先训练好的、性能表现更优的 VGG-16 网络权重,采用随机梯度下降(SGD)算法对权重进行优化调整。根据文献[12],为了使模型训练稳定,采用了学习率热身算法,经过几个 epoch 的缓冲调整后将学习率逐步调为初始设置值。

在 PASCAL VOC 实验中,在 VOC 2007 和 VOC 2012 的联合数据集上训练模型,并在 VOC 2007 测试集上测试模型。本章使用两种输入图像尺寸进行实验,例如 300×300 和 512×512。

在 MS COCO 2017 实验中,我们使用训练集进行训练,使用 test-dev2017 进行测试。所有输入图像尺寸都调整为 512×512。

## 3.4 实验结果及分析

### 3.4.1 PASCAL VOC 2007 的检测结果

本章在 PASCAL VOC 2007 测试集上评估了 FFSI 方法的 mAP 和 FPS,并将其与其他最先进的目标检测方法进行了比较。结果如表 3.1 所示。

表 3.1 PASCAL VOC 2007 测试集的检测结果

| 检测器 | 方法 | 年份 | 主干网络 | 输入尺寸 | GPU | FPS | mAP/% |
| --- | --- | --- | --- | --- | --- | --- | --- |
| 两阶段检测器 | Faster R-CNN[13] | 2015 | ResNet-101 | 1000×600 | K40 | 2.4 | 76.4 |
| | ION[14] | 2016 | VGG-16 | 1000×600 | Tian X | 1.3 | 76.5 |
| | R-FCN[15] | 2016 | ResNet-101 | 1000×600 | K40 | 5.8 | 79.5 |
| | FPN-Reconfig[16] | 2018 | ResNet-101 | 1000×600 | — | — | 82.4 |
| 一阶段检测器 | SSD300[17] | 2016 | VGG-16 | 300×300 | Tian X | 46 | 77.2 |
| | SSD512[17] | 2016 | VGG-16 | 512×512 | Tian X | 19 | 79.8 |
| | YOLOv2[18] | 2017 | Darknet-19 | 352×352 | Tian X | 81 | 73.7 |

续表3.1

| 检测器 | 方法 | 年份 | 主干网络 | 输入尺寸 | GPU | FPS | mAP/% |
|---|---|---|---|---|---|---|---|
| 一阶段检测器 | YOLOv2[18] | 2017 | Darknet-19 | 544×544 | Tian X | 40 | 78.6 |
| | DSSD321[19] | 2017 | ResNet-101 | 321×321 | Tian X | 9.5 | 78.6 |
| | DSSD513[19] | 2017 | ResNet-101 | 513×513 | Tian X | 5.5 | 81.5 |
| | FSSD300[11] | 2017 | VGG-16 | 300×300 | 1080Ti | 65.8 | 78.8 |
| | FSSD512[11] | 2017 | VGG-16 | 512×512 | 1080Ti | 35.7 | 80.9 |
| | RefineDet320[20] | 2018 | VGG-16 | 320×320 | K80 | 12.9 | 79.5 |
| | RefineDet512[20] | 2018 | VGG-16 | 512×512 | K80 | 5.6 | 81.2 |
| | RFB300[12] | 2018 | VGG-16 | 300×300 | 1080Ti | 83 | 80.5 |
| | RFB512[12] | 2018 | VGG-16 | 512×512 | 1080Ti | 38 | 82.2 |
| | ASSD300[21] | 2019 | VGG-16 | 300×300 | K40 | 11.8 | 80.0 |
| | ASSD512[21] | 2019 | VGG-16 | 512×512 | K40 | 3.4 | 81.6 |
| | CenterNet[22] | 2019 | ResNet-101 | 512×512 | — | — | 78.7 |
| | MDFN[23] | 2020 | ResNet-101 | 321×321 | Titan X | 26 | 77.0 |
| | MDFN[23] | 2020 | VGG-16 | 500×500 | Titan X | 38 | 78.3 |
| | Faster-YOLO[24] | 2020 | — | — | — | 101 | 77.9 |
| | FFSI300 | — | VGG-16 | 300×300 | 2080Ti | 71 | 80.2 |
| | FFSI512 | — | VGG-16 | 512×512 | 2080Ti | 35 | 81.8 |
| | FFSI300 | — | ResNet-50 | 300×300 | 2080Ti | — | 81.8 |
| | FFSI300 | — | Darknet-53 | 300×300 | 2080Ti | — | 80.5 |

根据表3.1，可以得出以下结论：

（1）当输入图像尺寸为300×300时，FFSI可以达到80.2%的检测精度和每秒71帧的检测速度，当输入图像尺寸为512×512时，FFSI获得了81.8%的检测精度和每秒35帧的检测速度。这说明增大检测图像的尺寸也可以增加模型的检测精度，但由于图像尺寸变大，需要计算处理的时间更长，检测速度会相应降低。尽管如此，FFSI还是展现了不错的检测性能，在保证检测速度的同时，也取得了良好的检测效果。

（2）观察表3.1中的实验结果可以发现，FFSI512的检测性能明显高于表中经典的两阶段目标检测算法，即使与使用高分辨率输入图像和特征提取能力强且深的主干网络的其他方法相比，FFSI512也具有较高的性能。当FFSI的输入图像尺寸为 512×512 时，与 Faster R-CNN[13]、ION[14] 和 R-FCN[15] 等方法相比，其检测精度分别提高了 5.4 个百分点、5.3 个百分点和 2.3 个百分点。虽然 FPN-Reconfig[16] 使用 ResNet-101 作为主干网络，并且使用 1000×600 作为输入图像尺寸，但其检测精度只比 FFSI512 略高 0.6 个百分点。值得注意的是，FFSI 模型的输入图像尺寸仅为 512×512，且使用了较轻的主干网络，例如 VGG-16。

(3) 与大多数一阶段检测算法相比，FFSI 的检测精度也很高。例如，当 FFSI 的输入大小为 300×300 时，与 SSD300[17]、FSSD300[11] 和 ASSD300[21] 相比，其检测精度分别提高了 3 个百分点、1.4 个百分点和 0.2 个百分点。当 FFSI 的输入大小为 512×512 时，与 RefineDet512[20]、ASSD512[21] 和 CenterNet[22] 相比，其检测精度分别提高了 0.6 个百分点、0.2 个百分点和 3.1 个百分点。尽管 FFSI 在 PASCAL VOC 2007 测试集上的检测精度低于 RFBNet[12]，但它在小目标检测方面具有明显的优势。

(4) 为了验证本章方法的通用性，分别使用 ResNet-50 和 Darknet-53 作为主干网络来替代 VGG-16。表 3.1 中的实验结果表明，在相同的输入图像尺寸（例如 300×300）下，使用更复杂的主干网络时，检测性能会更好。

为了进一步证明 FFSI 对小目标的检测性能，表 3.2 中列出了数据集中每一个类别的平均精度（AP），以及各类别中小目标的比例。

根据表 3.2，可以得出以下结论：

(1) 当输入图像的尺寸为 300×300 时，FFSI300 的整体检测精度显著优于 SSD300[17] 和 DSSD321[19]。与上述算法相比，在瓶子、椅子、植物和船等具有大量小目标的类别中，FFSI300 也取得了不错的检测结果，如检测瓶子时，FFSI300 的检测精度与 SSD300 和 DSSD321 相比，分别提高了 11.1 个百分点和 13.4 个百分点。

(2) 与两阶段算法 Faster R-CNN[13] 相比，本章提出的 FFSI 模型有着不错的检测性能。从表 3.2 可以看出，Faster R-CNN[13] 检测植物类别的精度只有 38.8%，而本章提出的 FFSI300 和 FFSI512 检测精度分别达到了 55.7% 和 57.6%，取得了很大的提升。

(3) 尽管 YOLOv3[25] 的输入尺寸更大，但当检测瓶子、椅子、植物和船时，本章提出的 FFSI512 比 YOLOv3[25] 的检测精度分别提高了 0.2 个百分点、2.3 个百分点、1.4 个百分点和 5.6 个百分点。这进一步证明了 FFSI 对检测小目标的有效性。

表 3.2　各类别的检测结果

| 类别 | 小目标占比/% | SSD300 | Faster R-CNN | YOLOv3 | DSSD321 | FFSI300 | FFSI512 |
|---|---|---|---|---|---|---|---|
| | | \multicolumn{6}{c}{AP/%} |
| | | \multicolumn{6}{c}{输入尺寸} |
| | | 300×300 | 1000×600 | 544×544 | 321×321 | 300×300 | 512×512 |
| 瓶子 | 89.7 | 49.1 | 52.1 | 66.5 | 46.8 | 60.2 | 66.7 |
| 椅子 | 78.7 | 60.6 | 52.0 | 64.3 | 59.5 | 66.5 | 66.6 |
| 植物 | 75.8 | 51.3 | 38.8 | 56.2 | 53.3 | 55.7 | 57.6 |
| 羊 | 72.6 | 77.5 | 73.6 | 75.3 | 79.6 | 79.1 | 85.0 |
| 船 | 68.9 | 71.5 | 65.5 | 70.0 | 64.6 | 73.3 | 75.6 |
| 电视 | 68.0 | 76.2 | 72.6 | 77.8 | 73.9 | 79.5 | 80.3 |
| 小汽车 | 66.1 | 86.4 | 84.7 | 87.7 | 76.5 | 87.9 | 89.0 |
| 牛 | 62.9 | 82.7 | 81.9 | 83.5 | 78.3 | 86.7 | 87.9 |
| 鸟 | 59.0 | 75.7 | 70.9 | 75.6 | 75.4 | 79.2 | 80.8 |
| 人 | 58.6 | 79.2 | 76.7 | 83.3 | 82.1 | 81.8 | 85.0 |
| 自行车 | 52.5 | 85.3 | 79.0 | 85.5 | 83.3 | 88.7 | 87.4 |
| 飞机 | 45.8 | 78.8 | 76.5 | 85.5 | 87.3 | 83.5 | 88.8 |
| 公共汽车 | 43.2 | 85.7 | 83.1 | 87.9 | 82.7 | 87.9 | 88.4 |
| 摩托车 | 41.2 | 84.0 | 77.5 | 86.2 | 86.6 | 86.9 | 86.9 |
| 马 | 28.7 | 86.7 | 84.6 | 86.9 | 86.6 | 88.3 | 89.0 |
| 桌子 | 26.8 | 76.5 | 65.7 | 73.6 | 64.3 | 77.7 | 78.3 |
| 火车 | 25.7 | 86.7 | 83.0 | 86.4 | 85.2 | 87.9 | 88.1 |
| 狗 | 22.9 | 84.9 | 84.8 | 85.9 | 91.5 | 86.5 | 86.5 |
| 沙发 | 17.8 | 78.7 | 73.9 | 78.0 | 75.7 | 80.5 | 80.3 |
| 猫 | 15.5 | 87.8 | 86.4 | 89.4 | 92.9 | 87.8 | 87.6 |
| mAP/% | — | 77.3 | 73.2 | 79.3 | 76.3 | 80.3 | 81.8 |

## 3.4.2　MS COCO 2017 的检测结果

本章方法在 MS COCO 2017 数据集上的检测结果如表 3.3 所示，同时与其他主流检测模型进行了比较，其中包括 Faster R-CNN[13]、TridentNet[26]、SSD512[17]、FSSD512[11]、RefineDet512[20]、YOLOv3[25]、ASSD513[21]、MDFN512[23]、

YOLOv4[27]、DETR[28]等。在表 3.3 中，我们使用 $mAP_{50:95}$、$mAP_{50}$、$mAP_{75}$、$mAP_S$、$mAP_M$ 和 $mAP_L$ 作为评估标准，其中 $mAP_{50:95}$ 是指所有 80 个类别中 10 个 IoU 阈值（从 0.5 到 0.95，步长为 0.05）的 AP 值的平均值，$mAP_{50}$ 表示当 IoU = 0.5 时 80 个类别 AP 值的平均值，$mAP_{75}$ 表示当 IoU = 0.75 时 80 个类别 AP 值的平均值，$mAP_S$、$mAP_M$ 和 $mAP_L$ 分别是小目标、中目标和大目标 AP 值的平均值。

表 3.3　本章方法在 MS COCO 2017 数据集上的检测结果

| 检测器 | 方法 | 年份 | 主干网络 | 参数量/M | mAP/% IoU 0.5:0.95 | 0.5 | 0.75 | area S | M | L |
|---|---|---|---|---|---|---|---|---|---|---|
| 两阶段 | Faster R-CNN[13] | 2015 | VGG-16 | 134.7 | 24.2 | 45.3 | 23.5 | 7.7 | 26.4 | 37.1 |
| | R-FCN[15] | 2016 | ResNet-101 | 50.9 | 29.2 | 51.5 | — | 10.3 | 32.4 | 43.3 |
| | Mask R-CNN[31] | 2017 | ResNeXt-101 | — | 39.8 | 62.3 | 43.4 | 22.1 | 43.2 | 51.2 |
| | Cascade R-CNN[29] | 2018 | ResNet-101 | — | 42.8 | 62.1 | 46.3 | 23.7 | 45.5 | 55.2 |
| | TridentNet[26] | 2019 | ResNet-101 | — | 42.7 | 63.6 | 46.5 | 23.9 | 46.6 | 56.6 |
| | Faster R-CNN w/ RGA+PRM[30] | 2021 | ResNeXt-101-FPN | — | 40.2 | 62.1 | 43.9 | 23.4 | 43.6 | 50.7 |
| 一阶段 | SSD512[17] | 2016 | VGG-16 | 30.0 | 28.8 | 48.5 | 30.3 | 10.9 | 31.8 | 43.5 |
| | YOLOv2[18] | 2017 | Darknet-19 | 48.6 | 21.6 | 44.0 | 19.2 | 5.0 | 22.4 | 35.5 |
| | FSSD512[11] | 2017 | VGG-16 | — | 31.8 | 52.8 | 33.5 | 14.2 | 35.1 | 45.0 |
| | RFB512[12] | 2018 | VGG-16 | — | 33.8 | 54.2 | 35.9 | 16.2 | 37.1 | 47.4 |
| | RefineDet512[20] | 2018 | VGG-16 | 33.9 | 33.0 | 54.5 | 35.5 | 16.3 | 36.3 | 44.3 |
| | YOLOv3[25] | 2018 | Darknet-53 | 61.9 | 33.0 | 57.9 | 34.4 | 18.3 | 35.4 | 41.9 |
| | M2Det[32] | 2019 | VGG-16 | 176.8 | 37.6 | 56.6 | 40.5 | 18.4 | 43.4 | 51.2 |
| | ASSD513[21] | 2019 | ResNet-101 | 67.5 | 34.5 | 55.5 | 36.6 | 15.4 | 39.2 | 51.0 |
| | MDFN512[23] | 2020 | VGG-16 | 45.6 | 28.9 | 47.6 | 29.9 | — | — | — |
| | YOLOv4[27] | 2020 | CSPDarknet-53 | 61.1 | 41.2 | 62.8 | 44.3 | 20.4 | 44.4 | 56.0 |
| | DETR[28] | 2020 | ResNet-101 | 41 | 42.0 | 62.4 | 44.2 | 20.5 | 45.8 | 61.1 |
| | FFSI512 | — | VGG-16 | 33.5 | 35.1 | 56.0 | 37.5 | 21.6 | 40.4 | 46.9 |

根据表 3.3，可以得出以下结论：

(1) 两阶段方法的 anchor 数量是一阶段方法的数倍，因此通常能够获得更精确的结果，但其计算效率较低。虽然 FFSI 是一阶段检测算法，但我们可以发现，本章方法与一些两阶段方法（如 Faster R-CNN[13] 和 R-FCN[15]）相比也取得了明显的优势。但是与其他两阶段方法（如 Cascade R-CNN[29] 和 TridentNet[26]）相比，仍然存在差距。值得注意的是，这些方法采用了非常深的 ResNet 网络作为主干网络。例如，TridentNet[26] 使用 ResNet-101 作为主干网络，获得了超过 40% 的检测精度，而 Faster R-CNN w/RGA+PRM[30] 使用 ResNeXt-101-FPN 作为主干网络，获得了 40.2% 的检测精度。

（2）与一阶段方法（如 SSD512[17]、RFB512[12]、YOLOv3[25]、MDFN512[23]、ASSD513[21]）相比，FFSI 在所有的评估标准上都展现出明显的优势。如表 3.3 所示，与 SSD512 相比，在加入本章所提出的模块后，FFSI512 获得了超过 7 个百分点的精度提高。更具体地说，FFSI512 将小目标的检测精度提高了 10.7 个百分点。尽管一些一阶段方法（如 YOLOv4[27]、DETR[28]）的检测精度比 FFSI 高，但 FFSI 对小目标的检测性能最好。

（3）根据表 3.1 和表 3.3 的实验结果可以发现，FFSI 与其他一阶段方法相比，具有不错的检测性能，尤其对小目标来说，其检测性能更好。

### 3.4.3 上下文信息增强模块的可视化

为了进一步验证本章提出的上下文信息增强模块 CIE 的有效性，本章采用 Grad CAM[33] 来可视化 CIE 模块产生的热力图，其可视化结果如图 3.5 所示，从

(a) 原图　　(b) CIE 前特征映射　　(c) CIE 后特征映射

图 3.5　上下文信息增强模块的可视化结果

左到右依次是原始图片、CIE 前的特征映射和 CIE 后的特征映射。从图 3.5 中可以看出，上下文信息模块能够准确、完整地定位对象，并且不会将注意力过度扩展到背景区域。特别是当目标较小时（参见图 3.5 的最后一行），与未添加 CIE 模块的特征映射相比，添加 CIE 模块之后的关注点更集中于有用区域。这表明本章所提出的 CIE 模块能够有效地建立局部信息和全局信息之间的关系，抑制背景区域。

### 3.4.4 测试结果的比较

为了直观地比较 FFSI、SSD[17]和 RFB[12]三种算法对小目标和密集目标的检测效果，图 3.6 显示了三种方法对图像尺寸为 300×300 的检测结果，图 3.7 展示了图像尺寸为 512×512 的检测结果，两图从左到右分别是原始图像、SSD 检测结果、RFB 检测结果和 FFSI 检测结果。从图 3.6 和图 3.7 可以发现，SSD 在检测小而密集的目标时存在大量的漏检和误检情况，检测性能不及 RFB 和 FFSI。RFB 尽管减少了漏检情况的发生，但还是存在少量的误检和漏检。与它们相比，FFSI 在检测小目标和密集目标方面具有明显的优势。例如，在鸟类图像（参见图 3.6

(a) 原图　　　　(b) SSD　　　　(c) RFB　　　　(d) FFSI

图 3.6　图像尺寸为 300×300 的检测结果

的第一行)中，SSD 仅检测到三只体形较大的鸟类。RFB 优于 SSD，有 7 个正确的检测目标，FFSI 方法有 15 个正确的检测目标，性能最佳。除了对不同模型进行横向性能对比，从图 3.6 和图 3.7 也可发现，后者的检测性能明显优于前者，这也从侧面说明当检测图像的尺寸变大时，可供网络学习的信息变多，其对应的检测性能也更好。

(a) 原图　　　　(b) SSD　　　　(c) RFB　　　　(d) FFSI

图 3.7　图像尺寸为 512×512 的检测结果

### 3.4.5　消融实验

(1) 各个模块对检测性能的影响。

为了进一步说明本章所提出的四个模块是如何提升检测精度的，我们将四个模块依次添加到 SSD300[17] 中来进行实验。模型在 PASCAL VOC 联合数据集上进行训练，并在 VOC 2007 测试集上进行验证分析。输入图像的尺寸为 300×300，结果如表 3.4 和图 3.8 所示，其中"FFM"表示添加浅层特征增强模块和特征融合模块，"CIE"表示添加上下文信息增强模块，"RFE"表示添加感受野增强模块，"FFM+CIE"表示同时添加 FFM 和 CIE 模块，"FFSI"表示添加所有模块。其中"CIE"和"RFE"以 38×38 的尺寸添加在卷积层上。

表 3.4　不同模块对检测性能的影响

| 方法 | 主干网络 | mAP/% |
| --- | --- | --- |
| SSD300 | VGG-16 | 77.2 |
| SSD300+FFM | VGG-16 | 78.3 |
| SSD300+CIE | VGG-16 | 78.8 |
| SSD300+RFE | VGG-16 | 78.7 |
| SSD300+FFM+CIE | VGG-16 | 79.0 |
| FFSI | VGG-16 | 80.2 |

从表 3.4 中可以看出，分别添加 FFM、CIE 和 RFE 模块都可以提高检测精度，但添加所有模块后获得的精度最高，其次是添加 FFM+CIE 两个模块。图 3.8 中展示了添加不同模块后在 PASCAL VOC 2007 测试集上对各个类别的检测精度，FFSI 的检测性能通常是最好的，特别是对于小目标(如鸟类、瓶子和植物)的检测，FFSI 比 SSD300 有很大的改进。在检测船类别时，FFSI 的精度低于 SSD300+CIE，但检测其他类别时精度高于 SSD300+CIE。表 3.4 和图 3.8 的结果共同表明，FFSI 具有良好的检测性能，尤其是对于小目标。

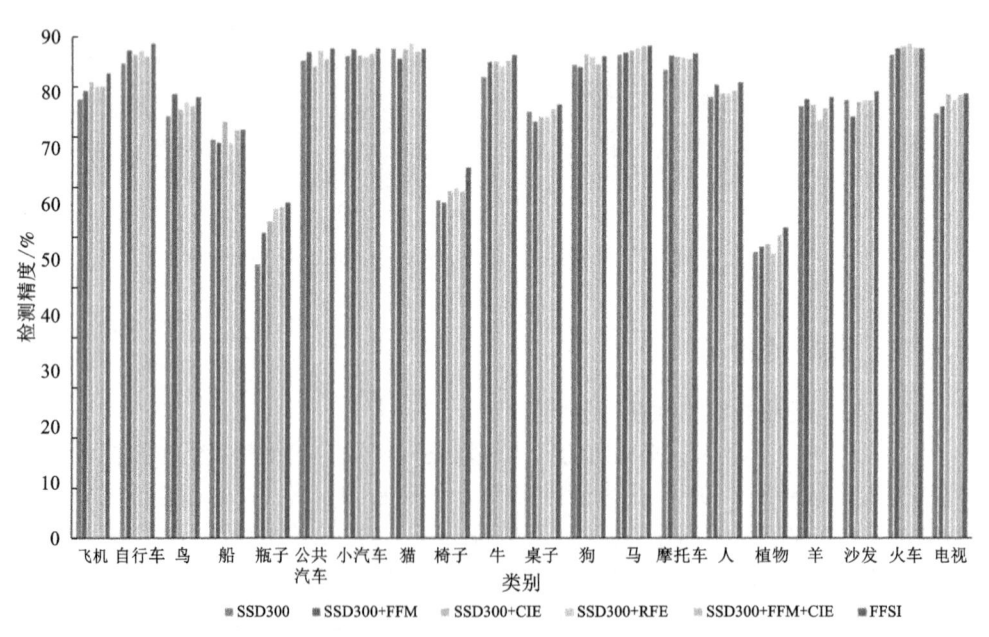

图 3.8　添加不同模块时各个类别的检测精度(扫本章二维码查看彩图)

(2)CIE+RFE 模块在不同卷积层对检测性能的影响。

为了探讨上下文信息增强模块 CIE 和感受野增强模块 RFE 的位置对检测性能的影响，本章将这两个模块分别添加到几个不同尺寸的卷积层，例如卷积层尺寸分别为 38×38、19×19、10×10 和 5×5。本次消融实验在 PASCAL VOC 数据集上进行训练和验证。实验结果如表 3.5 所示，输入图像大小为 300×300。

表 3.5 CIE+RFE 模块添加到不同尺寸卷积层对检测性能的影响

| 模块 | 卷积层尺寸 | mAP/% |
| --- | --- | --- |
| 未添加 CIE+RFE | — | 78.3 |
| 添加 CIE+RFE | 38×38 | 80.23 |
|  | 19×19 | 80.20 |
|  | 10×10 | 80.12 |
|  | 5×5 | 80.10 |

我们可以发现，在不同尺寸的特征图中加入 CIE+RFE 模块都可以提高检测精度，特别是在尺寸为 38×38 的特征图中加入上述两个模块的检测效果最好。当添加到较小尺寸的特征图上时，其性能会变得稍差，这可能是小尺寸特征图的信息较少造成的。

(3)不同数量的 CIE+RFE 模块对检测性能的影响。

为了研究不同数量的 CIE+RFE 模块对模型检测性能的影响，我们在不同尺寸特征图中分别添加了 CIE+RFE 模块，即在 38×38 的特征图中添加了一个 CIE+RFE 模块，在尺寸为 38×38 和 19×19 的特征图中添加了两个 CIE+RFE 模块，在尺寸为 38×38、19×19 和 10×10 的特征图中添加了三个 CIE+RFE 模块，在尺寸为 38×38、19×19、10×10 和 5×5 的特征图中添加了四个 CIE+RFE 模块。实验结果如表 3.6 所示。

表 3.6 不同数量的 CIE+RFE 模块对检测性能的影响

| CIE+RFE 的添加数量/个 | 特征图尺寸 | mAP/% |
| --- | --- | --- |
| 0 | — | 78.3 |
| 1 | 38×38 | 80.2 |
| 2 | 38×38, 19×19 | 80.0 |
| 3 | 38×38, 19×19, 10×10 | 79.9 |
| 4 | 38×38, 19×19, 10×10, 5×5 | 79.9 |

从表 3.6 中可以看出，添加多个 CIE+RFE 模块并不能进一步提高检测精度。在 38×38 的特征图上添加模块，其检测结果最佳。当 CIE+RFE 模块添加到多个小尺度特征图上时，检测性能略有下降。这进一步表明，尺寸太小的特征图缺乏足够的信息来增强检测性能。

（4）局部和全局信息分支对检测性能的影响。

在 CIE 模块中，我们设计了两个分支来分别学习局部信息和全局信息。为了分析每个分支对检测性能的影响，进行了以下消融实验：①不添加这两个分支；②仅添加局部信息分支；③仅添加全局信息分支；④添加两个分支。在实验过程中使用 VOC 2007 和 VOC 2012 的联合训练集进行训练学习，并在 VOC 2007 测试集上进行验证分析，其中模型训练尺寸为 300×300，实验结果如表 3.7 所示。从表 3.7 可以看出，与不添加任何分支相比，仅添加局部信息分支或仅添加全局信息分支均可以提高检测精度。但当添加两个分支时，检测性能最佳，这表明两个分支可以学习不同的语义信息，形成互补优势。

表 3.7　局部和全局分支对检测性能的影响

| 局部分支 | 全局分支 | mAP/% |
| --- | --- | --- |
| × | × | 78.7 |
| √ | × | 79.4 |
| × | √ | 79.2 |
| √ | √ | 80.2 |

注：√表示添加分支，×表示不添加分支。

（5）RFE 模块中的不同扩张率对检测性能的影响。

为了探究 RFE 模块中不同扩张率设置对检测性能的影响，我们进行了四组实验，实验结果如表 3.8 所示。实验在 VOC 2007 和 VOC 2012 的联合训练集上进行，最终在 VOC 2007 测试集上进行测试分析。结果发现，与其他设置相比，当两个扩张卷积分支的扩张率分别设置为 3 和 5 时，检测效果更好。

表 3.8　扩张率设置对检测性能的影响

| 扩张率 | mAP/% |
| --- | --- |
| 3, 3 | 80.0 |
| 3, 5 | 80.2 |
| 3, 7 | 79.7 |
| 5, 7 | 79.4 |

## 3.4.6 效率分析

在表 3.9 中，我们比较了包括 Faster R-CNN、SSD、ASSD、YOLOv3、YOLOv4 和 DETR 等不同方法在 VOC 2007 和 COCO 测试数据集上的推理时间。与一阶段检测器相比，两阶段检测器(即 Faster R-CNN 和 R-FCN)通常具有更多的参数，并且运行速度更慢。在一阶段检测器中，YOLOv2、YOLOv3 和 YOLOv4 的运行速度比大多数其他检测器都快。例如，YOLOv2 的速度为 81 FPS，比 SSD300 快近 2 倍(即 46 FPS)，比 ASSD300 快约 7 倍(即 11.8 FPS)。这是因为 YOLOv2 将每个特征图的目标候选区域限制为 5 个边界框。然而，YOLO 与 SSD、ASSD、FFSI 相比含有更多的参数，这通常意味着更多的内存开销，因此参数量较多的模型在实际应用中也存在很多困难。而 FFSI 在检测精度和检测速度方面取得了良好的优势。如图 3.9 所示，FFSI 的检测精度不是最好的，但它具有很高的稳定性以及较快的检测速度和较高的检测精度。

表 3.9 不同方法在 VOC 2007 和 COCO 测试数据集上推理时间的比较

| 方法 | 数据集 | 主干网络 | 输入尺寸 | GPU | FPS | 参数量/M |
| --- | --- | --- | --- | --- | --- | --- |
| Faster R-CNN[13] | VOC 2007 | ResNet-101 | 1000×600 | K40 | 2.4 | 144.8 |
| R-FCN[15] | VOC 2007 | ResNet-101 | 1000×600 | K40 | 5.8 | — |
| SSD300[17] | VOC 2007 | VGG-16 | 300×300 | Tian X | 46 | 26.3 |
| SSD512[17] | VOC 2007 | VGG-16 | 512×512 | Tian X | 19 | 26.3 |
| YOLOv2[18] | VOC 2007 | Darknet-19 | 352×352 | Tian X | 81 | 48.6 |
| YOLOv2[18] | VOC 2007 | Darknet-19 | 544×544 | Tian X | 40 | 48.6 |
| ASSD300[21] | VOC 2007 | VGG-16 | 300×300 | K40 | 11.8 | 29.4 |
| ASSD512[21] | VOC 2007 | VGG-16 | 512×512 | K40 | 3.4 | 30.2 |
| MDFN[23] | VOC 2007 | ResNet-101 | 321×321 | Titan X | 26 | 64.2 |
| MDFN[23] | VOC 2007 | VGG-16 | 500×500 | Titan X | 38 | 31.1 |
| FFSI300 | VOC 2007 | VGG-16 | 300×300 | 2080Ti | 71 | 33.5 |
| FFSI512 | VOC 2007 | VGG-16 | 512×512 | 2080Ti | 35 | 33.5 |
| SSD512[17] | COCO | VGG-16 | 512×512 | Tian X | — | 34.3 |
| MDFN[23] | COCO | VGG-16 | 500×500 | Titan X | 35 | 45.6 |
| YOLOv3[25] | COCO | Darknet-53 | 320×320 | Titan X | 45 | 61.9 |

续表3.9

| 方法 | 数据集 | 主干网络 | 输入尺寸 | GPU | FPS | 参数量/M |
|---|---|---|---|---|---|---|
| M2Det[32] | COCO | VGG-16 | 320×320 | — | 33 | 176.8 |
| RFB512[12] | COCO | VGG-16 | 512×512 | 1080Ti | 33 | — |
| YOLOv4[27] | COCO | CSPDarknet-53 | 512×512 | — | 31 | 61.1 |
| DETR[28] | COCO | ResNet-101 | — | — | 10 | 60M |
| FFSI512 | COCO | VGG-16 | 512×512 | 2080Ti | 35 | 33.5 |

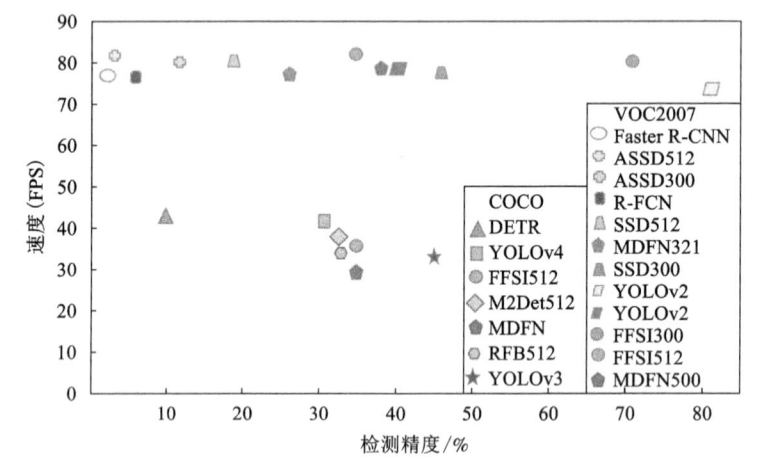

图 3.9　不同方法的检测精度和速度(扫本章二维码查看彩图)

## 3.5　本章小结

本章提出了一种基于浅层特征融合和语义信息增强的目标检测方法，设计了四个模块，分别对浅层特征、全局信息和局部信息进行学习，改善了小目标和密集目标的检测效果。将富含高级语义信息的深层特征注入包含较多小目标细节信息的浅层特征中，实现各级信息间的流动，在此基础上使全局信息与局部信息形成互补并增大特征的感受野区域，从而让网络模型学习到更多有用的特征，提高模型的检测精度。与 SSD、DSSD、RSSD 和 FSSD 相比，FFSI 在 PASCAL VOC 数据集和 MS COCO 2017 数据集上取得了更好的检测结果。此外，为更直观地评价本章四个模块的有效性能，本章设计了许多消融实验来证明各个模块的性能，并对相应模块的性能进行可视化展示。从实验结果可以看出，本章方法对检测小目标和密集目标有着良好的性能。下一步工作将进一步增加浅层特征和深层特征之间的相互作用，以便为大尺度和小尺度物体获得更高的检测精度。

# 参考文献

[1] CAI Z W, VASCONCELOS N. Cascade R-CNN: delving into high quality object detection[C]//2018 IEEE/CVF Conference on Computer Vision and Pattern Recognition. June 18-23, 2018, Salt Lake City, UT, USA. IEEE, 2018: 6154-6162.

[2] NOH J, BAE W, LEE W, et al. Better to follow, follow to be better: towards precise supervision of feature super-resolution for small object detection[C]//2019 IEEE/CVF International Conference on Computer Vision (ICCV). October 27-November 2, 2019, Seoul, Korea (South). IEEE, 2019: 9724-9733.

[3] LIU Z M, GAO G Y, SUN L, et al. HRDNet: high-resolution detection network for small objects [C]//2021 IEEE International Conference on Multimedia and Expo (ICME). July 5-9, 2021. Shenzhen, China. IEEE, 2021: 1-6.

[4] LI Z M, PENG C, YU G, ZHANG X Y, DENG Y D, SUN J. DetNet: a backbone network for object detection[EB/OL]. 2018: https://arxiv.org/abs/1804.06215v2.

[5] JEONG J, PARK H, KWAK N. Enhancement of SSD by concatenating feature maps for object detection[EB/OL]. 2017: https://arxiv.org/abs/1705.09587v1.

[6] GONG Y Q, YU X H, DING Y, et al. Effective fusion factor in FPN for tiny object detection [C]//2021 IEEE Winter Conference on Applications of Computer Vision (WACV). January 3-8, 2021, Waikoloa, HI, USA. IEEE, 2021: 1159-1167.

[7] DENG C F, WANG M M, LIU L, et al. Extended feature pyramid network for small object detection[J]. IEEE Transactions on Multimedia, 2022, 24: 1968-1979.

[8] CAO J X, CHEN Q, GUO J, SHI R C. Attention-guided context feature pyramid network for object detection[EB/OL]. 2020: https://arxiv.org/abs/2005.11475v1.

[9] NIE J, ANWER R M, CHOLAKKAL H, et al. Enriched feature guided refinement network for object detection[C]//2019 IEEE/CVF International Conference on Computer Vision (ICCV). October 27-November 2, 2019, Seoul, Korea (South). IEEE, 2019: 9536-9545.

[10] QIAO S Y, CHEN L C, YUILLE A. DetectoRS: detecting objects with recursive feature pyramid and switchable atrous convolution[C]//2021 IEEE/CVF Conference on Computer Vision and Pattern Recognition (CVPR). June 20-25, 2021, Nashville, TN, USA. IEEE, 2021: 10208-10219.

[11] LI Z X, YANG L, ZHOU F Q. FSSD: feature fusion single shot multibox detector[EB/OL]. 2017: https://arxiv.org/abs/1712.00960v4.

[12] LIU S T, HUANG D, WANG Y H. Receptive field block net for accurate and fast object detection[M]//Lecture Notes in Computer Science. Cham: Springer International Publishing, 2018: 404-419.

[13] REN S Q, HE K M, GIRSHICK R, et al. Faster R-CNN: towards real-time object detection with region proposal networks[J]. IEEE Transactions on Pattern Analysis and Machine Intelligence, 2017, 39(6): 1137-1149.

[14] BELL S, ZITNICK C L, BALA K, et al. Inside-outside net: detecting objects in context with skip pooling and recurrent neural networks[C]//2016 IEEE Conference on Computer Vision and Pattern Recognition (CVPR). June 27-30, 2016, Las Vegas, NV, USA. IEEE, 2016: 2874-2883.

[15] DAI J, LI Y, HE K, et al. R-fcn: Object detection via region-based fully convolutional networks[J]. Advances in neural information processing systems, 2016, 29.

[16] KONG T, SUN F C, HUANG W B, et al. Deep feature pyramid reconfiguration for object detection[M]//Lecture Notes in Computer Science. Cham: Springer International Publishing, 2018: 172-188.

[17] LIU W, ANGUELOV D, ERHAN D, et al. Ssd: Single shot multibox detector[C]//Computer Vision-ECCV 2016: 14th European Conference, Amsterdam, The Netherlands, October 11-14, 2016, Proceedings, Part I 14. Springer International Publishing, 2016: 21-37.

[18] REDMON J, FARHADI A. YOLO9000: better, faster, stronger[C]//2017 IEEE Conference on Computer Vision and Pattern Recognition (CVPR). July 21-26, 2017, Honolulu, HI, USA. IEEE, 2017: 6517-6525.

[19] FU C Y, LIU W, RANGA A, et al. DSSD: deconvolutional single shot detector[EB/OL]. 2017: https://arxiv.org/abs/1701.06659v1.

[20] ZHANG S F, WEN L Y, BIAN X, et al.. Single-shot refinement neural network for object detection[C]//2018 IEEE/CVF Conference on Computer Vision and Pattern Recognition. June 18-23, 2018, Salt Lake City, UT, USA. IEEE, 2018: 4203-4212.

[21] YI J R, WU P X, METAXAS D N. ASSD: Attentive single shot multibox detector[J]. Computer Vision and Image Understanding, 2019, 189: 102827.

[22] DUAN K W, BAI S, XIE L X, et al. CenterNet: keypoint triplets for object detection[C]//2019 IEEE/CVF International Conference on Computer Vision (ICCV). October 27-November 2, 2019, Seoul, Korea (South). IEEE, 2019: 6568-6577.

[23] MA W C, WU Y W, CEN F, et al. MDFN: Multi-scale deep feature learning network for object detection[J]. Pattern Recognition, 2020, 100: 107149.

[24] YIN Y H, LI H F, FU W. Faster-YOLO: an accurate and faster object detection method[J]. Digital Signal Processing, 2020, 102: 102756.

[25] FARHADI A, REDMON J. Yolov3: An incremental improvement[C]//Computer vision and pattern recognition. Berlin/Heidelberg, Germany: Springer, 2018, 1804: 1-6.

[26] LI Y H, CHEN Y T, WANG N Y, et al. Scale-aware trident networks for object detection [C]//2019 IEEE/CVF International Conference on Computer Vision (ICCV). October 27-November 2, 2019, Seoul, Korea (South). IEEE, 2019: 6053-6062.

[27] BOCHKOVSKIY A, WANG C Y, LIAO H Y M. YOLOv4: optimal speed and accuracy of object

detection[EB/OL]. 2020: https://arxiv.org/abs/2004.10934v1.

[28] CARION N, MASSA F, SYNNAEVE G, et al. End-to-End Object Detection with Transformers[C]//Proceedings of the European Conference on Computer Vision, Glasgow, UK, F, 2020.

[29] CAI Z W, VASCONCELOS N. Cascade R-CNN: delving into high quality object detection[C]//2018 IEEE/CVF Conference on Computer Vision and Pattern Recognition. June 18-23, 2018, Salt Lake City, UT, USA. IEEE, 2018: 6154-6162.

[30] GE Z, JIE Z Q, HUANG X, et al. Delving deep into the imbalance of positive proposals in two-stage object detection[J]. Neurocomputing, 2021, 425: 107-116.

[31] HE K M, GKIOXARI G, DOLLÁR P, et al. Mask R-CNN[C]//2017 IEEE International Conference on Computer Vision (ICCV). October 22-29, 2017, Venice, Italy. IEEE, 2017: 2980-2988.

[32] ZHAO Q J, SHENG T, WANG Y T, et al. M2Det: a single-shot object detector based on multi-level feature pyramid network[J]. Proceedings of the AAAI Conference on Artificial Intelligence, 2019, 33(1): 9259-9266.

[33] SELVARAJU R R, COGSWELL M, DAS A, et al. Grad-CAM: visual explanations from deep networks via gradient-based localization[J]. International Journal of Computer Vision, 2020, 128(2): 336-359.

# 第4章 用于交通标志检测的多维特征交互学习

## 4.1 引言

交通标志检测是自动驾驶和先进驾驶辅助系统(ADAS)领域的一项关键任务。它涉及在图像中识别和定位交通标志。这个过程使自动驾驶汽车能够理解和遵循道路规则,从而确保安全导航[1]。这项任务受到各种因素的影响,包括成像条件的变化,如光照和天气的变化[2,3],以及交通标志的大小,如交通标志相对较小,占比不到图像面积的1%。这些挑战使得交通标志检测比一般的目标检测任务困难得多[4-7],因此需要在各种条件下进行高精度检测,以确保自动系统的安全导航[8]。

深度学习出现以前,基于视觉的交通标志检测方法是利用标志的特征,如形状和颜色,采用色彩阈值[9]、视觉显著性检测[10]、形态学过滤[11]和边缘分析[3]等方法。虽然这些基于底层视觉特征的方法在受限条件下表现良好,但在更复杂的环境中,其检测性能会大幅下降。

深度学习的出现,尤其是卷积神经网络(CNN)的发展,标志着交通标志检测进入了一个新阶段。此外,Tsinghua-Tencent 100K(TT100K)数据集[4]的创建和使用,推动了交通标志检测算法的进步,促进了高分辨率、语义丰富的特征图的构建,大大提高了检测的准确性,在各类基准数据集上平均精度(mAP)不断被刷新[5,12]。

尽管交通标志检测取得了很大进展,但在复杂环境中准确检测小目标仍然是一个重大挑战。这些小目标在2048像素×2048像素的高分辨率图像中可能只有30像素×30像素,小目标的有效特征少,显著增加了检测的难度。交通标志检测的主要挑战包括在网络初期学习长距离像素之间的依赖关系,以及提高小目标在复杂场景中的检测精度。传统的卷积神经网络(CNN)在堆叠层数的过程中逐渐扩大感受野,因此在检测网络的浅层无法有效捕捉这些小目标的全局上下文信息。此外，在更深层次和不同尺度的特征融合过程中，小目标的特征可能会变得模糊，无法与背景区分开来。

为了解决这些问题，研究者们尝试了多种方法，包括数据增强[13,14]、多尺度特征融合[15,16]以及利用注意力机制[17,18]来增强特征提取和融合的能力。尽管取得了一些进展，但是基于CNN的模型仍然存在固有的局限性，即网络在浅层捕获和处理复杂语义信息方面能力不足。这种局限性对小目标检测尤其不利，因为语义细节对精确检测和分类至关重要。

本书提出了一种名为VisioSignNet（视觉交通标志检测网络）的新型网络模型，这是一种专门用于进行交通标志检测的CNN-Transformer混合模型。该网络模型提出了新的网络模块，以提高在复杂背景中检测小目标的精度。本书提出了局部和全局交互模块（local and global interactive module，LGIM），旨在增强网络早期的有效感受野，使其能够捕捉远距离的像素之间的依赖关系，并对局部特征进行建模。同时，本书还提出了增强通道和空间交互模块（enhancing channel and space interaction module，ECSI），以优化通道和空间维度之间的交互，从而增强网络对小目标的注意力，减少背景特征干扰。

在Tsinghua-Tencent 100K（TT100K）数据集[4]和德国交通标志检测基准（GTSDB）数据集[19]上的实验结果验证了本书所提出的VisioSignNet的优越性能。该网络模型一定程度上解决了交通标志检测中的重要问题，增强了复杂环境中小目标的检测性能。本章成果包括：

（1）引入了LGIM模块，增强了网络学习全局上下文信息的能力，同时保留了小型交通标志的细节。

（2）提出了ECSI模块，增强了小目标的有效特征，并减少了背景噪声，优于传统注意力机制。

（3）在TT100K和GTSDB数据集上对VisioSignNet进行了评估，验证了将LGIM和ECSI模块与YOLOv5m（YOLOv5模型的中等版本）和YOLOv5l（YOLOv5模型的较大版本）相结合对检测准确性和效率的提升效果。

## 4.2 相关工作

本节回顾了与小目标检测相关的方法，重点关注交通标志的检测，追溯了从传统卷积神经网络（CNN）到采用注意力和自注意力机制的演进过程。本节首先指出了小目标检测的主要挑战，以及为应对这些挑战而开发的方法，包括数据增强和多尺度特征融合。随后，讨论了注意力机制在增强特征表达方面的一系列算法。最后，本节概述了自注意力机制和Transformer模型，强调了它们在理解复杂数据模式方面的贡献。

### 4.2.1 小目标检测

基于卷积神经网络（CNN）的目标检测算法在精确检测小目标方面常常面临困难，主要是这些目标的像素较低，导致检测精度低。复杂背景、变化的光照条件和遮挡进一步增加了检测难度。为提高小目标检测精度，研究者们提出了多种策略，有数据增强技术，如 Mosaic[20]、Cutmix[13] 和 Copy-Paste[14]，旨在增加训练数据的多样性。此外，对多尺度特征融合也进行了广泛探索，包括通过自下而上的方法[21]增强深层特征与浅层特征的融合，以及通过自上而下的方法[22]为浅层添加语义信息。尽管取得了一些进步，但在深层网络中保留小目标的有效特征仍然是一个挑战，这些特征往往被复杂的特征所掩盖。

交通标志检测通过应用这些方法取得了显著进展。例如，小区域交通标志识别（TSR-SA）[5]利用感受野增强模块和随机擦除的数据增强技术来更好地检测被遮挡的目标；上下文感知框（CAB）[12]和多维上下文目标检测（MDCOD）[18]通过设计复杂的上下文增强模块，在语义分析和空间定位方面做出了重要贡献，对于在复杂环境中识别小目标至关重要；此外，目标检测器适应性和泛化能力的研究，在新场景和动态变化的环境中取得了重要的进展，这对自动驾驶应用至关重要[23]；另外，使用新的数据增强技术，如天气建模、风格随机化和 Augmix 增强，提高了噪声视觉条件下的鲁棒性，确保了在各种不利条件下都可以进行交通标志检测[24]。

### 4.2.2 注意力机制

注意力机制是一种能够使模型聚焦于输入特征特定部分的技术，可以增强这些特定部分对特定任务的重要性。在深层网络处理复杂信息的过程中，保留小目标的有效特征是一个重要挑战。注意力机制通过使模型动态地集中于输入图像中最为相关的部分来解决这一难题。

通道注意力机制，如 squeeze-and-excitation networks（SENet）[25]及其更高效的变体 efficient channel attention（ECA）[26]，重新校准了特征图不同通道的重要性，从而增强了目标检测能力。空间注意力机制，如 gather-excite net（GENet）[27]和 convolutional block attention module（CBAM）[28]，改进了特定图像区域的特征表示方法，尽管它们有时在直接将注意力与特定空间位置或通道对齐方面存在一定的困难。

这些机制的引入不仅提高了模型对小目标的敏感度，还为解决复杂视觉任务中的特征提取和表示问题提供了新的思路。通过有效地整合这些注意力机制，研究者们能够设计出更加精确和高效的目标检测算法，特别是在处理小目标和复杂场景时其表现出显著的优势。

### 4.2.3 自注意力机制

自注意力机制作为一种特殊的注意力机制,能够使模型权衡输入数据中不同位置之间的相对重要性。基于自注意力机制的 Transformer 模型彻底革新了全局语义关系的学习方式,从最初在自然语言处理(NLP)领域的应用,如 BERT(双向 Transformer 编码器表示)[29],到在计算机视觉领域的应用,如 Vision Transformer(ViT)[30]、DEtection TRansformer(DETR)[31]和基于移位窗口的分层视觉 Transformer(Swin)[32],这些模型极大地扩展了神经网络的特征表达能力。

近年来的工作,如 DEformable DETR(DE-DETR)[17]、Compact Transformers(CMT)[33]和 Twins[34]等,致力于平衡局部和全局特征的处理,通过有效利用通道和空间信息来增强目标的检测和分类能力。这些进展不仅推动了模型性能的提升,还为解决复杂视觉任务提供了新的思路和方法。

## 4.3 方法

### 4.3.1 VisioSignNet 概述

VisioSignNet 专门用于解决小目标交通标志检测问题。其一方面高效融合局部细节特征和全局上下文信息;另一方面增强通道和空间维度的特征表达,确保在不同环境中交通标志的重要特征可被识别。VisioSignNet 架构的核心由两个关键模块组成,即局部与全局交互模块(LGIM)和增强通道与空间交互(ECSI)模块,如图 4.1 所示。这些模块经过精心设计,旨在微调局部和全局特征交互以及通道和空间维度之间的平衡。这种双重交互方法不仅可以增强小目标的细节特征,还可使模型自适应关注不同目标中最重要的特征。

VisioSignNet 以 YOLOv5m(YOLOv5 模型的中等版本)为基础,选择该模型是因为其在处理速度和检测精度之间具有优秀的平衡能力。VisioSignNet 根据交通标志检测的特点定制其结构,将 YOLOv5m 作为主干网络,开发出一个能够快速准确检测交通标志的系统,该系统是安全驾驶的重要组成部分,需要与驾驶员进行实时通信。

将 LGIM 模块嵌入 VisioSignNet 的不同位置,以从特征融合的初始阶段获取全局上下文信息,这对于精确检测小目标尤为重要。通过在网络的第 5、第 8 和第 21 个卷积层之后放置 LGIM 模块,VisioSignNet 巧妙地在早期整合了全局语义信息,从而增强了辨识小目标的能力。在 P4 和 P5 检测头之前额外嵌入 LGIM 模块,保留了局部上下文特征,从而提高了中尺度和大尺度目标的检测精度。

ECSI 模块集成在网络自上而下和自下而上的路径中,在优化特征表达方面发挥了关键作用。通过增强通道和空间维度之间的交互，这些模块有效地突出了相关目标的特征，同时最小化了背景干扰。

此外，VisioSignNet 在标准 YOLOv5m 架构基础上增加了一个额外的预测头，在图 4.1 中标记为 P2，专门用于检测非常小的交通标志物体。这一调整将模型扩展为四个预测头（在图 4.1 中分别标记为 P2、P3、P4 和 P5），每个预测头都针对不同尺度物体的检测进行了校准，这些尺度由不同程度的特征图下采样表示。

为了保留对小目标交通标志检测至关重要的细节特征，VisioSignNet 采用 CARAFE 上采样方法[35]替代了 YOLOv5m 的 Neck 中传统的双线性上采样方法。CARAFE 上采样方法能更有效地保留识别小目标所必需的高分辨率特征。

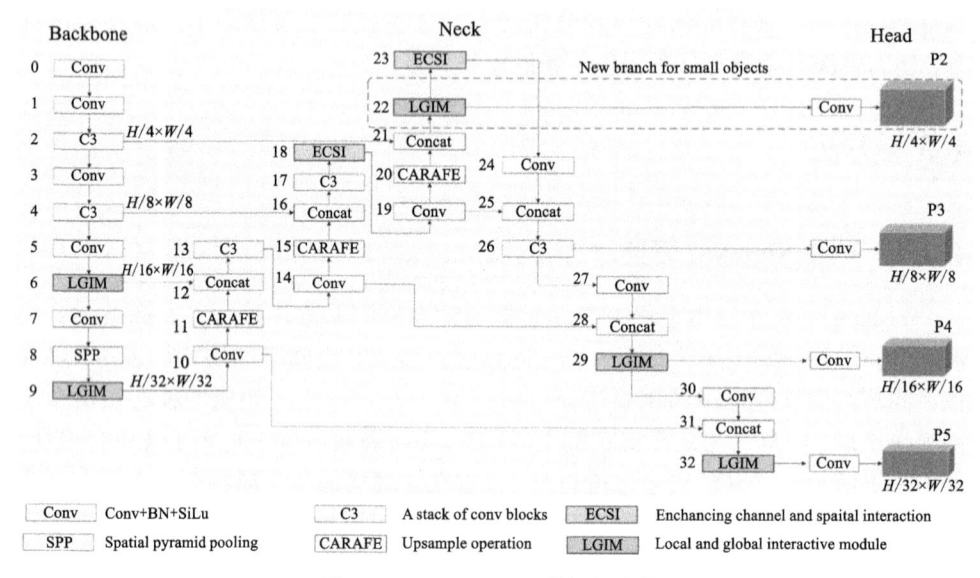

图 4.1　VisioSignNet 的框架结构

## 4.3.2　LGIM 模块

LGIM 模块用于协调局部细节特征与全局语义特征。不同尺度的特征交互对于小目标交通标志检测至关重要。从标志的颜色和形状到其符号和大小，特征的精确表达对于准确识别和分类交通标志至关重要。要求模型能够对图像中以各种尺寸出现的交通标志进行准确检测和分类。LGIM 通过整合不同感受野下的局部和全局特征来丰富特征表示，从而学习并保留了重要的低级与高层特征。

传统 CNN 通常在网络的浅层提取局部特征，在网络深层提取全局特征，造成浅层语义信息和深层细节信息缺失。为了同时学习细节和语义特征，LGIM 模块结构设计为两个协同分支,如图 4.2(a)所示,一个是用于局部特征聚合的左分支,另一个是带有混合局部全局 Transformer(mixing local global transformer, MLGT)的右分支。局部分支采用小尺寸卷积核来捕获特定交通标志所必需的精细特征。相比之下,全局分支利用 MLGT 显著扩大了感受野,丰富了上下文信息,有效补充了局部细节特征。这种设计融合了细节特征和全局上下文特征,在 LGIM 框架内提供了一种更全面的特征提取和解释方法。

(1)用于局部特征聚合的左分支。

为了保持物体细节的复杂性,局部分支使用了尺寸为 3×3 的卷积层。这个分支的数学表达式如式(4.1)所示:

$$F_{\text{local}} = \text{SiLU}\{\text{BN}[\text{Conv}_{3\times3}(F_{\text{input}})]\} \tag{4.1}$$

式中:$F_{\text{input}}$ 表示输入特征图;$\text{Conv}_{3\times3}$ 表示一个 3×3 的卷积操作;BN 表示批量归一化;SiLU(sigmoid gated linear unit)表示 Sigmoid 加权线性单元激活函数。BN 通过规范化特征图来稳定训练,降低内部协变量偏移,加速收敛。而 SiLU 激活函数引入了非线性,同时保持平滑的梯度流,这对有效的反向传播至关重要。

(2)带有混合局部全局 Transformer(MLGT)的右分支。

MLGT 模块的整合旨在显著扩大感受野,从而促进局部特征与全局特征之间的交互。MLGT 模块的引入对于实现更动态和全面的特征分析至关重要,有效缩小了对局部细节特征和对全局特征的理解之间的差距。该分支的数学表达式如式(4.2)所示:

$$F_{\text{global}} = \text{MLGT}\{\text{SiLU}\{\text{BN}[\text{Conv}_{1\times1}(F_{\text{input}})]\}\} \tag{4.2}$$

式中:$\text{Conv}_{1\times1}$ 表示降维,为在 MLGT 模块内的特征增强做好准备。

(3)两个分支的融合。

两个分支首先经过通道维串联来融合,将详细的局部特征和更广泛的全局上下文特征汇集到一个统一的特征空间。融合后的特征通过一个卷积层和批量归一化来实现优化,对组合特征进行学习整合。通过应用 1×1 的卷积操作,模型可以有选择地增强或减弱某些特征,动态学习平衡局部细节与全局上下文信息的重要性。批量归一化通过确保特征分布在不同输入间保持一致,有助于稳定训练过程。

该过程的数学表达式如式(4.3)所示:

$$F_{\text{output}} = \text{SiLU}\{\text{BN}\{\text{Conv}_{1\times1}[\text{Concat}(F_{\text{localt}}, F_{\text{global}})]\}\} \tag{4.3}$$

(4)MLGT 模块。

MLGT 模块如图 4.2(b)所示,其是 Swin Transformer 的一种变体。Swin Transformer 与传统的 Transformer 架构的不同之处在于其层次结构和移位窗口机制,使得它能高效地学习多尺度特征,降低了计算需求。这对于需要进行高分辨率特征分析的任务至关重要。在 MLGT 模块中,针对交通标志检测的特定任务,对原始 Swin Transformer 进行了两项具体改进：整合深度卷积(DConv)和采用通道增强窗口自注意力(CE-WSA)机制。

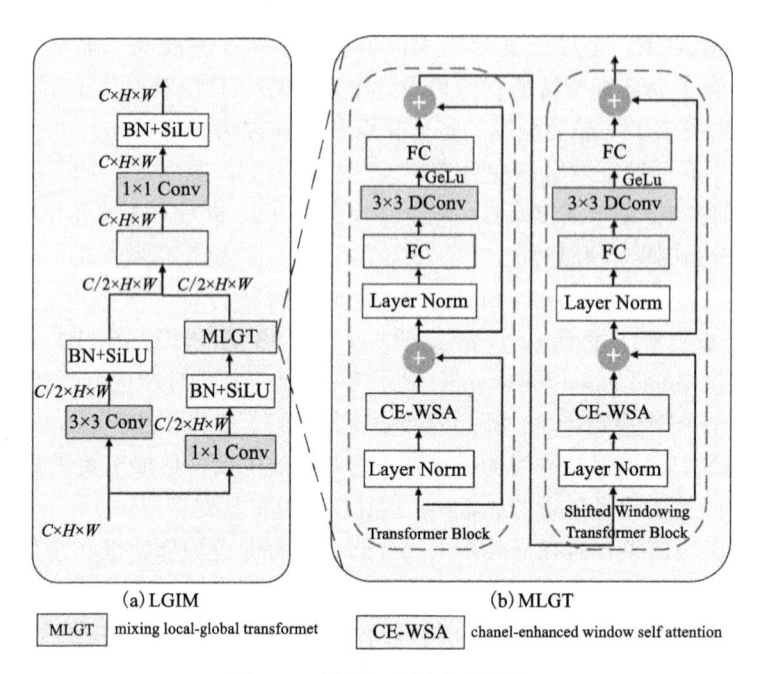

图 4.2　局部和全局交互模块

在 MLGT 模块结构中，深度卷积(DConv)层被策略性地放置在两个全连接(FC)层之间。这种整合旨在增强模块捕获局部特征的能力，并促进不同窗口之间的信息交互，这对于准确识别交通标志的详细特征至关重要。DConv 层的引入是为了在 Swin Transformer 的跨窗口注意力框架内提高局部模式识别能力，从而通过在全局上下文中提供更细致的局部特征分析，增强模型在检测交通标志时的整体准确性。

此外，MLGT 模块实现了通道增强窗口自注意力(CE-WSA)机制，取代了 Swin Transformer 的标准自注意力框架。这一改变增强了通道维度的注意力，从而增强了模型在空间和通道维度之间复杂的相互作用。对于交通标志检测等任务来说，这种增强作用至关重要，因为准确识别不同空间位置和通道维度的视觉线索是必不可少的。

(5) CE-WSA 机制。

MLGT 模块中引入了 CE-WSA 机制，其通过巧妙地融合自注意力和通道注意力机制，解决了交通标志检测中的特定问题。如图 4.3 所示，CE-WSA 通过综合两种注意力机制的优势来增强特征表达。

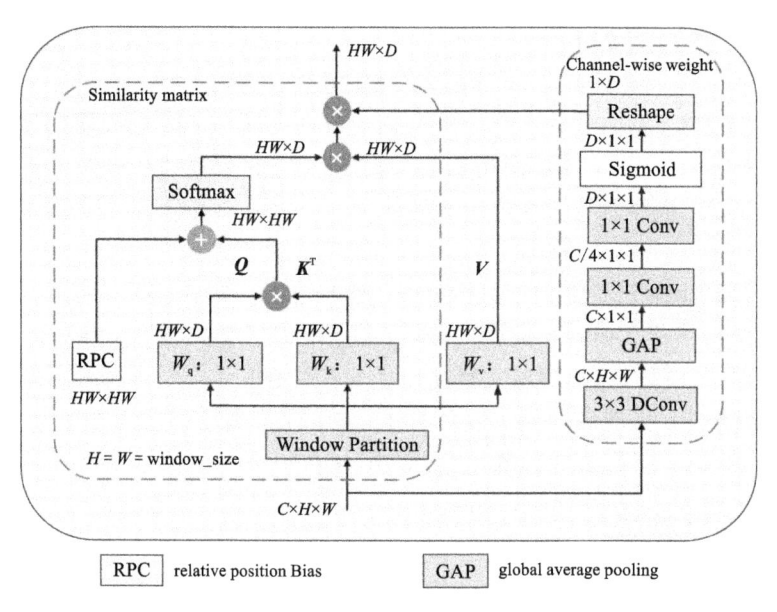

图 4.3 通道增强窗口自注意力(CE-WSA)机制

在自注意力流中,首先将输入特征图 $F_{\text{input}}$ 划分为离散的、非重叠的窗口。在每个窗口内,自注意力机制定义为:

$$\text{SA}(F_{\text{input}}) = \text{softmax}\left(\frac{\boldsymbol{QK}^{\text{T}}}{\sqrt{d_k}} + \text{RPC}\right)\boldsymbol{V} \tag{4.4}$$

式中,$\boldsymbol{Q}$、$\boldsymbol{K}$ 和 $\boldsymbol{V}$ 分别为查询、键和值矩阵。这些矩阵通过将 $F_{\text{input}}$ 进行专门的 1×1 卷积($W_q$、$W_k$、$W_v$)处理获得。这里,$d_k$ 表示键的维度,RPC(相对位置编码)引入了编码每个窗口内空间关系的偏置。通过 softmax 函数强调了模型对显著特征的关注,提高了特征检测的精确度。

在输入特征图的离散、非重叠窗口中实施自注意力机制的动机是更有效地捕捉空间依赖关系。与传统的受固定大小卷积限制的方法不同,自注意力机制允许模型在每个窗口内动态调整其关注点,根据特征与检测任务的相关性进行优先排序。这种方法增强了模型在复杂视觉场景中辨别相关细节的能力,从而能更准确地识别交通标志。

通道注意力流旨在增强模型辨别细节特征的能力,并加强特征图不同部分之间的联系。为实现这一目标,在 $F_{\text{input}}$ 上使用了一个 3×3 的 DConv 操作:

$$F_{\text{DConv}} = \text{DConv}_{3\times 3}(F_{\text{input}}) \tag{4.5}$$

之后应用全局平均池化(GAP)过程,创建一个通道描述符,将全局空间特征封装为特定通道的统计信息。再通过两个 1×1 卷积层对这个描述符进行细化,旨

在加强模型在不同通道间的注意力,并调整特征维度以符合自注意力机制的输出要求。这个过程表述如下:

$$\mathrm{CA}(F_{\text{input}}) = \mathrm{Sigmoid}\{\mathrm{MLP}[\mathrm{GAP}(F_{\mathrm{DConv}})]\} \tag{4.6}$$

式中:MLP(多层感知器)表示用于调整通道特征的两个1×1卷积层序列。通道注意力的整合旨在增强模型对不同通道间特征重要性的敏感度。通过通道级操作处理全局上下文,模型获得了增强的表达能力,从而可以区分各种交通标志的关键特征。

最后,融合自注意力和通道注意力机制的输出。如式(4.7)所示,这个过程涉及逐元素相乘和Reshape函数,以对齐通道权重与$V$的维度。这种组合方法保证了来自两个注意力流的信息完整性,确保了关键信号不会被稀释,并得到了增强,从而更集中、更准确地表示与当前任务相关的特征。

$$F_{\text{output}} = \mathrm{SA}(F_{\text{input}}) \odot \mathrm{Reshape}[\mathrm{CA}(F_{\text{input}})] \tag{4.7}$$

### 4.3.3 ECSI 模块

ECSI 模块用于捕获并增强通道和空间维度之间以及内部的复杂全局交互,这对于交通标志检测任务至关重要。图4.4(c)展示了ECSI的两阶段结构:低阶全局注意力(low-order global attention,LGA)和高阶全局注意力(high-order global attention,HGA),每个阶段都针对特征交互的特定方面进行设计。

(1)低阶全局注意力。

对输入数据先进行3×3深度卷积(DConv)处理,这一策略旨在最大化参数效率和计算有效性。进行深度卷积是因为它能够提取局部空间特征,这对于准确检测交通标志细节至关重要。随后,通过Reshape操作将特征图转换为一维格式,之后使其通过两个全连接(FC)层。这一系列的精心设计旨在捕获和增强跨空间和通道维度的全局交互。该过程的形式化表述如式(4.8)和式(4.9)所示:

$$X_{\text{temp}} = \mathrm{FC}_{\text{reduce}}\{\mathrm{Reshape}_{\mathrm{m2o}}[\mathrm{DConv}_{3\times3}(X)]\} \tag{4.8}$$

$$A_{\mathrm{LGA}} = \sigma\{\mathrm{Reshape}_{\mathrm{o2m}}[\mathrm{FC}_{\text{restore}}(X_{\text{temp}})]\} \tag{4.9}$$

式中:$\sigma$表示Sigmoid函数;$\mathrm{Reshape}_{\mathrm{m2o}}$表示将空间和通道维度合并为一维,然后通过两个全连接(FC)层促进维度间全面的信息交互;$\mathrm{Reshape}_{\mathrm{o2m}}$表示将维度重塑回原始大小。初始的全连接层($\mathrm{FC}_{\text{reduce}}$)显著减少了特征向量的维度,不仅提高了计算效率,还集中了跨维度的重要全局特征。该层提取出的关键信息,为后续压缩特征空间捕捉全局交互奠定了基础。随后的全连接层($\mathrm{FC}_{\text{restore}}$)恢复了原始特征维度,在保持结构完整性的同时重新引入了压缩过程中识别出的全局上下文交互。作为一个桥梁,这一层增强了特征融合和利用跨通道及空间维度的全局洞察能力,从而丰富了最初提取的局部空间信息。之后,$\mathrm{Reshape}_{\mathrm{o2m}}$操作将维度重塑回原始大小,最后通过Sigmoid生成低阶全局注意力图$A_{\mathrm{LGA}}$。

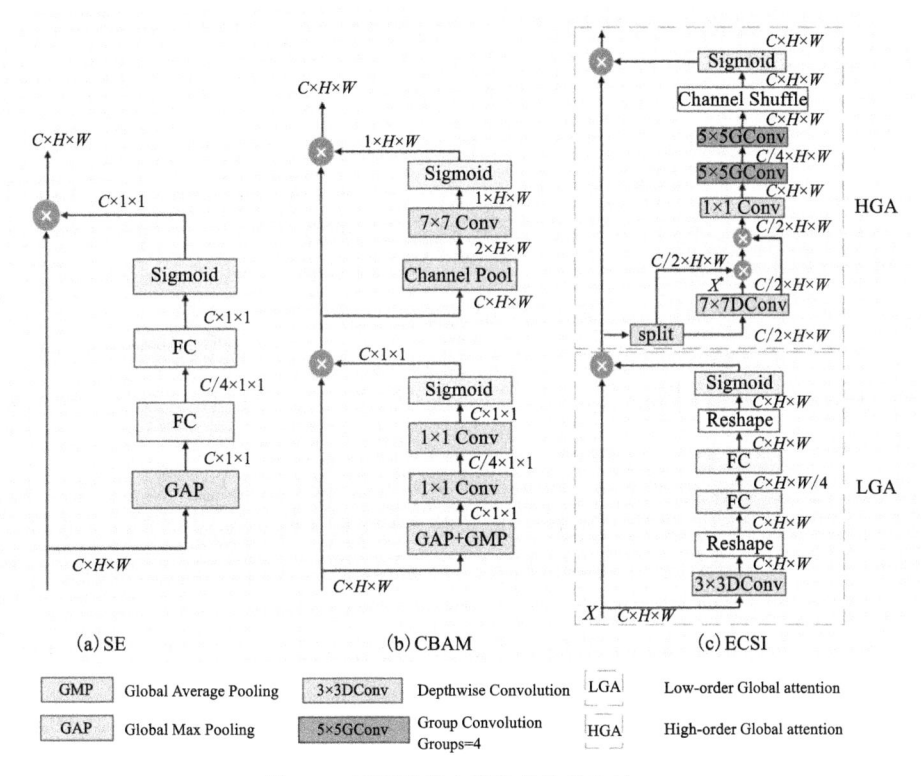

图 4.4 不同注意力模块的结构比较

将生成的低阶全局注意力图 $A_{\text{LGA}}$ 巧妙地应用于输入特征，突出交通标志识别所需的重要空间细节，如式(4.10)所示：

$$Y_{\text{LGA}} = A_{\text{LGA}} \odot X \tag{4.10}$$

(2)高阶全局注意力。

HGA 模块通过高阶特征交互来增强低阶全局注意力(LGA)的输出($Y_{\text{LGA}}$)。首先将 $Y_{\text{LGA}}$ 沿通道维度均分成两部分：$Y_{\text{LGA1}}$ 和 $Y_{\text{LGA2}}$，如式(4.11)所示：

$$[Y_{\text{LGA1}}, Y_{\text{LGA2}}] = \text{Split}_{\text{channel}}(Y_{\text{LGA}}) \tag{4.11}$$

然后，将 $Y_{\text{LGA1}}$ 输入一个 7×7 的深度卷积，如式(4.12)所示：

$$X^* = \text{DConv}_{7 \times 7}(Y_{\text{LGA1}}) \tag{4.12}$$

选择 7×7 深度卷积来处理 $Y_{\text{LGA1}}$ 的目的在于提升模型对空间特征的学习能力。深度卷积擅长揭示复杂的空间模式，这对于模型的有效性至关重要，而这些模式可能会被较小的卷积核忽视。此外，选择深度卷积还可以提高计算效率，可以在不产生较高计算成本的情况下，在更大的感受野下进行空间特征提取。

随后，对 $X^*$ 与 $Y_{LGA2}$ 通过两次逐元素相乘进行合并，以增强模型在识别高阶空间关系方面的能力，这对于处理更复杂的数据结构至关重要。该过程的数学表达式如式(4.13)所示：

$$X_{med} = X^* \odot (X^* \odot Y_{LGA2}) \tag{4.13}$$

通过元素级乘法组合 $X^*$ 和 $Y_{LGA2}$ 来构造高阶特征。这种操作不仅重新校准了每个通道内的特征，增强了对重要特征的关注，而且增加了非线性，使模型能够学习复杂的模式。此外，它还促进了不同通道之间特征的交互，提高了模型有效处理复杂输入数据的能力。通过这种方法可以高效利用模型参数，控制计算复杂度。另外，它能够动态适应输入数据的变化，从而加速学习并稳定训练过程。

这个集成的特征通过以下步骤进一步细化：首先使用 1×1 卷积恢复通道数，然后使用带有通道混洗的 5×5 分组卷积（GConv），这个过程的数学表达式如式(4.14)所示：

$$X_{shuffled} = \text{shuffle}\{GConv_{5\times5}\{GConv_{5\times5}[Conv_{1\times1}(X_{med})]\}\} \tag{4.14}$$

分组卷积将输入通道分成更小的子集，从而相比传统卷积操作大大减轻了计算负担。接下来采用通道混洗的方法，以一种促进跨通道信息交流的方式对经过分组卷积处理的特征进行融合。这一步骤对于保持特征的多样性和复杂性至关重要，同时避免了分组卷积固有的潜在隔离。通过将通道打乱并与分组卷积结合，实现了计算效率与高保真特征表示能力之间的平衡。

最终通过 Sigmoid 激活函数，得到高阶空间注意力图，如式(4.15)所示：

$$A_{HGA} = \sigma(X_{shuffled}) \tag{4.15}$$

该注意力图应用于 LGA 输出时，精细地优化了特征表达，突出了重要的高阶特征交互。过程如式(4.16)所示：

$$Y_{HGA} = A_{HGA} \odot Y_{LGA} \tag{4.16}$$

ECSI 在根本上与传统的通道和空间注意力机制有所不同，它在一个框架内结合了低阶和高阶注意力。与仅专注于通道注意力的 SE[图 4.4(a)]和顺序应用通道和空间注意力的 CBAM[图 4.4(b)]不同，ECSI 同时涉及空间和通道维度，将这种整体方法应用于交通标志检测具有显著的优势。

### 4.3.4 损失函数

VisioSignNet 采用了一种复合损失函数，主要由三个组成部分构成：分类损失（cls）、物体性损失（obj）和位置信息损失（loc）。分类损失和物体性损失使用二元交叉熵（BCE）损失计算，位置信息损失则基于 α-IoU 损失计算。α-IoU 损失[36]的计算如式(4.17)所示：

$$L_{\alpha\text{-}IoU} = 1 - IoU^\alpha + \frac{\rho(b, b^{gt})^{2\alpha}}{c^{2\alpha}} + (\beta v)^\alpha \tag{4.17}$$

式中：$\alpha$ 表示正则化参数，根据表 4.4 中的消融实验结果，将 $\alpha$ 设定为 1；$\rho(\cdot)$ 表示预测边界框 $b$（宽度为 $w$，高度为 $h$）和真值框 $b^{gt}$（宽度为 $w^{gt}$，高度为 $h^{gt}$）的质心之间的欧几里得距离；变量 $c$ 表示覆盖预测框和真值框的最小封闭框的对角线长度；$v = \dfrac{4}{\pi^2}\left(\arctan\dfrac{w^{gt}}{h^{gt}} - \arctan\dfrac{w}{h}\right)^2$，表示长宽比的一致性；系数 $\beta = \dfrac{v}{(1-\text{IoU})+v}$，表示长宽比一致性的平衡权重。

VisioSignNet 的总损失被定义为各个组成部分的加权和，遵循与 YOLOv5m 相同的设置，如式（4.18）所示，旨在优化 VisioSignNet，以提高交通标志检测的性能，确保每个组件都能有效地为整体学习过程做出贡献。

$$\text{loss} = 0.5 L_{\text{cls}} + L_{\text{obj}} + 0.05 L_{\alpha\text{-IoU}} \tag{4.18}$$

## 4.4 实验结果与分析

本节我们将讨论实验设置，包括 Tsinghua Tencent 100K（TT100K）数据集[4]和德国交通标志检测基准（GTSDB）数据集[19]以及使用的评估指标，并将 VisioSignNet 的性能与最先进的检测算法进行了比较。此外，我们进行了一系列消融研究，以验证本书所提出的模块的有效性，并采用各种可视化技术来展示本书所提出的方法对性能的提升。

### 4.4.1 数据集与评估指标

（1）数据集。

TT100K 数据集是由清华大学和腾讯共同发布的，该数据集包含 6105 张训练图像和 3071 张测试图像，涵盖 151 个类别，提供了丰富多样的交通标志场景。我们使用了其中 45 个类别，每个类别都包含超过 100 个实例，遵循文献[4]中建立的协议，以确保比较的公平性和严谨性。

选择 TT100K 数据集作为主要数据集是由于其规模庞大和场景复杂的特点。TT100K 数据集的一个显著特点是其涵盖了众多不同的现实条件，包括不同的光照和天气情况以及多样的城市和乡村景观。交通标志在不同类别中的分布情况如图 4.5 所示，部分交通标志类别的示例如图 4.6 所示，显示了数据集中交通标志的多样性。此外，TT100K 中的示例图像如图 4.7 所示，体现了高分辨率的特点。在这些图像中，交通标志在整体场景中仅占很小的部分，并且经常被周围的元素遮挡。

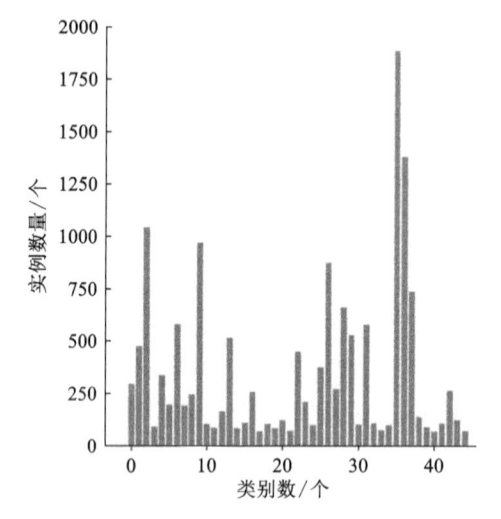

图 4.5　TT100K 数据集中不同类别的交通标志实例分布

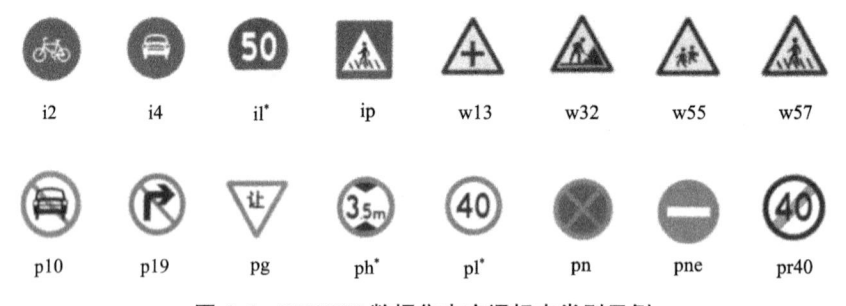

图 4.6　TT100K 数据集中交通标志类别示例

图 4.7　TT100K 中的示例图像

德国交通标志检测基准(GTSDB)数据集也被用于方法评估,但没有被选为我们的主要实验数据集。GTSDB 作为首个交通标志检测数据集,共有 600 张训练图像和 300 张测试图像,涵盖 4 个标志类别(禁止、强制、危险和其他),但是由于其相对较小的规模以及标志类别和环境条件范围较窄,GTSDB 不如 TT100K 适合全面测试检测模型。

(2)实验设置与评估指标。

实验中使用的显卡是 NVIDIA GeForce RTX 2080Ti,PyTorch 版本为 1.7。模型参数通过随机梯度下降(SGD)算法进行优化,初始学习率设为 0.01,动量为 0.937,权重衰减为 0.0005,批次大小为 8,模型总共训练了 200 个 epoch。

为了将我们的模型与先进方法进行比较,我们采用了召回率和平均精度(mAP)作为主要评估指标。召回率用来衡量模型在数据集中检测相关对象的能力。mAP 则表示所有类别的平均精度的均值,其计算公式如式(4.19)所示:

$$\mathrm{mAP} = \frac{\sum_{q=1}^{Q} \mathrm{AP}(q)}{Q} \tag{4.19}$$

式中:$Q$ 表示类别总数;AP 表示一个类别的平均精度。

AP 的计算过程如式(4.20)所示:

$$\mathrm{AP} = \int_{0}^{1} P(r)\mathrm{d}r \tag{4.20}$$

精确率($P$)和召回率($r$)是在不同的检测阈值下计算得到的。通常情况下,检测阈值是通过调整置信度分数的阈值范围(如从 0 到 1)来变化的。这样我们可以绘制出精确率-召回率曲线,该曲线下的面积用于确定每个类别的平均精度(AP)。

召回率的精确定义如式(4.21)所示:

$$r = \frac{\mathrm{TP}}{\mathrm{TP} + \mathrm{FN}} \tag{4.21}$$

式中:真正例(TP)表示正确识别的正样本;假阴性(FN)表示被错误预测为负样本的正样本。

精确率的定义如式(4.22)所示:

$$P = \frac{\mathrm{TP}}{\mathrm{TP} + \mathrm{FP}} \tag{4.22}$$

式中:假阳性(FP)表示被错误预测为阳性的负样本。

## 4.4.2　VisioSignNet 在 TT100K 数据集上与先进算法的比较

为了突出 VisioSignNet 的优势,我们将其与在 TT100K 数据集上评估的一系列检测算法进行了比较。如表 4.1 所示，这些算法包括了经典模型，如 Faster R-CNN[37]、SSD[15] 和 YOLOv3[38]，它们在目标检测任务中的作用举足轻重。此外，还选择了当前最先进的检测算法进行对比，如 DE-DETR[17]、YOLOX[16] 和 YOLOv8m，以及最近的一些交通标志检测方法，如 CAB[12]、TSR-SA[5] 和 MDCOD[18]。

表 4.1  VisioSignNet 在 TT100K 数据集上与先进方法的比较

| 方法 | 分辨率 | 参数量/M | GPU | 推理速度/s | mAP/% |
| --- | --- | --- | --- | --- | --- |
| FasterR-CNN[37] | 1000×800 | 42 | 1080Ti | 0.25 | 61.1 |
| SSD[15] | 512×512 | 30 | 1080Ti | 0.03 | 68.7 |
| YOLOv3[38] | 608×608 | 61.9 | 1080Ti | 0.05 | 70.9 |
| YOLOv5m | 640×640 | 21.2 | 2080Ti | 0.02 | 82 |
| DE-DETR[17] | 640×640 | 40 | 2080Ti | 0.05 | 71.8 |
| YOLOX[16] | 640×640 | 25 | 2080Ti | 0.03 | 81 |
| YOLOv8m | 640×640 | 26 | 2080Ti | 0.01 | 87 |
| CAB[12] | 512×512 | — | 1080Ti | 0.04 | 78.0 |
| TSR-SA[5] | 608×608 | 28 | V100 | 0.02 | 90.2 |
| MDCOD[18] | 512×512 | 34.2 | P5000 | 0.4 | 92.8 |
| VisioSignNet | 640×640 | 26 | 2080Ti | 0.04 | 90.5 |
| VisioSignNet_l | 640×640 | 34 | 2080Ti | 0.05 | 93.2 |

由表 4.1 可以看出，VisioSignNet 在平均精度（mAP）方面显著优于经典方法，如 FasterR-CNN、SSD 和 YOLOv3，其 mAP 提高了 20~30 个百分点。与最新的 YOLOv8m 模型相比，VisioSignNet 在保持相似模型复杂度的同时，其 mAP 提高了 3.5 个百分点。相比较新的算法 DE-DETR 和 YOLOX，VisioSignNet 的 mAP 分别提高了近 20 个百分点和 10 个百分点，展示了卓越的检测性能。VisioSignNet 的 mAP 比专门的交通标志检测模型 CAB 提高了 12.5 个百分点，并且在不依赖生成硬样本的辅助算法的情况下，达到了比 TSR-SA 更高的准确度。

此外，将 VisioSignNet 适配到 YOLOv5l 框架（在表 4.1 中称为 VisioSignNet_l）后，mAP 达到 93.2%，参数量仅略微增加到 34 M。这一性能超过了 MDCOD，后者参数比 VisioSignNet_l 略多，但 mAP 为 92.8%，比 VisioSignNet_l 低。这些实验结果突显了 LGIM 和 ECSI 模块在提升模型检测性能方面的效果。

为了展示本章所提出的算法在恶劣天气条件和遮挡情况下的鲁棒性,图4.8展示了在TT100K数据集中低光照、有雾和被遮挡条件下的一些检测结果。如图4.8所示,VisioSignNet成功地在这些具有挑战性的环境中检测到了所有小物体,证明了本书所提出方法的有效性和可靠性。

图4.8 不同天气条件下的检测结果

### 4.4.3 VisioSignNet在GTSDB数据集上与先进算法的比较

在GTSDB数据集上对VisioSignNet进行了评估,该数据集较少被先进的交通标志检测方法使用。这个数据集的有限使用影响了我们对于比较的方法的选择,因为其他先进模型没有在此数据集上报告结果,且其代码不可用。因此,我们只与知名且文档完善的目标检测器进行了比较,如FasterR-CNN、SSD、YOLOv3、YOLOv5m、YOLOX和YOLOv8m。所有检测器,包括VisioSignNet,都在统一条件下重新进行训练,以确保比较的公平性和准确性。

实验结果如表4.2所示,所有方法在相对简单的GTSDB数据集上都表现出了性能的提升。FasterR-CNN的平均精度(mAP)最低,为89.1%,YOLOv8m的mAP则达到了96.5%。基于YOLOv5m改进的VisioSignNet的mAP达到了97.0%,而其更大的变体VisioSignNet_l(基于YOLOv5l)达到了97.8%,分别超过

VisioSignNet 和 YOLOv8m 0.8 个百分点和 1.3 个百分点。这些结果显示 VisioSignNet 在交通标志检测方面具有竞争优势。

表 4.2　VisioSignNet 在 GTSDB 数据集上与先进方法的比较

| 方法 | 分辨率 | 参数量/M | GPU | 推理速度/s | mAP/% |
| --- | --- | --- | --- | --- | --- |
| FasterR-CNN[37] | 1000×800 | 42 | 2080Ti | 0.25 | 89.1 |
| SSD[15] | 512×512 | 30 | 2080Ti | 0.03 | 91.5 |
| YOLOv3[38] | 608×608 | 61.9 | 2080Ti | 0.05 | 92.9 |
| YOLOv5m | 640×640 | 21.2 | 2080Ti | 0.02 | 96.0 |
| YOLOX[16] | 640×640 | 25 | 2080Ti | 0.03 | 93.4 |
| YOLOv8m | 640×640 | 26 | 2080Ti | 0.01 | 96.5 |
| VisioSignNet | 640×640 | 26 | 2080Ti | 0.04 | 97.0 |
| VisioSignNet_l | 640×640 | 34 | 2080Ti | 0.05 | 97.8 |

表 4.1 和表 4.2 中，VisioSignNet 和 VisioSignNet_l 的参数量分别为 26 M 和 34 M，相对于大多数其他方法具有一定的竞争力。此外，它们分别实现了 0.04 s (VisioSignNet) 和 0.05 s (VisioSignNet_l) 的推理速度，满足了实时应用的要求。

### 4.4.4　消融实验

在本小节，我们将详细介绍在 TT100K 数据集上进行的消融实验研究，采用 YOLOv5m 架构作为主干网络。首先，我们对提出的 ECSI 模块、LGIM 模块、P2-Head 模块、CARAFE 模块进行采样，并对交并比（$\alpha$-IoU）损失进行消融分析，以了解它们对检测性能的影响。接着，我们将 ECSI 模块的有效性与压缩激励 (SE) 和卷积块注意力模块 (CBAM) 进行比较，并展示 ECSI 模块生成的注意力图的可视化效果。随后，我们检查了 LGIM 模块在 YOLOv5m 模型中不同层的检测精度，并评估了 LGIM 模块的通道动态权重在通道增强窗口自注意力（CE-WSA）组件中的有效性。最后，通过使用梯度加权类别激活映射（Grad-CAM）[39]可视化特征图，强调了 LGIM 模块的影响，进一步说明了它的检测效果。

(1) 各模块对检测性能的影响。

从表 4.3 可以看出，当单独应用 ECSI 模块时，主干网络的 mAP 提高了 2.3 个百分点，说明了 ECSI 模块在优化通道特征和空间特征之间的相互作用方面的有效性。这种精细的注意力机制增强了主干网络的特征辨识能力，对于复杂场景中准确识别小物体或被遮挡物体至关重要。而 LGIM 模块使主干网络的 mAP 提高了 3.5 个百分点。LGIM 模块解决了传统 CNN 中早期网络层感受野有限这一常见问题，通过促进局部特征和全局特征之间的动态互动，扩展了网络的感知范围，使其对场景的理解更加全面，有利于检测小型和形状复杂的物体。

表 4.3　VisioSignNet 各组件的消融实验结果

| 模型 | ECSI | LGIM | P2-Head | CARAFE | $\alpha$-IoU | mAP/% |
|---|---|---|---|---|---|---|
| YOLOv5m | — | — | — | — | — | 82.0 |
| Variant a | √ | — | — | — | — | 84.3 |
| Variant b | — | √ | — | — | — | 85.5 |
| Variant c | √ | √ | — | — | — | 88.3 |
| Variant d | √ | √ | √ | — | — | 89.2 |
| Variant e | √ | √ | √ | √ | √ | 90.5 |

ECSI 和 LGIM 模块的组合使网络的 mAP 提高了 6.3 个百分点。在 VisioSignNet 中，ECSI 和 LGIM 的综合影响超出了它们各自贡献的总和。这种协同效应源于两者的互补特性：ECSI 在细粒度水平上增强特征表示，LGIM 则拓宽了网络的上下文视野。它们共同确保 VisioSignNet 有效应对交通标志检测的复杂性，显著提高了各个尺度上的检测准确性。

从表 4.3 还可以看出，特别为浅层特征图设计的第二预测头（P2-Head）的整合，使网络的 mAP 增加了约 1 个百分点。这一提升归功于 P2-Head 在网络早期阶段处理高分辨率数据的能力。这一能力对于检测微小和具有复杂细节的物体尤为重要，因为它使模型能够捕捉到深层次中丢失的细粒度特征。

此外，采用 CARAFE 上采样运算符和 $\alpha$-IoU 损失函数又使网络的 mAP 增加了 1.3 个百分点。CARAFE 上采样凭借其独特的自适应核大小，在精确特征重建中发挥了重要作用。这种自适应确保了上采样过程与输入的特征分布更加匹配，从而实现了更准确的物体定位和轮廓划分。

$\alpha$-IoU 损失提供了一种更精细的边界框回归方法，这种调整对于定位精度和检测置信度之间的平衡至关重要。为了优化 $\alpha$ 值，我们进行了系列实验，结果见表 4.4。实验结果表明，当 $\alpha$ 为 1 时，检测精度最佳，说明对预测边界框与真实边界框之间的重叠和宽高比一致性进行了平衡考虑。

表 4.4　$\alpha$-IoU 中不同 $\alpha$ 值对 VisioSignNet 性能的影响

| $\alpha$ | mAP/% |
|---|---|
| 1 | 90.5 |

续表4.4

| α | mAP/% |
| --- | --- |
| 1.5 | 87.5 |
| 2 | 88.3 |

(2) ECSI 模块的有效性。

我们对 ECSI 模块、squeeze excitation(SE)模块和卷积块注意力模块(CBAM)进行了比较,评估了基线网络模块 YOLOv5m(在表4.5中标记为 baseline)以及在第17层后添加了 SE、CBAM 和 ECSI 模块后的 mAP 指标,结果如表4.5所示。结果表明,ECSI 模块的表现优于 SE 和 CBAM 模块,添加 ECSI 的模块比添加 SE 的模块召回率和 mAP 分别提高了2个百分点和2.1个百分点,添加 ECSI 模块比添加 CBAM 模块召回率和 mAP 分别提高了1.4个百分点和1.5个百分点。

表4.5 比较 ECSI、SE 和 CBAM 模块对检测性能的影响

| 策略 | 召回率/% | mAP/% |
| --- | --- | --- |
| baseline | 77.1 | 82.0 |
| baseline+SE | 76.8 | 82.2 |
| baseline+CBAM | 77.4 | 82.8 |
| baseline+ECSI | 78.8 | 84.3 |

通过使用梯度加权类激活映射(Grad-CAM)可视化第18层的注意力图,我们可以进一步观察 ECSI 模块的使用效果。可视化结果如图4.9所示,图4.9中展示了 ECSI 模块在特定网络深度影响下的特征表示和注意力。图4.9(b)显示,在添加 ECSI 模块之前,网络的激活值不仅在物体区域高,在背景区域也很高(用白框标出),这导致特征分布杂乱和潜在的检测错误。然而,添加了 ECSI 模块后[图4.9(c)],模型更加关注物体区域,同时显著抑制了背景区域的干扰。这证明 ECSI 模块能使网络区分特征的重要性,有效解决小物体被背景特征淹没的问题。

(3) LGIM 模块的消融实验。

表4.6所示实验结果反映了将 LGIM 集成到 YOLOv5m 主干网络不同层对检测性能的影响。我们的研究主要围绕在不同网络深度嵌入 LGIM 的影响,具体为网络第6、第9、第20和第23层。研究从基线网络模型 YOLOv5m 开始,在没有 LGIM 的情况下,其 mAP 为82.0%。

第 4 章　用于交通标志检测的多维特征交互学习

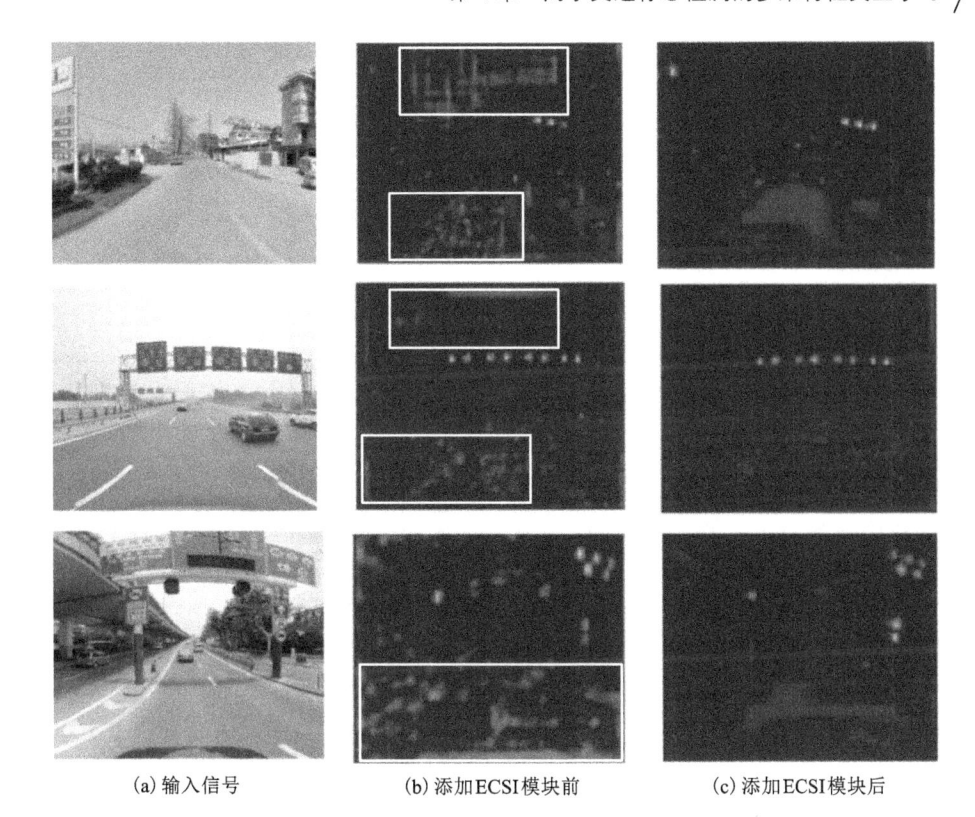

　　(a) 输入信号　　　　　(b) 添加 ECSI 模块前　　　　(c) 添加 ECSI 模块后

**图 4.9　第 18 层添加 ECSI 模块前后的特征可视化效果**

**表 4.6　将 LGIM 集成到 YOLOv5m 主干网络不同层对检测性能的影响**

| 模型 | 网络层 |  |  |  | mAP/% |
|---|---|---|---|---|---|
|  | 6 | 9 | 20 | 23 |  |
| YOLOv5m | — | — | — | — | 82.0 |
| Variant a | √ | — | — | — | 82.4 |
|  | — | √ | — | — | 82.8 |
|  | — | — | √ | — | 82.2 |
|  | — | — | — | √ | 82.0 |
| Variant b | √ | √ | — | — | 83.5 |
|  | √ | — | √ | — | 83.2 |
|  | √ | — | — | √ | 82.7 |
|  | — | √ | √ | — | 83.7 |
|  | — | √ | — | √ | 83.1 |
|  | — | — | √ | √ | 83.0 |

续表4.6

| 模型 | 网络层 | | | | mAP/% |
|---|---|---|---|---|---|
| | 6 | 9 | 20 | 23 | |
| Variant c | √ | √ | √ | — | 85.2 |
| | √ | √ | — | √ | 84.6 |
| | √ | — | √ | √ | 84.3 |
| | — | √ | √ | √ | 84.7 |
| Variant d | √ | √ | √ | √ | **85.5** |

首先，研究探讨了引入单个 LGIM 模块的效果。结果显示，网络检测能力有明显改善，尤其是当 LGIM 位于较浅的网络层时，例如，将 LGIM 集成在第 6 层时，mAP 提升至 82.4%；而在第 9 层时，mAP 增至 82.8%。这些实验结果验证了 LGIM 在网络初期阶段增强上下文和语义理解的设计理念，对于检测较小物体特别有效。当使用两个 LGIM 模块时，检测性能显著上升。当 LGIM 模块同时嵌入第 6 层和第 9 层时，mAP 达到 83.5%，显示出双层嵌入在丰富特征提取方面的协同效应。当在第 6、第 9 和第 20 层共嵌入 3 个 LGIM 模块时，检测精度有显著的提高，mAP 高达 85.2%。这表明在不同网络深度嵌入 LGIM 模块会带来累积效益。当在所有 4 个层(第 6、第 9、第 20 和第 23 层)均嵌入 LGIM 模块时，mAP 最高，为 85.5%。这一结果进一步验证了 LGIM 在整个网络深度中的特征学习效果。

(4) CE-WSA 模块的有效性。

表 4.7 为在 LGIM 的通道增强窗口自注意力(CE-WSA)组件中，通道级动态权重对检测性能的影响实验结果。由表 4.7 可知，通道级动态权重机制使召回率提高了 0.4 个百分点，mAP 提高了 0.6 个百分点，表明了 CE-WSA 方法的有效性。

表 4.7　LGIM 的 CE-WSA 组件中通道级动态权重对检测性能的影响实验结果

| 策略 | 召回率/% | mAP/% |
|---|---|---|
| w/o channel weight | 78.6 | 84.9 |
| w/ channel weight(GAP, our choice) | 79.0 | 85.5 |
| w/ channel weight(GMP) | 81.0 | 85.2 |
| w/ channel weight(GAP+GMP) | 79.5 | 84.5 |
| w/ channel weight[Concat(GAP, GMP)] | 81.6 | 84.7 |

由表4.7可以发现,全局平均池化(GAP)有效提取了高级语义特征,通过改善通道间关系提升了mAP。另外,全局最大池化(GMP)更容易突出全局特征,导致召回率略有上升。值得注意的是,结合GAP和GMP的策略,特别是通过连接的方式,能够显著提高召回率,但mAP却略有下降。这一结果表明,虽然GAP和GMP提供的综合信息能够产生更高的响应,但也可能引入一些错误响应,从而影响整体的精确度。

(5)LGIM有效性的可视化验证。

图4.10所示特征图可视化展示了LGIM模块的有效性,我们采用了加权梯度类激活映射(Grad-CAM)[39]来实现特征图的可视化。图4.10中第一、第二和第三行分别为可视化了的第22、第29和第32层嵌入LGIM模块前后的特征图。从

(a) 输入信号　　　　(b) 应用LGIM模块前　　　　(c) 应用LGIM模块后

**图4.10　LGIM模块效果的可视化验证**

实验结果可以看出，LGIM 能有效地引导网络关注多尺度的交通标志。例如，在第 22 层应用 LGIM 之前的特征图（图 4.10 第一行中间图），主要突出了背景元素，对小物体的关注很少。嵌入 LGIM 模块后（图 4.10 第一行右图），网络对目标的关注程度明显发生了变化，更准确地瞄准了小物体，同时显著减少了背景干扰。

## 4.5 本章小结

本章提出了一种在复杂环境中检测小目标（特别是交通标志）的神经网络模型 VisioSignNet。该模型通过嵌入局部和全局交互模块（LGIM）以及增强通道和空间交互（ECSI）模块，成功解决了早期检测阶段感受野较小和背景噪声多的关键问题。LGIM 模块促进了细节和上下文之间的交互，全面集中了网络对交通标志的注意力，同时最小化来自无关背景元素的干扰。ECSI 模块显著增强了网络识别和突出小物体关键特征的能力，从而降低了它们在复杂背景下被遮蔽的可能性。

## 参考文献

[1] HANDMANN U, KALINKE T, TZOMAKAS C, et al. An image processing system for driver assistance[J]. Image and Vision Computing, 2000, 18(5): 367-376.

[2] WANG Z S, WANG J Q, LI Y L, et al. Traffic sign recognition with lightweight two-stage model in complex scenes[J]. IEEE Transactions on Intelligent Transportation Systems, 2022, 23(2): 1121-1131.

[3] HOUBEN S. A single target voting scheme for traffic sign detection[C]//2011 IEEE Intelligent Vehicles Symposium (IV). June 5-9, 2011, Baden-Baden, Germany. IEEE, 2011: 124-129.

[4] ZHU Z, LIANG D, ZHANG S H, et al. Traffic-sign detection and classification in the wild [C]//2016 IEEE Conference on Computer Vision and Pattern Recognition (CVPR). June 27-30, 2016, Las Vegas, NV, USA. IEEE, 2016: 2110-2118.

[5] CHEN J Z, JIA K K, CHEN W Q, et al. A real-time and high-precision method for small traffic-signs recognition[J]. Neural Computing and Applications, 2022, 34(3): 2233-2245.

[6] LUO H L, LIANG B C. Semantic-edge interactive network for salient object detection in optical remote sensing images[J]. IEEE Journal of Selected Topics in Applied Earth Observations and Remote Sensing, 2023, 16: 6980-6994.

[7] LIANG B C, LUO H L. MEANet: an effective and lightweight solution for salient object detection in optical remote sensing images[J]. Expert Systems with Applications, 2024, 238: 121778.

[8] TIMOFTE R, PRISACARIU V A, GOOL L V, et al. Combining traffic sign detection with 3D tracking towards better driver assistance[M]//Emerging topics in computer vision and its

applications. 2011: 425-446.

[9] OMACHI M, OMACHI S. Traffic light detection with color and edge information[C]//2009 2nd IEEE International Conference on Computer Science and Information Technology. August 8-11, 2009, Beijing, China. IEEE, 2009: 284-287.

[10] XIE Y, LIU L F, LI C H, et al. Unifying visual saliency with HOG feature learning for traffic sign detection[C]//2009 IEEE Intelligent Vehicles Symposium. June 3-5, 2009, Xi'an. IEEE, 2009: 24-29.

[11] DE CHARETTE R, NASHASHIBI F. Real time visual traffic lights recognition based on Spot Light Detection and adaptive traffic lights templates[C]//2009 IEEE Intelligent Vehicles Symposium. June 3-5, 2009, Xi'an, China. IEEE, 2009: 358-363.

[12] CUI L S, LV P, JIANG X H, et al. Context-aware block net for small object detection[J]. IEEE Transactions on Cybernetics, 2022, 52(4): 2300-2313.

[13] YUN S, HAN D, CHUN S, et al. CutMix: regularization strategy to train strong classifiers with localizable features[C]//2019 IEEE/CVF International Conference on Computer Vision (ICCV). October 27-November 2, 2019, Seoul, Korea (South). IEEE, 2019: 6022-6031.

[14] GHIASI G, CUI Y, SRINIVAS A, et al. Simple copy-paste is a strong data augmentation method for instance segmentation[C]//2021 IEEE/CVF Conference on Computer Vision and Pattern Recognition (CVPR). June 20-25, 2021, Nashville, TN, USA. IEEE, 2021: 2917-2927.

[15] LIU W, ANGUELOV D, ERHAN D, et al. SSD: Single shot multibox detector[C]//Computer Vision-ECCV 2016: 14th European Conference, Amsterdam, The Netherlands, October 11-14, 2016, Proceedings, Part I 14. Springer International Publishing, 2016: 21-37.

[16] GE Z. Yolox: Exceeding yolo series in 2021[EB/OL]. 2021: https://arxiv.org/abs/2107.08430.

[17] ZHU X Z, SU W J, LU L W, et al. Deformable DETR: deformable transformers for end-to-end object detection[EB/OL]. 2020: https://arxiv.org/abs/2010.04159v4.

[18] MIN W D, LIU R K, HE D L, et al. Traffic sign recognition based on semantic scene understanding and structural traffic sign location[J]. IEEE Transactions on Intelligent Transportation Systems, 2022, 23(9): 15794-15807.

[19] HOUBEN S, STALLKAMP J, SALMEN J, et al. Detection of traffic signs in real-world images: the German traffic sign detection benchmark[C]//The 2013 International Joint Conference on Neural Networks (IJCNN). August 4-9, 2013, Dallas, TX, USA. IEEE, 2013: 1-8.

[20] BOCHKOVSKIY A, WANG C Y, LIAO H Y M. YOLOv4: optimal speed and accuracy of object detection[EB/OL]. 2020: https://arxiv.org/abs/2004.10934v1.

[21] ZHOU P, NI B B, GENG C, et al. Scale-transferrable object detection[C]//2018 IEEE/CVF Conference on Computer Vision and Pattern Recognition. June 18-23, 2018, Salt Lake City, UT, USA. IEEE, 2018: 528-537.

[22] LIN T Y, DOLLÁR P, GIRSHICK R, et al. Feature pyramid networks for object detection

[C]//2017 IEEE Conference on Computer Vision and Pattern Recognition (CVPR). July 21-26, 2017, Honolulu, HI, USA. IEEE, 2017: 936-944.

[23] KHOSRAVIAN A, AMIRKHANI A, KASHIANI H, et al. Generalizing state-of-the-art object detectors for autonomous vehicles in unseen environments[J]. Expert Systems with Applications, 2021, 183: 115417.

[24] KHOSRAVIAN A, AMIRKHANI A, MASIH-TEHRANI M. Enhancing the robustness of the convolutional neural networks for traffic sign detection[J]. Proceedings of the Institution of Mechanical Engineers, Part D: Journal of Automobile Engineering, 2022, 236(8): 1849-1861.

[25] HU J, SHEN L, SUN G. Squeeze-and-excitation networks[C]//2018 IEEE/CVF Conference on Computer Vision and Pattern Recognition. June 18-23, 2018, Salt Lake City, UT, USA. IEEE, 2018: 7132-7141.

[26] WANG Q L, WU B G, ZHU P F, et al. ECA-net: efficient channel attention for deep convolutional neural networks[C]//2020 IEEE/CVF Conference on Computer Vision and Pattern Recognition (CVPR). June 13-19, 2020, Seattle, WA, USA. IEEE, 2020: 11531-11539.

[27] HU J, SHEN L, ALBANIE S, et al. Gather-excite: exploiting feature context in convolutional neural networks[EB/OL]. 2018: https://arxiv.org/abs/1810.12348v3.

[28] WOO S, PARK J, LEE J Y, et al. CBAM: convolutional block attention module[M]//Lecture Notes in Computer Science. Cham: Springer International Publishing, 2018: 3-19.

[29] DEVLIN J. Bert: Pre-training of deep bidirectional transformers for language understanding[C]//Proceedings of naacL-HLT. 2019, 1: 2.

[30] DOSOVITSKIY A, BEYER L, KOLESNIKOV A, et al. An image is worth 16x16 words: Transformers for image recognition at scale[EB/OL]. 2020: https://arxiv.org/abs/2010.11929.

[31] CARION N, MASSA F, SYNNAEVE G, et al. End-to-end object detection with transformers[M]//Lecture Notes in Computer Science. Cham: Springer International Publishing, 2020: 213-229.

[32] LIU Z, LIN Y T, CAO Y, et al. Swin transformer: hierarchical vision transformer using shifted windows[C]//2021 IEEE/CVF International Conference on Computer Vision (ICCV). October 10-17, 2021, Montreal, QC, Canada. IEEE, 2021: 9992-10002.

[33] GUO J Y, HAN K, WU H, et al. CMT: convolutional neural networks meet vision transformers[C]//2022 IEEE/CVF Conference on Computer Vision and Pattern Recognition (CVPR). June 18-24, 2022, New Orleans, LA, USA. IEEE, 2022: 12165-12175.

[34] CHU X, TIAN Z, WANG Y, et al. Twins: Revisiting the design of spatial attention in vision transformers[J]. Advances in neural information processing systems, 2021, 34: 9355-9366.

[35] WANG J Q, CHEN K, XU R, et al. CARAFE: content-aware ReAssembly of FEatures[C]//2019 IEEE/CVF International Conference on Computer Vision (ICCV). October 27-November

2,2019,Seoul,Korea(South). IEEE,2019:3007-3016.

[36] HE J B, ERFANI S, MA X J, et al. Alpha-IoU: a family of power intersection over union losses for bounding box regression[EB/OL]. 2021: https://arxiv.org/abs/2110.13675v2

[37] REN S Q, HE K M, GIRSHICK R, et al. Faster R-CNN: towards real-time object detection with region proposal networks [J]. IEEE Transactions on Pattern Analysis and Machine Intelligence, 2017, 39(6): 1137-1149.

[38] REDMON J, FARHADI A. YOLOv3: an incremental improvement[EB/OL]. 2018: https://arxiv.org/abs/1804.02767v1.

[39] SELVARAJU R R, COGSWELL M, DAS A, et al. Grad-CAM: visual explanations from deep networks via gradient-based localization[J]. International Journal of Computer Vision, 2020, 128(2): 336-359.

# 第5章 基于上下文和浅层空间编解码网络的图像语义分割方法

## 5.1 引言

语义分割是计算机视觉特征表达的基本任务之一，它的研究目的是如何为图像中的每一个像素点分配与之相对应的类别标记，所以它可以被认为是像素级分类。它主要用于多个具有挑战性的领域，如自动驾驶、医疗图像分割、图像编辑等。因为语义分割涉及像素级分类和目标定位，所以如何获取有效的上下文语义信息和如何利用原始图像中的空间细节信息是处理语义分割问题必须考虑的两个问题。

目前，语义分割最流行的算法是采用类似全卷积网络（FCN）[1]的形式，如图5.1(a)所示，采用这种形式的分割网络模型是将研究的重点放在提取图像的丰富上下文语义信息上。在深度卷积网络中，感受野的大小决定了网络获得上下文语义信息的多少，扩张卷积被用来增大网络感受野从而提升分割性能。为了捕捉到图像中不同尺度的目标，PSPNet[2]通过空间金字塔方式进行全局池化操作来获取多个不同大小的子区域的特征信息，deeplabv3[3]则采用空间金字塔方式扩张卷积。全卷积网络结构虽然能有效获得上下文语义信息，但它是通过池化操作或带有步长的卷积获得的，会导致空间细节信息的丢失，从而影响语义分割的精度。

为了弥补丢失的空间细节信息，许多研究者采用编码器-解码器结构（简称编解码结构）[4,5]，如图5.1(b)所示。编码端通常是分类网络，它采用一系列下采样操作来编码上下文语义信息，而解码端通过使用上采样处理来恢复空间细节信息。为了更好地恢复编码过程丢失的空间细节信息，一些研究者[6-8]采用了U形网络结构，如图5.1(c)所示，LRN[6]和FC-DenseNet[7]在解码端通过横向连接的方式，使用各编码块的特征信息，并联合高层语义信息恢复图像的空间细节信息，SegNet[8]则使用各编码块产生的最大池化索引来辅助解码端上采样特征信

第 5 章 基于上下文和浅层空间编解码网络的图像语义分割方法 / 73

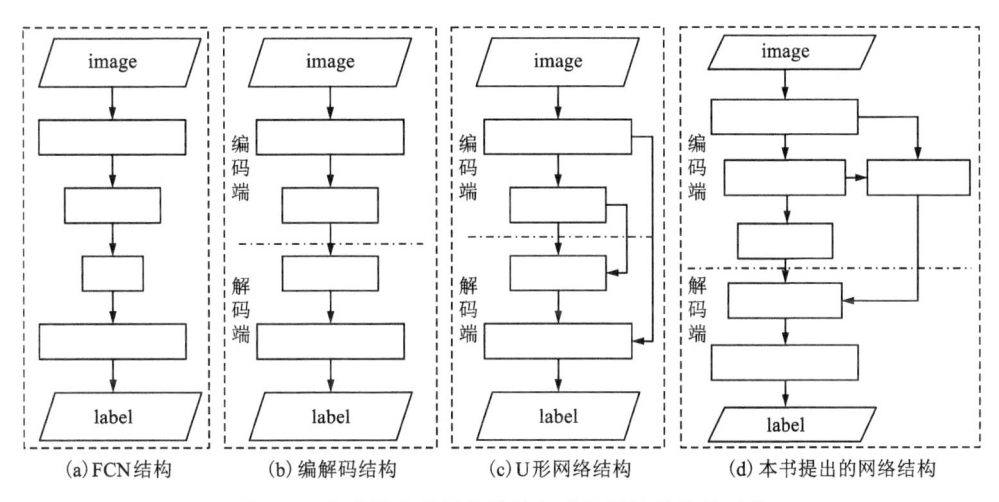

图 5.1 本书提出的网络结构与其他网络结构的对比

(a) FCN 结构 (b) 编解码结构 (c) U 形网络结构 (d) 本书提出的网络结构

息。这种结构的编码端采用传统的分类网络完成特征提取,没有显式上下文信息提取模板,学习到的特征可能缺少语义分割任务所需的属性。同时,根据可视化卷积神经网络结构[9],网络高层特征含有极少的空间细节信息,所以在解码端过度使用编码端高层特征,不仅不能有效地利用编码端的空间信息,还会提升网络模型的复杂度以及计算冗余,不利于分割算法的实时应用。

基于以上分析,本书提出了一种基于上下文和浅层空间编解码网络的图像语义分割方法,如图 5.1(d) 所示。整个模型采用编解码框架,目的是在编码端即能获取高质量的上下文语义信息,同时能充分保留原始图像中的空间细节信息。受 BiSeNet[10]启发,我们在编码端使用二分支策略,其中上下文路径用于获取有效的上下文语义信息,空间路径则充分保留图像的空间细节信息,从而使上下文语义信息的提取与空间细节信息的保留相分离。根据可视化深度卷积神经网络[9],深度卷积网络的浅层携带大量的空间细节信息,而高层特征基本不包含空间细节信息。我们将空间路径设计为反 U 形结构,这样能将编码网络的浅层和中层特征进行从上到下的融合,以充分利用编码网络浅、中层特征所携带的空间细节信息。受 MobileNetV2[11]启发,我们设计了链式反置残差模块,对编码网络浅、中层特征所携带的空间细节信息进行处理,达到保留空间信息的同时提升特征的语义表达能力的目的。在编码网络的上下文路径,我们设计了语义上下文模块,它由混合扩张卷积模块和残差金字塔特征提取模块组成。使用混合扩张卷积模块是为了进一步扩大网络感受野,而残差金字塔特征提取模块可以获取多尺度特征信息。在解码端,首先对编码端的空间信息和上下文语义信息进行融合,受 R2U-

Net[12]启发，我们设计了带有残差的循环卷积网络优化模块对融合的特征进一步进行优化，最后采用可学习的反卷积将优化的分割图还原到原始图像大小。

本章成果包括：

（1）提出了基于上下文和浅层空间信息结合的编解码网络，并将其用于图像语义分割，以在获取高质量的上下文语义信息的同时保留有效的空间细节信息。

（2）为了获得高效的上下文语义信息，我们组合了混合扩张卷积模块和残差金字塔特征提取模块，以扩大网络感受野以及获取周围特征信息和多尺度特征信息；对于浅层空间信息的使用，我们设计了反U形结构的空间路径以利用编码端浅中层特征所携带的大量空间信息。针对编码端不同层的特征差异，在空间路径中设计了链式反置残差模块，以保留空间细节信息，并提升特征的语义表达能力，这样不仅可以弥补高层语义信息中丢失的位置信息，还可使模型轻量化。

（3）设计了残差循环卷积模块，对语义特征和空间信息融合后的分割特征进一步优化，提升了分割性能。本书提出的方法在3个基准数据集CamVid、SUN RGB-D和Cityscapes上取得了有竞争力的结果。

## 5.2 相关工作

编码器-解码器网络已经在语义分割任务中得到广泛应用，它由编码器模块和解码器模块组成，编码器模块通过逐渐减小特征图来编码高层语义信息，而解码器模块是逐渐恢复空间细节信息。ENet[4]没有使用任何来自编码端的信息，直接在解码端恢复空间信息。文献[7,8,13]则是通过跳层连接解码端并使用编码端特征恢复空间信息。G-FRNet[14]通过门控机制对编码端各相邻模块特征进行门控的选择，再将其用于解码端恢复空间信息。为了更有效地利用编码端空间信息，我们设计了一种反U形结构的空间路径，以充分利用编码端浅中层特征信息中携带的空间细节信息，有效地提升分割性能。

一些研究者[10,15,16]采用二分支网络结构，即将空间信息保留和上下文信息提取放在网络中的不同分支。网络的深层分支采用可分离卷积等轻量化操作来获取上下文语义信息，浅层分支采用简单的卷积操作以保留有效的空间细节信息。这种结构的网络模型更轻量化，推动了语义分割的实时应用，但很难提取到有效的上下文语义信息，再加上两种特征信息差距较大，对它们进行融合并不能产生很好的效果。为此，我们使用参数适中、分类表达能力较好的ResNet-34[17]作为主干网络，并结合语义上下文模块以获取更强的语义表达能力。对于空间细节信息，我们充分利用编码端浅层和中层特征中携带的空间信息，而不使用高层来恢复空间细节信息，这样能高效地使用编码端有用的空间细节信息，并且有利于其与上下文语义信息融合，同时减小了模型复杂度。

空间金字塔模块是一种学习上下文语义信息的有效模块，其可利用平行的空间金字塔池化来捕获多尺度的语义信息，已成功用于不同计算机视觉任务，如目标检测和语义分割等。PSPNet[2]以空间金字塔方式进行池化操作，获取特征图中不同子区域的全局信息。由于池化是一种下采样操作，会严重丢失特征信息，deeplabv3[3]以并联的方式利用不同扩张率的扩张卷积来获取多尺度上下文信息，有效提升了分割性能。但由于使用的扩张卷积的扩张率非常大，最大为18，故扩张卷积稀疏化严重，提取到的特征缺少细节信息。与利用空间金字塔的方式不同，我们设计了混合扩张卷积模块和残差金字塔特征提取模块，先使用混合扩张卷积模块扩大网络感受野，在获取上下文信息的同时减少扩张卷积稀疏化，再使用残差金字塔特征提取模块，以并联较小扩张率的扩张卷积，获取多尺度信息，避免特征信息的丢失，这样既可以扩大网络感受野，又可以获取高质量的多尺度特征信息。

## 5.3 本书所提出的方法

本书提出了一种新的语义分割方法，称为基于上下文和浅层空间编解码网络的图像语义分割方法，其能够学习丰富的上下文语义信息，以及获取更加有效的空间信息。在解码端采用了优化模块，进一步优化上下文语义信息与空间信息的融合特征，帮助解码端恢复更加精准的像素级预测分割图。整个网络框架如图5.2所示，其中 HAB(hybrid atrous convolution block) 表示混合扩张卷积模块，RPB(residual pyramid feature block) 表示残差金字塔特征提取模块，CRB(chain inverted residual block) 表示链式残差模块，RRB(residual recurrent convolution block) 表示残差循环卷积模块，Deconv 是转置卷积，$R$ 是扩张率。

### 5.3.1 网络结构概述

如图5.2所示，我们的网络模型采用了编解码网络框架，在编码端采用三分支方式分别获取有效的高层上下文信息和低层的空间信息。由于深度卷积网络随着网络层数的不断加深会产生梯度消失或爆炸的现象，不利于深度卷积网络的学习和训练，而 ResNet[17]网络通过在每个模块之间添加跳层连接，避免了梯度消失问题，同时加速了网络的收敛，因此在编码端，我们的主干网络使用了在 ImageNet 数据集上预训练的 ResNet-34，去除了最大池化层和全连接层，以适应语义分割任务。为了区分 ResNet-34 的层级特征，我们将 ResNet-34 分为 5 个模块，其结构如图5.3所示，用 Conv、block1 表示浅层，block2 表示中层，block3 和 block4 分别表示高层和特高层特征提取模块。浅层和中层特征用于空间信息提取，而高层特征作为上下文语义信息提取模块的输入特征。为了扩大网络的感受

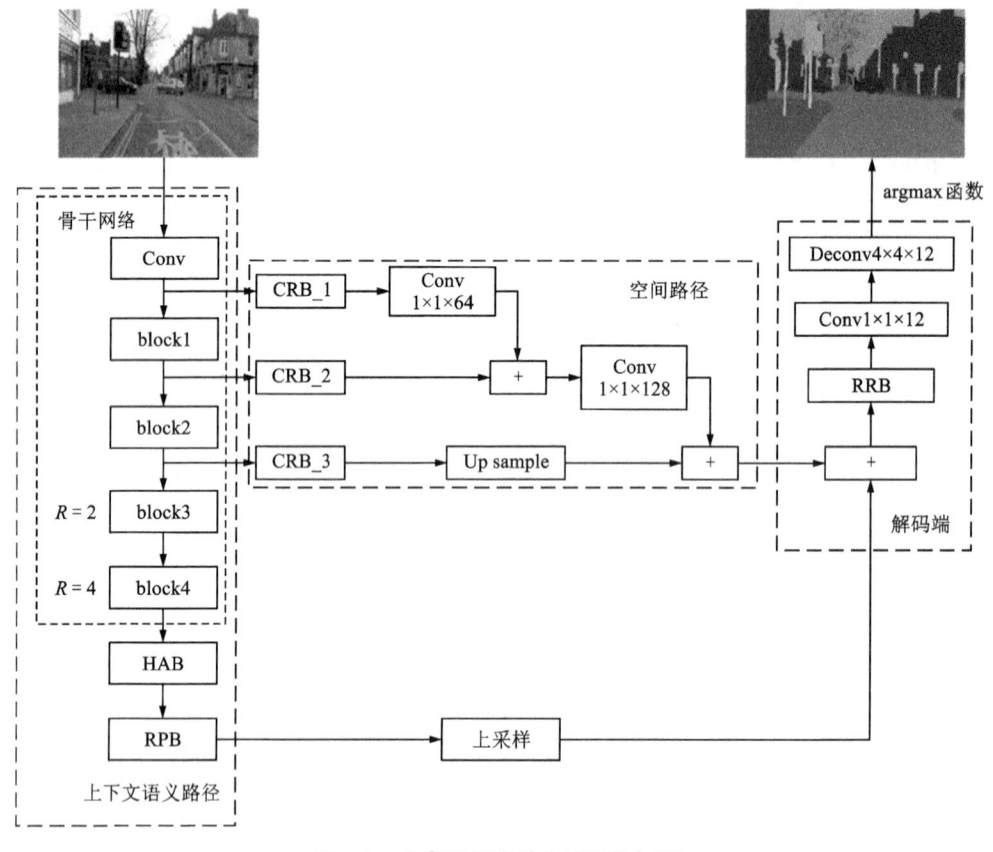

图 5.2 本书所提出的方法网络框架

野，我们将 ResNet-34 网络的后两个模块 block3 和 block4 中的普通卷积替换为扩张卷积，这里扩张卷积与普通卷积具有相同的参数，扩张率分别为 2 和 4。在主干网络 ResNet-34 中，除 block1 外，其他模块各存在一个步长为 2 的卷积，使得主干网络最终输出的特征图大小为输入图像的 1/16。

| Conv | block1 | block2 | block3 | block4 |
|---|---|---|---|---|
| 7×7×64 | $\begin{pmatrix} 3\times3\times64 \\ 3\times3\times64 \end{pmatrix} \times 3$ | $\begin{pmatrix} 3\times3\times128 \\ 3\times3\times128 \end{pmatrix} \times 4$ | $\begin{pmatrix} 3\times3\times256 \\ 3\times3\times256 \end{pmatrix} \times 6$ | $\begin{pmatrix} 3\times3\times512 \\ 3\times3\times512 \end{pmatrix} \times 3$ |

图 5.3 ResNet-34 主干网络结构

为了获取高质量的上下文语义信息，我们设计了上下文语义信息模块，它由混合扩张卷积模块和残差金字塔特征提取模块组成。在利用空间信息方面，与U形结构不同的是，我们没有利用编码端不含有细粒度空间信息的高层特征来恢复空间信息，这样不仅高效利用了编码端空间细节信息，还节省了模型内存开销，也不需要像Contextnet[15]一样去另外设计空间信息获取路径，而是共享编码端浅、中层特征，使得获取的空间信息最有效。我们将空间信息路径设计为反U形结构，结合我们设计的链式反置残差模块，在保留浅层空间信息的同时提升了特征的语义信息。在解码端，将编码端的高级上下文语义信息进行双线性上采样与空间细节信息以逐像素点求和的方式进行融合，再对融合的特征进一步优化，设计了残差循环卷积网络优化模块，最后对得到的分割图利用转置卷积，使其恢复原始图像大小。

为了使网络有效地收敛，与PSPNet[2]和BiSeNet[10]类似，我们在上下文语义路径的末端加入了监督信息，即引入额外的辅助损失函数对上下文语义路径产生的初始分割结果进行监督学习。辅助损失函数和最终分割结果的主损失函数均使用多元交叉熵损失函数，如式(5.1)所示，其中，softmax函数如式(5.2)所示；pred表示预测分割图；$Y$表示真值分割图；cost表示多元交叉熵损失函数，其定义如式(5.3)所示，其中$N$表示样本数。

$$\mathrm{loss}(\mathrm{pred}, Y) = \mathrm{Cost}[\mathrm{softmax}(\mathrm{pred}), Y] \tag{5.1}$$

$$\mathrm{softmax}(z_i) = e^{z_i} / \sum_j e^{z_j} \tag{5.2}$$

$$\mathrm{cost} = -\frac{1}{N}\sum_i \{(1-Y) \times \lg[1 - \mathrm{softmax}(\mathrm{pred})] + Y \times \lg[\mathrm{softmax}(\mathrm{pred})]\} \tag{5.3}$$

网络训练时，总的损失函数如式(5.4)所示，其中，loss1是主损失函数；loss2是辅助损失函数。引入辅助损失函数有助于优化学习过程，并且为辅助损失函数添加权重因子$\lambda$来平衡辅助损失函数与主损失函数对网络的表达能力。本章将权重因子$\lambda$设为0.05。

$$\mathrm{loss} = \mathrm{loss1} + \lambda \mathrm{loss2} \tag{5.4}$$

## 5.3.2 混合扩张卷积模块

扩张卷积根据扩张率在卷积核中相邻两个权值之间插入相应数量的零，因此通过增加扩张率可以增大卷积核对特征图的局部计算区域，从而可以识别更大范围的图像特征信息。扩张卷积在二维信号中的定义如式(5.5)所示，其中输入特征图$x(m,n)$与卷积核$w(i,j)$进行卷积操作，输出$y(m,n)$，$m$和$n$分别为卷积核的长度和宽度，$r$是扩张率，它控制卷积核对输入信号$x$的采样大小，这相当于在卷积核中相邻两个权值之间插入$r-1$个零。$r=1$时是普通卷积，扩张卷积通修改扩张率可以自适应地改变感受野大小。不同扩张率的扩张卷积如图 5.4 所示。相比传统卷积,扩张卷积在没有增加网络参数的情况下就可以获得更大的感受野。扩张卷积是一种稀疏计算,即当扩张率很大时,卷积核的参数量没有变化,但其对特征图的作用区域却增大,这就导致扩张卷积从特征图中提取到的有用信息量很少,从而使扩张卷积失去了建模能力。

$$y(m,n) = \sum_{i=1}^{M} \sum_{j=1}^{N} x(m+r*i, n+r*j) w(i,j) \qquad (5.5)$$

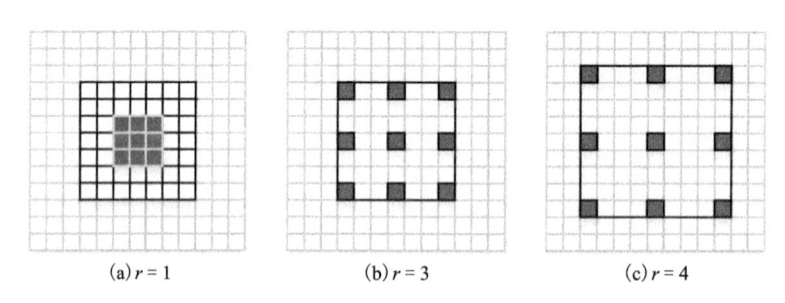

(a) $r=1$　　(b) $r=3$　　(c) $r=4$

图 5.4　3 种不同扩张率的扩张卷积

我们提出的混合扩张卷积模块(hybrid atrous convolution block,HAB)的设计动机是在获取像素点周围特征信息的同时可以提升网络感受野,并且减少特征信息的丢失。根据 CGNet[18],通过融合小感受野和大感受野特征,能够获取同一像素点的周围特征信息。受 inception-v4[19]启发,我们提出了混合扩张卷积模块,通过混合叠加的方式来获取周围特征信息以及增加网络感受野。如图 5.5 所示,整个模块分为两个分支,特征图首先通过 1 个 1×1 的卷积处理,目的是减少特征

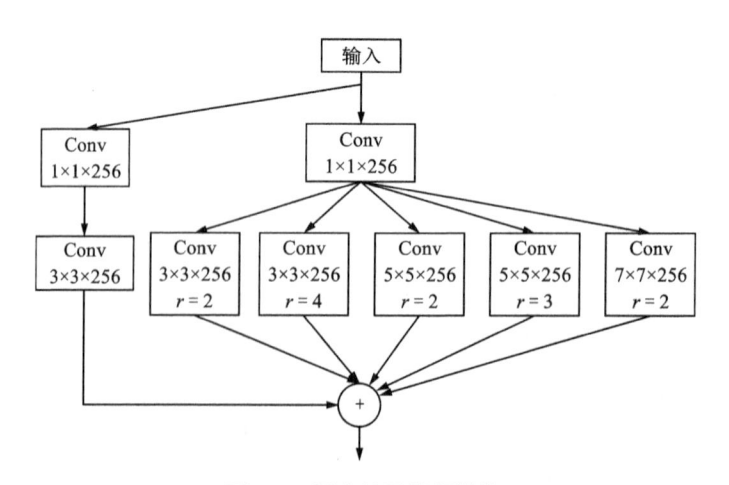

图 5.5　混合扩张卷积模块

通道数，从而减少网络参数。然后，一个分支通过3×3的卷积处理，另一个分支进入5种不同的扩张卷积，即先进入扩张率为2的3×3卷积层、扩张率为4的3×3卷积层以及扩张率为3的5×5卷积层进行融合，再融合扩张率为2的5×5卷积层与扩张率为2的7×7卷积层，以获取像素点的周围特征信息。最后将两个分支进行融合，在获得周围特征信息和大感受野的同时，信息丢失得较少。这里每一个卷积层后面都跟着批归一化处理(batch normalization)[20]和 ReLU($x$)= max(0, $x$)激活函数。

### 5.3.3 残差金字塔特征提取模块

在语义分割场景中，物体大小不一，如果使用单一尺度的图像特征，可能丢失图像中小物体或不显著物体的特征信息。为了分割不同尺度的物体，我们提出利用残差金字塔特征提取模块来获得具有判别力的多尺度特征，通过使用多个不同感受野大小的扩张卷积来提取不同尺度的图像特征信息，从而识别不同大小的物体。我们采用了4个不同扩张率(分别为2、3、5、7)的扩张卷积。同时，为了利用全局场景上下文信息，我们将全局池化操作扩展到扩张卷积空间金字塔池化中。

我们提出的残差金字塔特征提取模块(residual pyramid feature block，RPB)结构如图5.6所示，输入特征首先进入扩张卷积金字塔模块，该模块由4个不同扩张率的扩张卷积和全局平均池化以并联的方式组成，其中4个扩张卷积输出特征通道数相同。对全局平均池化的结果进行1×1卷积操作和双线性上采样操作，使其与扩张卷积的输出结果相同。然后对它们进行拼接操作以获取多尺度特征信息。最后与残差进行融合，在提升语义表达能力的同时加速梯度反向传播。

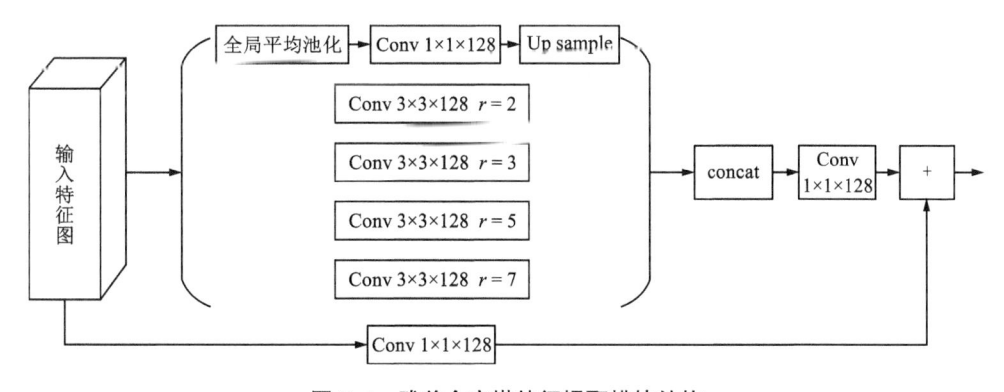

图5.6 残差金字塔特征提取模块结构

### 5.3.4 链式反置残差模块

我们提出了链式反置残差模块(chain inverted residual block,CRB),构造从编码端到解码端的空间路径,实现了原始图像的空间信息与高层上下文语义信息的融合。考虑到高层特征已经不包含细粒度的空间信息,我们将空间路径设计为反U形结构,只将含有丰富空间信息的低中层特征与语义信息进行融合。受MobileNetv2[11]启发,我们提出的链式反置残差模块的结构如图5.7所示。每个链式反置残差模块将多个反置残差结构以链式结构相结合,目的是在保留空间信息的同时提升特征图的语义表达能力。反置残差结构由两个1×1点级卷积层和1个3×3分组卷积层组成。输入特征首先进入1×1点级卷积层来增加特征通道数,再进入3×3的分组卷积层,其中分组数等于输入通道数,最后经过1个1×1点级卷积层来减少特征通道数。需要注意的是,我们所用的3个链式反置残差模块的链长不一样,如图5.2所示,连接低层特征的CRB_1的链长为3,即由3个反置残差结构链接而成,CRB_2的链长为2,而连接中层特征的CRB_3链长为1。通过链长的不同设置,可以有针对性地提升浅层特征的语义表达能力。反置残差结构使用点级卷积和分组卷积,将通道操作和空间操作进行分离,避免了通道操作对空间信息的影响。分组卷积与普通卷积相比,参数量更少。同时,设计了残差学习可以避免梯度消失和爆炸。整个链式反置残差模块可以用式(5.6)表示:

$$L_{l+1} = f(L_l) + L_l \tag{5.6}$$

式中:$f(\cdot)$表示反置残差模块的函数形式。从其函数形式我们可以发现,下一层特征信息$L_{l+1}$除了与反转残差模块有关,还与上一层特征信息$L_l$相关,这样既可以保留空间信息,又可以增加特征的语义信息。

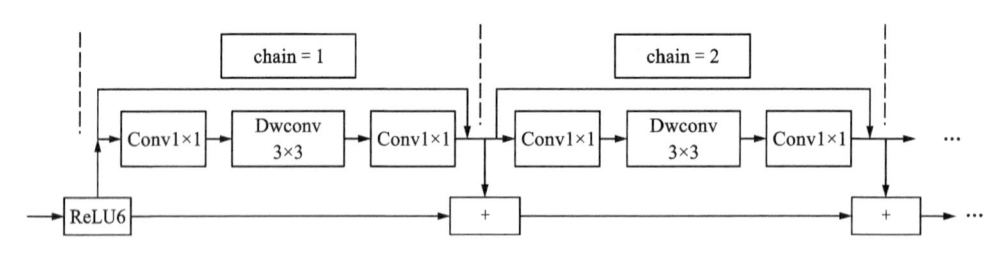

图5.7 链式反置残差模块

### 5.3.5 残差循环卷积模块

在解码端,我们以简单的求和方式对编码端产生的高级语义信息与空间细节信息进行融合。为了对融合后的特征进一步进行优化,我们设计了优化模块,即残差循环卷积模块(residual recurrent convolution block,RRB)。如图5.8所示,优化模块由两个3×3的循环卷积网络以及残差组成,其中每个3×3循环卷积都含有批归一化处理流程和ReLU激活函数。循环卷积网络有助于特征积累,相当于一个自学习的过程,用于提升网络的表达能力。除此之外,循环卷积相当于对卷积层进行重复利用,减少了参数量。整个模块在提升语义识别能力的同时保留了空间信息。另外使用残差结构可以加快网络的信息流动,同时有助于梯度的反向传播。残差循环卷积模块可以表示为式(5.7)的形式,其中$f(\cdot)$为循环卷积的函数表示形式。

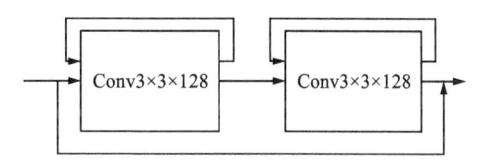

图5.8 残差循环卷积模块

$$x_{l+1} = f[f(x_l) + x_l] \tag{5.7}$$

## 5.4 实验

对我们提出的方法在3个基准数据集上进行评估:CamVid[21]、SUN RGB-D[22]和Cityscapes[23]。实验环境配置:操作系统为64位的Windows10、CPU为Intel(R) Xeon(R) CPU E5-2690 v4 @ 2.60 GHz,内存512 G,显卡是16 GB的NVIDIA Tesla P100-PCIE。实验系统的实现基于深度学习开源框架Pytorch。

### 5.4.1 实验设置

除预训练的ResNet-34外,网络的语义上下文模块参数初始化是基于kaiming[24]初始化方法。对于训练过程,我们使用Adam[25]优化器来优化网络模型参数,PSPNet[2]和deeplabv3[3]采用poly学习率策略动态改变网络学习率的大小。poly学习率策略的定义是lr = initial_lr×(iter/iter_max)$^{power}$,其中initial_lr、iter_max、iter分别表示初始学习率、最大迭代次数和当前迭代次数,初始化学习率设为0.0001,power设为0.9。在CamVid数据集上训练迭代150次,在SUN RGB-D数据集上训练迭代80次,在Cityscapes数据集上训练迭代250次。使用像素级交叉熵损失函数作为目标函数来优化网络参数,同时忽略未标记的像素点。

我们使用当前最有效且普遍使用的平均交并比(mean of class-wise intersection over union, MIoU)作为语义分割评估指标[26],它用于表征预测分割图与真值标记图之间的相似度,通过计算预测分割图与真值标记图之间的交集,再除以它们的并集得到,计算公式为:

$$\text{MIoU} = \frac{1}{n_c} \sum_i \left( \frac{n_{ii}}{t_i + \sum_j n_{ji} - n_{ii}} \right), \ t_i = \sum_j n_{ij} \tag{5.8}$$

式中：$n_c$ 表示图像中包含的类别总数；$n_{ij}$ 表示实际类别为 $i$ 而被预测为类别 $j$ 的像素点数目；$t_i$ 表示实际类别为 $i$ 的像素点数目。MIoU 的取值范围为 $[0,1]$，MIoU 的值越大，说明预测分割图与真值标记图的重叠部分越大，即预测的分割图越准确。

### 5.4.2 CamVid 数据集上的结果

CamVid 数据集是自动驾驶领域中的道路场景数据集，该数据集包含 376 张训练图片、101 张验证图片、233 张测试图片，图片分辨率为 360×480，共有 11 个语义类别。按照 ENet[4]，我们用带权类别交叉熵损失来弥补数据集中小数目的类别，即为每个语义类别分配不同的权重，用于解决 CamVid 数据集中类别不平衡问题。类别权重的计算式如式(5.9)所示。

$$W_c = \frac{1}{\ln(t+P_c)} \tag{5.9}$$

式中：$c$ 表示类别；$P_c$ 表示类别 $c$ 在图像像素中出现的概率；$t$ 表示超参数，这里设置为 1.02。

我们所提出的方法在 CamVid 测试集上的结果与其他方法的结果比较如表 5.1 所示，尽管我们所提出的方法在测试时没有采用后置处理以及像多尺度那样的测试技巧，但从实验结果可以看出，我们所提出的方法比使用 U 形结构和二分支结构的语义分割方法的性能要好，说明我们所提出的方法能够获取高质量的上下文语义特征和有效使用浅层的空间细节信息。从实验效果图(图 5.9)可以看出，我们所提出的方法基本能够准确识别图像中物体的位置并且分割出物体，而 SegNet[8] 在图 5.9 第一行第三列的分割图中未能识别出路灯，CGNet[18] 在图 5.9 第二行第四列的分割图中将建筑物错误识别为树木，BiSeNet(xception)[10] 在图 5.9 第二行第五列的分割图中将道路错误识别为汽车类型，且未能识别出远距离小物体路灯。

表 5.1 我们所提出的方法与其他方法在 CamVid 测试集上的 MIoU 比较

单位：%

| 方法 | 树 | 天空 | 建筑物 | 汽车 | 指示牌 | 道路 | 行人 | 栅栏 | 小树 | 人行道 | 骑自行车的人 | MIoU |
|---|---|---|---|---|---|---|---|---|---|---|---|---|
| FCN-8[26] | — | — | — | — | — | — | — | — | — | — | — | 52.0 |
| DeconvNet[5] | — | — | — | — | — | — | — | — | — | — | — | 48.9 |
| SegNet[8] | 52.0 | 87.0 | 68.7 | 58.5 | 13.4 | 86.2 | 25.3 | 17.9 | 16.0 | 60.5 | 24.8 | 50.2 |
| ENet[27] | 77.8 | 95.1 | 74.7 | 82.4 | 51.0 | 95.1 | 67.2 | 51.7 | 35.4 | 86.7 | 34.1 | 51.3 |

续表5.1

| 方法 | 树 | 天空 | 建筑物 | 汽车 | 指示牌 | 道路 | 行人 | 栅栏 | 小树 | 人行道 | 骑自行车的人 | MIoU |
|---|---|---|---|---|---|---|---|---|---|---|---|---|
| Dilation[28] | 76.2 | 89.9 | 82.6 | 84.0 | 46.9 | 92.2 | 56.3 | 35.8 | 23.4 | 75.3 | 55.5 | 65.3 |
| LRN[29] | 73.6 | 76.4 | 78.6 | 75.2 | 40.1 | 91.7 | 43.5 | 41.0 | 30.4 | 80.1 | 46.5 | 61.7 |
| FC-DenseNet103[7] | 77.3 | 93.0 | 83.0 | 77.3 | 43.9 | 94.5 | 59.6 | 37.1 | 37.8 | 82.2 | 50.5 | 66.9 |
| G-FRNet[14] | 76.8 | 92.1 | 82.5 | 81.8 | 43.0 | 94.5 | 54.6 | 47.1 | 33.4 | 82.3 | 59.4 | 68.0 |
| BiSeNet(xception)[10] | 74.4 | 91.9 | 82.2 | 80.8 | 42.8 | 93.3 | 53.8 | 49.7 | 31.9 | 81.4 | 54.0 | 65.6 |
| CGNet[18] | — | — | — | — | — | — | — | — | — | — | — | 65.6 |
| 我们所提出的方法 | 75.8 | 92.4 | 81.9 | 82.2 | 43.3 | 94.3 | 59.0 | 42.3 | 37.3 | 80.2 | 61.3 | 68.3 |

原始图像　　真值图　　SegNet　　CGNet　　BiSeNet(xception)　我们所提出的方法

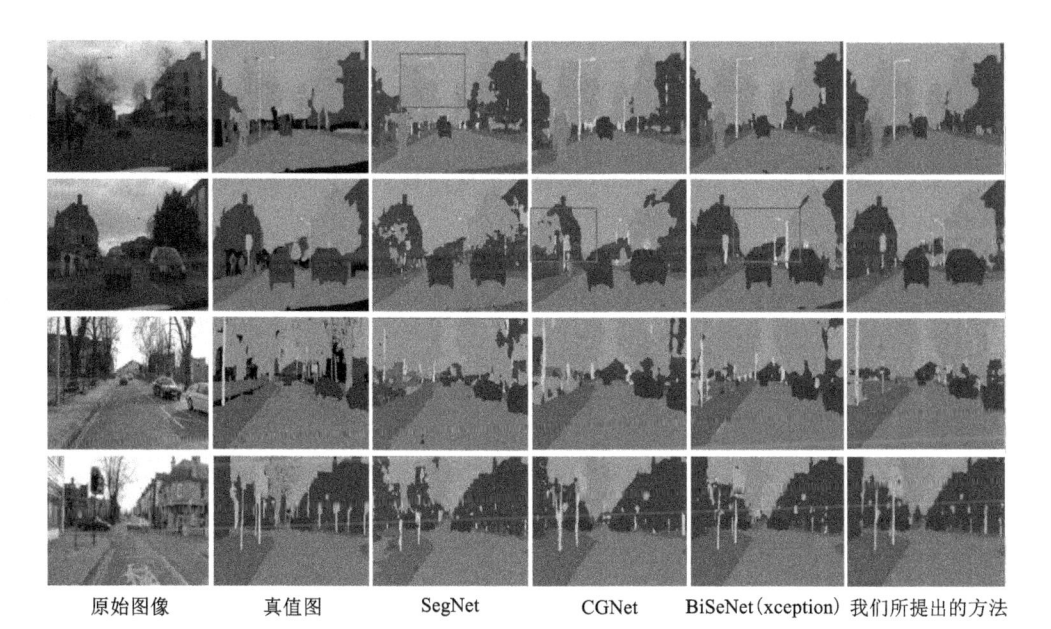

图 5.9　在 CamVid 测试集上我们所提出的方法与 SegNet、CGNet 和 BiSeNet(xception) 方法的定性比较

表 5.2 列出了我们所提出的方法与其他方法的参数量,以及在 NVIDIA Tesla P100 显卡上测试的处理速度。如表 5.2 所示,相比 SegNet[8],我们所提出的方法在分割精度上有很大的提升;相比 BiSeNet(xception)[10],我们所提出的方法在分

割精度上得到明显提升；相比 BiSeNet(ResNet18)[10]，我们所提出的方法参数量更少。

表 5.2  不同方法在 CamVid 数据集上的性能比较

| 方法 | 参数量/M | 速度/(帧·ms$^{-1}$) | FPS | MIoU/% |
| --- | --- | --- | --- | --- |
| SegNet[8] | 29 | 23.2 | 42 | 50.2 |
| BiSeNet(xception)[10] | 5.8 | 12.1 | 82 | 65.6 |
| BiSeNet(ResNet18)[10] | 49 | 64.8 | 15 | 68.7 |
| 我们所提出的方法 | 31 | 39.5 | 25 | 68.3 |

### 5.4.3  SUN RGB-D 数据集上的结果

SUN RGB-D 是一个非常大的室内场景数据集，它包含 5285 张训练图片和 5050 张测试图片，并且有 37 个室内物体类别，比如墙壁、地板、桌子、椅子、沙发、床等。由于图片中的物体形状、大小以及摆放的位置各不相同，这些因素对语义分割来说是一个很大的挑战。我们只使用了 RGB 数据而没有用深度信息。在实验过程中，我们从训练集中抽出 1000 张图片作为验证数据集，来检测模型性能，并选择泛化能力最好的训练模型。

我们所提出的方法在 SUN RGB-D 测试集上的实验结果与其他方法的比较如表 5.3 所示，可以看出我们所提出的方法性能在 SUN RGB-D 数据集上有比较大的提升，从而验证了我们所提出的方法的有效性。可视化分割结果如图 5.10 所示，可以发现我们所提出的方法可以有效地分割图像中的物体。

表 5.3  我们所提出的方法与其他方法在 SUN RGB-D 测试集上的 MIoU 比较

| 方法 | MIoU/% |
| --- | --- |
| FCN-8[26] | 27.4 |
| DeconvNet[5] | 22.6 |
| ENet[4] | 19.7 |
| SegNet[8] | 31.8 |
| Deeplab[30] | 32.1 |
| 我们所提出的方法 | 40.8 |

图 5.10　我们所提出的方法在 SUN RGB-D 测试集上的定性结果

### 5.4.4　Cityscapes 数据集上的结果

Cityscapes 数据集是一个高分辨率城市道路场景分析数据集，每张图片的分辨率为 1024×2048，具有 19 个语义类别，包含 5000 张高质量标记图和 2 万张粗略标记图，我们只使用 5000 张具有精准标记图的图片用于实验。按照官方标准，这个数据集被分成 3 个子集，这 3 个子集分别为包含 2975 张图片的训练集、包含 500 张图片的验证集和包含 1525 张图片的测试集。在训练时，我们将图像大小裁剪为 512×768，然后在验证集上评估性能，并将测试集上得到的结果提交到官方评估系统中。

我们所提出的方法在 Cityscapes 测试集上的实验结果与其他方法的比较如表 5.4 所示，可以看出我们所提出的方法分割结果较好，我们没有采用任何测试技巧，如 PSPNet[2] 中的多尺度方法。虽然 PSPNet 的分割效果最好，但由于其使用 ResNet101 作为主干网络，其网络复杂度最高，参数量达到了 65 M，在一般设备中基本无法运行。我们采用参数量适中的 ResNet34[17] 作为主干网络并取得了较好的性能。BiSeNet(ResNet18)[10] 的主干网络只采用了 ResNet18，使用了多尺度训练的前置处理，还使用了通道注意力机制模块来优化语义特征，所以其性能比我们所提出的方法更好。但由于我们提出的模型使用了分组卷积和点级卷积等轻量型模块，参数量比 BiSeNet(ResNet18)[10] 更少。图 5.11 为我们提出的模型在验证集上的可视化分割效果，可以看出我们所提出的方法基本可以准确地分割图像中的物体。

表 5.4　我们所提出的方法与其他方法在 Cityscapes 测试集上的比较

| 方法 | 参数量/M | MIoU/% |
| --- | --- | --- |
| FCN-8[26] | 134.50 | 65.3 |
| ENet[4] | 0.40 | 58.3 |
| SegNet[8] | 29.50 | 56.1 |
| DeepLab[30] | 44.04 | 70.4 |
| Dilation[31] | — | 67.1 |
| PSPNet[2] | 65.70 | 78.4 |
| CGNet[18] | 0.50 | 64.8 |
| BiSeNet(xception)[10] | 5.80 | 68.4 |
| BiSeNet(resNet18)[10] | 49.00 | 74.7 |
| 我们所提出的方法 | 31.00 | 73.1 |

图 5.11　我们所提出的方法在 Cityscapes 验证集上的定性结果

## 5.4.5　消融实验

为了验证我们所提出的模块的有效性，本小节对我们所提出的方法在 CamVid 数据集上进行了消融实验。

(1)验证混合扩张卷积模块和残差金字塔特征提取模块的有效性。

我们采用4种方案评估混合扩张模块和残差金字塔特征提取模块性能：①在编码端的上下文路径只使用混合扩张卷积模块；②在编码端的上下文路径只使用残差金字塔特征提取模块；③在编码端上下文路径不使用混合扩张卷积模块和残差金字塔特征提取模块；④在编码端上下文路径同时使用混合扩张卷积模块和残差金字塔特征提取模块。实验结果如表5.5所示，从表5.5中可以看出，同时使用混合扩张卷积模块和残差金字塔特征提取模块时获得的分割效果最好，说明这两个模块能获取有效的周围特征信息和多尺度特征，从而提升网络分割性能。

表5.5 混合扩张卷积模块(HAB)和残差金字塔特征提取模块(RPB)对网络分割性能的影响

| HAB | RPB | MIoU/% |
| --- | --- | --- |
| × | × | 66.57 |
| √ | × | 66.22 |
| × | √ | 67.51 |
| √ | √ | 68.26 |

注："√"表示使用，"×"表示不使用。

(2)验证混合扩张卷积模块的有效性。

我们采用4种方案评估混合扩张卷积的模块有效性：①只使用分支扩张率都为1的混合扩张卷积模块；②只使用分支扩张率分别为2、3、4的混合扩张卷积模块；③使用分支扩张率都为1的混合扩张卷积模块加残差金字塔特征提取模块；④我们所提出的方法，即使用分支扩张率分别为2、3、4的混合扩张卷积模块加残差金字塔特征提取模块。实验结果如表5.6所示，从表5.6中可以看出，只使用分支扩张率都为1的混合扩张卷积模块虽然比只使用分支扩张率分别为2、3、4的混合扩张卷积模块分割性能好，但后者加入残差金字塔特征提取模块后，即我们设计的分支扩张率分别为2、3、4的混合扩张卷积模块加残差金字塔特征提取模块的模型获得的效果最好。

表5.6 混合扩张卷积模块对网络分割性能的影响

| HAB | RPB | HAB各分支扩张率 | MIoU/% |
| --- | --- | --- | --- |
| √ | × | 2, 3, 4 | 66.22 |
| √ | × | 1 | 67.84 |
| √ | √ | 1 | 68.16 |
| √ | √ | 2, 3, 4 | 68.26 |

(3) 验证混合扩张卷积模块与残差金字塔特征提取模块的结构顺序。

我们采用 4 种方案验证上下文模块顺序：①使用混合扩张卷积模块加混合扩张卷积模块；②使用残差金字塔特征提取模块加残差金字塔特征提取模块；③使用残差金字塔特征提取模块加混合扩张卷积模块；④我们所提出的方法，即使用混合扩张卷积模块加残差金字塔特征提取模块。实验结果如表 5.7 所示，从表 5.7 中可以看出，在语义上下文特征提取模块中同时使用混合扩张卷积模块和残差金字塔特征提取模块能够获得最佳的网络分割性能，由于残差金字塔特征提取模块的拼接操作会影响处理速度，从处理速度和性能上，混合扩张卷积模块加残差金字塔特征提取模块的组合更加有效。

表 5.7　混合扩张卷积模块与残差金字塔特征提取模块的结构顺序对网络分割性能的影响

| 方法 | MIoU/% |
| --- | --- |
| HAB+HAB | 67.29 |
| RPB+RPB | 66.95 |
| RPB+HAB | 68.29 |
| HAB+RPB（我们所提出的方法） | 68.26 |

(4) 验证空间路径的有效性。

我们采用了 5 种方案评估编码端空间路径的有效性：①没有空间路径；②使用编码端主干网络浅层特征作为空间路径；③使用编码端主干网络的高层特征作为空间路径；④使用反 U 形结构的空间路径，但其中每个路径没有链式反置残差模块；⑤我们所提出的方法，即反 U 形结构的空间路径，其中每个路径使用链式反置残差模块。实验结果如表 5.8 所示，从表 5.8 中可以看出，使用空间路径可以将网络分割性能从 63.55% 提升到 66.79%，说明使用反 U 形结构能够非常有效地利用编码端浅、中层特征，也说明编码端的浅、中层特征包含了解码时所需的空间细节信息。使用链式反置残差模块能使网络分割性能从 66.79% 提升到 68.26%，说明链式反置残差模块可以在保留空间细节信息的同时提升其语义表达能力，从而提升网络分割性能。

表 5.8　不同空间路径对网络分割性能的影响

| 方法 | MIoU/% |
| --- | --- |
| 没有 SP | 63.51 |
| LFP | 66.06 |

续表5.8

| 方法 | MIoU/% |
|---|---|
| HFP | 67.49 |
| RUP | 66.79 |
| RUP+CRB | 68.26 |

注：CRB 表示链式反置残差模块；SP 表示空间路径；LFP 表示浅层特征作为空间路径；HFP 表示高层特征作为空间路径；RUP 表示反 U 形空间路径。

(5)验证链式反置残差模块链长设置的合理性。

在空间路径中，我们采用长度递减的链长分别处理深度模型的浅、中层特征信息，目的是减少融合时各层的语义差异。表 5.9 中展现了在 CamVid 数据集上不同链长设置对网络分割性能的影响，从表 5.9 中可以看出，我们所提出的针对浅、中层特征信息分别使用递减链长的反置残差模块更加有效。

表 5.9　链式反置残差模块不同链长对网络分割性能的影响

| 方法 | MIoU/% |
|---|---|
| 各路径链长均为 1 | 67.20 |
| 各路径链长均为 3 | 67.25 |
| 各路径链长分别为 3，2，1(我们所提出的方法) | 68.26 |

(6)验证残差循环卷积模块的有效性。

为了证明我们所提出的优化模块的有效性，我们对使用优化模块和不使用优化模块的网络分割性能进行了对比，如表 5.10 所示。从表 5.10 中可以看出，使用优化模块能使分割性能提升 0.76 个百分点，说明优化模块可以改善融合后的语义特征，从而增强网络分割性能。

表 5.10　残差循环卷积模块对网络分割性能的影响

| 方法 | MIoU/% |
|---|---|
| 使用优化模块 | 68.26 |
| 不使用优化模块 | 67.50 |

## 5.5 本章小结

本章深入研究了采用编解码结构和二分支结构的语义分割方法，提出了一种新的端到端用于语义分割的深度学习框架，可在编码端采用二分支结构获取高质量的上下文语义特征，同时有效利用编码端浅中层的空间细节信息。我们所提出的方法在3个语义分割基准数据集上均取得了有竞争力的结果，一系列消融实验也验证了我们提出的各功能模块的有效性。通过可视化预测结果，我们发现所提出的方法在小物体上的分割还不够精准，下一步的工作拟研究产生这种现象的原因，并改进分割模型。

## 参考文献

[1] LONG J, SHELHAMER E, DARRELL T. Fully convolutional networks for semantic segmentation [C]//2015 IEEE Conference on Computer Vision and Pattern Recognition (CVPR). June 7-12, 2015, Boston, MA, USA. IEEE, 2015: 3431-3440.

[2] ZHAO H S, SHI J P, QI X J, et al. Pyramid scene parsing network[C]//2017 IEEE Conference on Computer Vision and Pattern Recognition (CVPR). July 21-26, 2017, Honolulu, HI, USA. IEEE, 2017: 6230-6239.

[3] CHEN L C, PAPANDREOU G, SCHROFF F, et al. Rethinking atrous convolution for semantic image segmentation[EB/OL]. 2017: https://arxiv.org/abs/1706.05587v3.

[4] PASZKE A, CHAURASIA A, KIM S, CULURCIELLO E. ENet: a deep neural network architecture for real-time semantic segmentation [EB/OL]. 2016: https://arxiv.org/abs/1606.02147v1.

[5] NOH H, HONG S, HAN B. Learning deconvolution network for semantic segmentation[C]//2015 IEEE International Conference on Computer Vision (ICCV). December 7-13, 2015, Santiago, Chile. IEEE, 2015: 1520-1528.

[6] ISLAM M A, NAHA S, ROCHAN M, et al. Label refinement network for coarse-to-fine semantic segmentation[EB/OL]. 2017: 1703.00551. https://arxiv.org/abs/1703.00551v1.

[7] JÉGOU S, DROZDZAL M, VAZQUEZ D, et al. The one hundred layers tiramisu: fully convolutional DenseNets for semantic segmentation[C]//2017 IEEE Conference on Computer Vision and Pattern Recognition Workshops (CVPRW). July 21-26, 2017, Honolulu, HI, USA. IEEE, 2017: 1175-1183.

[8] BADRINARAYANAN V, KENDALL A, CIPOLLA R. SegNet: a deep convolutional encoder-decoder architecture for image segmentation[J]. IEEE Transactions on Pattern Analysis and Machine Intelligence, 2017, 39(12): 2481-2495.

[9] ZEILER M D, FERGUS R. Visualizing and understanding convolutional networks[M]//FLEET

D, PAJDLA T, SCHIELE B, TUYTELAARS T, eds. Lecture Notes in Computer Science. Cham: Springer International Publishing, 2014: 818-833.

[10] YU C Q, WANG J B, PENG C, et al. BiSeNet: bilateral segmentation network for real-time semantic segmentation[M]//Lecture Notes in Computer Science. Cham: Springer International Publishing, 2018: 334-349.

[11] SANDLER M, HOWARD A, ZHU M L, et al. MobileNetV2: inverted residuals and linear bottlenecks[C]//2018 IEEE/CVF Conference on Computer Vision and Pattern Recognition. June 18-23, 2018, Salt Lake City, UT, USA. IEEE, 2018: 4510-4520.

[12] ALOM M Z, HASAN M, YAKOPCIC C, et al. Recurrent residual convolutional neural network based on U-net (R2U-net) for medical image segmentation[EB/OL]. 2018: https://arxiv.org/abs/1802.06955v5

[13] CHAURASIA A, CULURCIELLO E. LinkNet: Exploiting encoder representations for efficient semantic segmentation[C]//2017 IEEE Visual Communications and Image Processing (VCIP). December 10-13, 2017, St. Petersburg, FL, USA. IEEE, 2017: 1-4.

[14] ISLAM M A, ROCHAN M, BRUCE N D B, et al. Gated feedback refinement network for dense image labeling[C]//2017 IEEE Conference on Computer Vision and Pattern Recognition (CVPR). July 21-26, 2017, Honolulu, HI, USA. IEEE, 2017: 4877-4885.

[15] POUDEL R P K, BONDE U, LIWICKI S, ZACH C. ContextNet: exploring context and detail for semantic segmentation in real-time[EB/OL]. 2018: https://arxiv.org/abs/1805.04554v4.

[16] POUDEL R P K, LIWICKI S, CIPOLLA R. Fast-SCNN: fast semantic segmentation network [EB/OL]. 2019: https://arxiv.org/abs/1902.04502v1.

[17] HE K M, ZHANG X Y, REN S Q, et al. Deep residual learning for image recognition[C]// 2016 IEEE Conference on Computer Vision and Pattern Recognition (CVPR). June 27-30, 2016, Las Vegas, NV, USA. IEEE, 2016: 770-778.

[18] WU T Y, TANG S, ZHANG R, et al. CGNet: a light-weight context guided network for semantic segmentation[J]. IEEE Transactions on Image Processing, 2021, 30: 1169-1179.

[19] SZEGEDY C, IOFFE S, VANHOUCKE V, et al. Inception-v4, inception-ResNet and the impact of residual connections on learning[EB/OL]. 2016: https://arxiv.org/abs/1602.07261v2

[20] IOFFE S, SZEGEDY C, PARANHOS L, HAMMAD M M. Batch normalization: accelerating deep network training by reducing internal covariate shift[EB/OL]. 2015: https://arxiv.org/abs/1502.03167v3.

[21] BROSTOW G J, FAUQUEUR J, CIPOLLA R. Semantic object classes in video: a high-definition ground truth database[J]. Pattern Recognition Letters, 2009, 30(2): 88-97.

[22] SONG S R, LICHTENBERG S P, XIAO J X. SUN RGB-D: a RGB-D scene understanding benchmark suite[C]//2015 IEEE Conference on Computer Vision and Pattern Recognition (CVPR). June 7-12, 2015, Boston, MA, USA. IEEE, 2015: 567-576.

[23] CORDTS M, OMRAN M, RAMOS S, et al. The cityscapes dataset for semantic urban scene

understanding[C]//2016 IEEE Conference on Computer Vision and Pattern Recognition (CVPR). June 27-30, 2016, Las Vegas, NV, USA. IEEE, 2016: 3213-3223.

[24] HE K M, ZHANG X Y, REN S Q, et al. Delving deep into rectifiers: surpassing human-level performance on ImageNet classification[C]//2015 IEEE International Conference on Computer Vision (ICCV). December 7-13, 2015, Santiago, Chile. IEEE, 2015: 1026-1034.

[25] KINGMA D P B J, et al. Adam: A method for stochastic optimization[J]. arXiv preprint arXiv: 1412.6980, 2014.

[26] LONG J, SHELHAMER E, DARRELL T. Fully convolutional networks for semantic segmentation [C]//2015 IEEE Conference on Computer Vision and Pattern Recognition (CVPR). June 7-12, 2015, Boston, MA, USA. IEEE, 2015: 3431-3440.

[27] VISIN F, ROMERO A, CHO K, et al. ReSeg: a recurrent neural network-based model for semantic segmentation[C]//2016 IEEE Conference on Computer Vision and Pattern Recognition Workshops (CVPRW). June 26-July 1, 2016, Las Vegas, NV, USA. IEEE, 2016: 426-433.

[28] YU F, KOLTUN V. Multi-scale context aggregation by dilated convolutions[EB/OL]. 2015: https://arxiv.org/abs/1511.07122v3.

[29] ISLAM M A, NAHA S, ROCHAN M, et al. Label refinement network for coarse-to-fine semantic segmentation[EB/OL]. 2017: 1703.00551. https://arxiv.org/abs/1703.00551v1

[30] CHEN L C, PAPANDREOU G, KOKKINOS I, et al. DeepLab: semantic image segmentation with deep convolutional nets, atrous convolution, and fully connected CRFs[J]. IEEE Transactions on Pattern Analysis and Machine Intelligence, 2018, 40(4): 834-848.

[31] YU F, KOLTUN V, FUNKHOUSER T. Dilated residual networks[C]//2017 IEEE Conference on Computer Vision and Pattern Recognition (CVPR). July 21-26, 2017, Honolulu, HI, USA. IEEE, 2017: 636-644.

# 第6章 用于骨架动作识别的多维动态拓扑图卷积网络

## 6.1 引言

动作识别是计算机视觉领域的研究热点,其在人机交互、公共安全监控、影视制作与医疗康复等领域有着广泛的应用。由于深度传感器和实时人体姿态估计技术[1]的发展,骨架数据变得愈加广泛和廉价。与原始 RGB、RGB+D 数据相比,骨架数据信息密度高,并提供了高语义层次的结构信息,因此使用骨架数据进行动作识别可以提高计算效率和识别性能,特别是在复杂场景下,它的鲁棒性更强。

基于骨架序列的动作识别方法可分为三大类:基于递归神经网络(recurrent neural network,RNN)的方法、基于卷积神经网络(convolutional neural network,CNN)的方法和基于图卷积网络(graph convolutional network,GCN)的方法。其中 RNN 具有建模时序关系的固有优势,但较缺乏空间结构信息的提取能力。基于 CNN 的骨架动作识别方法提取空间序列信息的能力更加优异,但是由于骨架数据不同于传统视频图像,使用传统的 CNN 网络不能表达节点间的复杂拓扑结构信息。而 GCN 能够保留骨架结构及节点间潜在的空间关系,在处理骨架数据方面拥有天然的优势,因此 GCN 成为基于骨架数据进行动作识别的主流方法。

YAN 等[2]首次提出的时空图卷积网络(spatial-temporal graph convolutional network,ST-GCN),开创了 GCN 在骨架动作识别任务中应用的先河。在此基础上,多流空间注意力图卷积 SRU 网络(multi-stream spatial attention graph convolutional SRU network,MSAGC-SRU)[3]将循环卷积网络与图卷积网络结合,在简单循环单元嵌入图卷积网络进行骨架动作识别,得到了一定的性能提升。由于 ST-GCN 采用了固定的拓扑结构,因此无法对非自然连接节点之间的关系进行建模。针对此局限性,双流自适应图卷积网络(two-stream adaptive graph convolutional network,2s-AGCN)[4]、多流注意增强型自适应图卷积网络(multi-stream adaptive graph convo-lutional network, MS-AAGCN)[5]、动态 GCN(dynamic graph convolutional network, Dynamic GCN)[6]和基于稀疏基元的 GCN(sparse motif-based graph convo-lutional network, SMotif-GCN)[7]等方法通过自注意力机制、卷积聚合和节点间距离引入自适应拓扑结构；动作-结构 GCN(actional-structural graph convo-lutional network, AS-GCN)[8]通过学习高阶邻接拓扑和动作相关连接拓扑来学习灵活多变的节点间的拓扑关系；解缠和统一图卷积(disentangling and unifying graph convolutions, MS-G3D)[9]通过时间窗口获取多尺度图拓扑结构，实现窗口内的联合时空关系建模；信息图卷积网络(info graph convolutional network, InfoGCN)[10]使用基于注意力的图卷积来捕获人体动作中上下文相关的内在拓扑结构。虽然上述方法可以对非自然连接关系进行建模，但是由于它们在进行图卷积时，所有的时序帧和通道都使用相同的拓扑结构进行特征聚合，因此限制了图卷积网络的学习能力。由于不同的时序帧代表动作执行的不同时刻，而不同的通道上存放着不同的运动模式特征，在运动执行的不同时刻和不同的运动模式下，关节点之间的关系并不总是相同的，因此在不同时序和通道维度使用相同的拓扑结构进行图卷积限制了网络的学习能力。

为了进一步增强图卷积的特征提取能力，解耦 GCN 和 DropGraph 模块(decoupling GCN with DropGraph module, DC-GCN+ADG)[11]与通道拓扑优化 GCN(channel-wise topology refinement graph convolution network, CTR-GCN)[12]通过建模通道分组拓扑和通道特异性拓扑进行特征聚合，然而它们对于不同时序帧仍然要使用共享的拓扑结构。而语义引导神经网络(semantics-guided neural network, SGN)[13]虽然建模了具有时序特异性的拓扑结构，但是却在所有通道上使用了同一拓扑结构进行特征聚合。为了对通道和时序特异拓扑结构同时建模，本章提出了一种新颖的多维动态拓扑学习图卷积方法(multi-dimensional dynamic topology learning graph convolution, MD$^2$TL-GC)，同时对节点维、时间维和通道维进行拓扑结构建模，使每一帧与每一个通道都拥有独立、动态的特征聚合参数，从而使模型拥有更大的灵活性和更强的学习能力。此外，为了减少获得全局语义信息所需的网络深度，本章提出了动态骨架拓扑学习(dynamic skeleton topology learning, DSTL)，将动态骨架序列表示成单张动态骨架图，在此基础上进行图卷积，从全局时序的角度进行特征的聚集，使网络只需要较浅的深度就能学习到高级时空特征。MD$^2$TL-GC 利用全局时空信息在各个数据维度上自适应建模拓扑结构，用它构造的网络仅需要 5 层就可以超越当前主流方法。另外，本章提出了相对节点和相对骨骼的骨架信息表达方法，为原始骨架序列数据提供互补信息，与经典的节点运动流和骨骼运动流相比，性能获得了更大的提升。

本章成果如下。

(1)提出的 MD$^2$TL-GC 通过分级的方式对各个维度的拓扑结构进行动态的建

模,实现了灵活有效的拓扑关系建模和高效的特征提取。

(2)提出的动态骨架拓扑建模方法,可以学习到骨架序列数据的全局时空表达,基于此对全局动态拓扑结构进行图卷积处理,可以增强多维拓扑学习中的全局特征,从而通过应用较浅的网络达到更好的性能。

(3)引入了全新的相对节点和相对骨骼模态数据,进一步提高了动作识别的能力。在两个骨架动作识别大型数据集 NTU-RGB+D[14] 与 NTU-RGB+D 120[15] 上进行了大量实验,结果表明利用 MD²TL-GC 所构造的网络 MD²TL-GCN 获得了优越的性能。与 ST-GCN 相比,在 NTU-RGB+D 数据集的 Cross-Subject(CS) 和 Cross-View(CV) 基准上分别获得了 11.14% 和 8.06% 的显著提升。

## 6.2 方法

本节首先介绍经典图卷积的过程与动态图像的计算方法,然后对本章所提出的多维动态拓扑学习图卷积(MD²TL-GC)进行详细的论述,最后阐述用于骨架动作识别的多维动态拓扑图卷积网络(MD²TL-GCN)。

### 6.2.1 图卷积网络

将有 $N$ 个节点和 $T$ 帧的骨架序列时空图定义为 $G=\{V, E\}$,其中:

$$\begin{cases} V = \{v_{ti} \mid t = 1, \cdots, T, i = 1, \cdots, N\} \\ E_S = \{v_{ti}v_{tj} \mid (i, j) \in H\} \\ E_T = \{v_{ti}v_{(t+1)i}\} \\ E = \{E_S, E_T\} \end{cases} \quad (6.1)$$

在上述时空图中,边集合包括 $E_S$ 和 $E_T$,分别指空间边(spatial edges)集合和时序边(temporal edges)集合; $H$ 表示自然连接的人体关节点对的集合。

空间边集合 $E_S$ 的连接情况使用空间域邻接矩阵 $A_S \in R^{N \times N}$ 表示: 如果节点 $i$ 和 $j$ 在空间上直接相连,则 $A_{S_{ij}}=1$,其余为 0。自提出 ST-GCN[2] 以来,空间图卷积核的大小一般设置为 $K_s=3$,即将邻接节点集划分为 3 个子集,相应的邻接矩阵 $A_S$ 划分为 $A_S^1$、$A_S^2$ 和 $A_S^3$,分别代表根节点、向心运动节点和离心运动节点的连接情况。分别基于这 3 个邻接子集进行空间图卷积,然后将所得结果相加。

图卷积操作通过不断聚集邻域信息来更新当前节点的特征。其中,空间维度上的图卷积过程可表示为:

$$\begin{cases} f_S = \sum_{k=1}^{K_s} W_S^{(k)} f_{in} \widetilde{A}_S^{(k)} \circledast M^{(k)} \\ \widetilde{A}_S^{(k)} = D_S^{(k)-\frac{1}{2}} A_S^{(k)} D_S^{(k)-\frac{1}{2}} \\ D_S^{(k)} = \sum_j A_{S_{ij}}^{(k)} + \varepsilon \end{cases} \quad (6.2)$$

式中：$f_{in} \in \mathbf{R}^{C_{in} \times T \times N}$ 表示输入特征图；$C_{in}$、$T$、$N$ 分别表示输入通道数、帧数、关节点数量；$W_S^{(k)} \in \mathbf{R}^{C_{out} \times C_{in}}$ 表示 1×1 空域图卷积运算的可训练权重向量；$M^{(k)} \in \mathbf{R}^{N \times N}$ 表示一个简单的注意力掩膜矩阵，代表每个关节的重要性；$\circledast$ 表示点乘操作；$A_S^{(k)}$ 表示使用对角矩阵 $D_S^{(k)}$ 规范化后得到 $\widetilde{A}_S^{(k)}$，用于保证各划分间的平衡和卷积前后的幅值稳定；$\varepsilon$ 用于避免分母为 0，一般设置为 0.001。

对于时间维度上的图卷积，利用普通卷积就可以实现：

$$f_T = \text{Conv1D}_{K_t}(f_S) \quad (6.3)$$

式中：$\text{Conv1D}_{K_t}$ 表示时间维度上卷积核大小为 $K_t$ 的一维卷积操作。

对输入骨架序列先进行空域图卷积，再进行时间维度的卷积，完成一次图卷积，再重复这个过程便可以构建出深度图卷积网络[2]。

与上述采用固定的节点邻接矩阵表示节点间的空域拓扑关系不同，本章提出了 MD²TL-GC 在节点维、时间维和通道维学习节点间的拓扑关系，在此基础上进行更加灵活的空域图卷积，使模型具有更强的表达能力。另外，MD²TL-GCN 在时间维采用了多尺度的卷积方法，使得模型在时序上具有多尺度的感受野。

### 6.2.2 动态图计算

文献[16]中首次将动态图（dynamic image）应用于视频动作识别任务中。具体来说，对于输入视频 $V: \{I_1, I_2, \cdots, I_T\}$，它的动态图为 $d^*$，计算过程如式（6.4）所示：

$$\begin{cases} d^* = \underset{d}{\arg\min} E(d) \\ E(d) = \frac{\lambda}{2} \|d\|^2 + \frac{2}{T(T-1)} \times \sum_{q>t} \max[0, 1 - S(q|d) + S(t|d)] \end{cases}$$
$$(6.4)$$

式中：$q, t \in \{1, 2, \cdots, T\}$；$S(t|d) = \langle d, V_t \rangle$；$V_t = \frac{1}{t} \sum_{\tau=1}^{t} \varphi(I_\tau)$，表示前 $t$ 帧的平均特征，$\varphi(I_\tau) \in \mathbf{R}^D$ 表示第 $\tau$ 帧 $I_\tau$ 的特征向量。可以使用 RankSVM 方法优化式（6.4），学习获得视频 $V$ 的动态图 $d^* \in \mathbf{R}^D$ 来聚合视频帧序列的全局时空特征。

但是，精确的优化学习方法效率较低，故在文献[16]中，作者提出动态图的

近似计算方法。具体来说,通过对式(6.4)进行一次手动梯度计算,得到近似动态图的计算公式:

$$d^* \cong \sum_{t=1}^{T} r_t \varphi(\boldsymbol{I}_t) \tag{6.5}$$

式中:$r_t = 2t - T - 1$。本章也利用了这种近似计算方法来设计 DSTL,以学习到节点间的全局动态拓扑关系。

### 6.2.3 MD²TL-GCN 概述

MD²TL-GCN 的整体框架如图 6.1 所示,其共包含 5 层网络结构(L1~L5),每一层网络结构(在图 6.1 中表示为 MD²TL block)包含多维动态拓扑图卷积(MD²TL-GC)和多尺度时间卷积(MS-TC)。采用文献[2]中先空间维卷积再时间维卷积的方法,MD²TL-GC 和 MS-TC 通过串联的方式组合成一个 MD²TL block,从而有效提取了时空特征。通过叠加多层 MD²TL block,可构造出用于骨架动作识别任务的端到端层级网络 MD²TL-GCN。

如图 6.1 所示,MD²TL-GC 主要包括 3 部分:纯粹节点拓扑学习图卷积(pure joint topol-ogy learning graph convolution,J-GC)、动态时序特异性拓扑学习图卷积(dynamic temporal-wise topology learning graph convolution,DTW-GC)和通道特异性拓扑学习图卷积(channel-wise topology learning graph convolution,CW-GC)。为了减小计算复杂度,在同样的通道数中表达更加多样的运动模式特征,MD²TL-GC 先将通道数平均分为两部分,一部分用于学习 J-GC,另一部分用于学习 DTW-GC。然后,将学习到的节点特异性拓扑结构和时序特异性拓扑结构沿通道维度串接融合,再进行 CW-GC 学习,从而实现对每一个通道中所代表的运动模式特征的细化与调整。

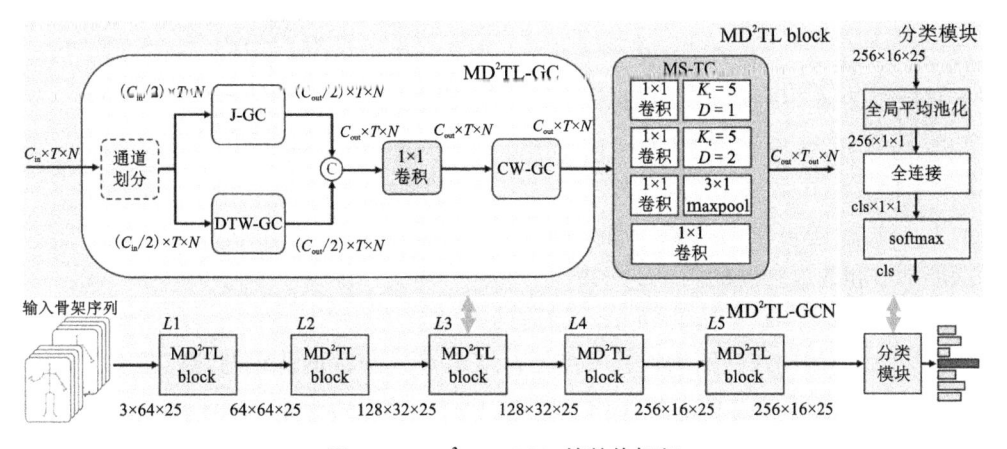

图 6.1 MD²TL-GCN 的整体框架

MD²TL-GC 的总体计算过程如式(6.6)所示。

$$\begin{cases} f_{in1}, f_{in2} = \text{split}(f_{in}) \\ f_{out} = G_C\{\text{Conv}\{[G_J(f_{in1}), G_{DT}(f_{in2})]\}\} \end{cases} \tag{6.6}$$

式中：split(·)表示通道划分操作，即对于 $f_{in} \in R^{C_{in} \times T \times N}$，通道划分后 $f_{in1}$、$f_{in2} \in R^{(C_{in}/2) \times T \times N}$（值得注意的是，对于第一个 MD²TL block，由于输入通道数只有 3，不进行通道划分操作，此时 $f_{in1}, f_{in2} \in R^{C_{in} \times T \times N}$）；$G_J$、$G_{DT}$ 和 $G_C$ 分别表示 J-GC、DTW-GC 和 CW-GC；Conv 表示 1×1 卷积。

### 6.2.4 纯粹节点拓扑结构学习图卷积

针对不同的动作和不同的数据样本，为了获取节点之间的灵活拓扑结构，我们使用了文献[5]中的自适应图卷积方法学习纯粹节点间的拓扑结构。

如图 6.2 所示，J-GC 学习了两种类型的拓扑结构：动作特定的纯粹节点拓扑结构 $G_p^{(k)} \in R^{N \times N}$ 与数据特定的纯粹节点拓扑结构 $G_j^{(k)} \in R^{N \times N}$，其中 $G_p^{(k)}$ 与输入特征没有关系，直接通过动作分类损失进行训练。而 $G_j^{(k)}$ 的计算过程如式(6.7)所示：

$$\begin{cases} f_\theta^{(k)} = \text{Reshape}(W_{\theta^{(k)}} f_{in}) \\ f_\varphi^{(k)} = \text{Reshape}(W_{\varphi^{(k)}} f_{in}) \\ G_j^{(k)} = \text{Reshape}(\text{Tanh}(f_\theta^{(k)} f_\varphi^{(k)})) \end{cases} \tag{6.7}$$

式中：$f_\theta^{(k)} \in R^{N \times C_e T}$，$f_\varphi^{(k)} \in R^{C_e T \times N}$，它们经过矩阵相乘后得到数据特定的纯粹节点拓扑结构 $G_j^{(k)} \in R^{N \times N}$；$W_{\theta^{(k)}}$、$W_{\varphi^{(k)}} \in R^{C_e \times (C_{in}/2)}$，表示 1×1 卷积的可学习参数，用于特征学习和通道维度的调整，在我们的实验中，$C_e = C_{in}/8$；Tanh 表示激活函数。

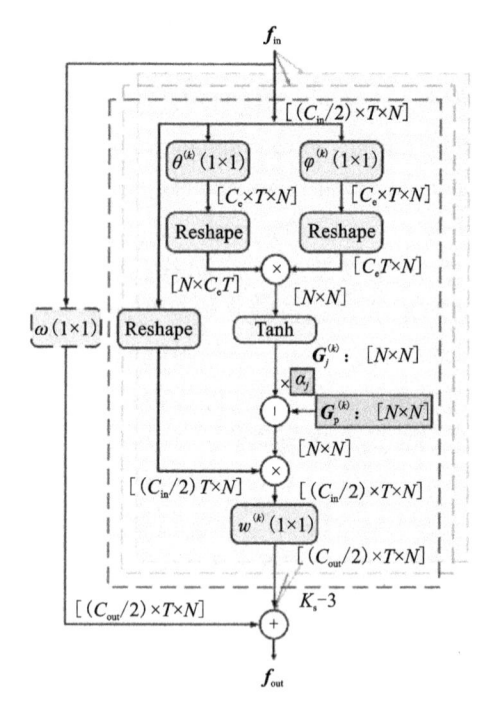

图 6.2 J-GC 的计算流程

J-GC 利用动作特定的纯粹节点拓扑结构 $G_p^{(k)}$ 与数据特定的纯粹节点拓扑结构 $G_j^{(k)}$ 进行卷积的过程如式(6.8)所示：

$$\begin{cases} \boldsymbol{f}_\mu^{(k)} = \mathrm{Reshape}(\boldsymbol{f}_{\mathrm{in}}) \\ \boldsymbol{G}^{(k)} = \boldsymbol{G}_{\mathrm{p}}^{(k)} + \alpha_j \boldsymbol{G}_j^{(k)} \\ \boldsymbol{f} = \begin{cases} \boldsymbol{W}_\omega \boldsymbol{f}_{\mathrm{in}}, \ C_{\mathrm{in}} \ne C_{\mathrm{out}} \\ \boldsymbol{f}_{\mathrm{in}}, \ C_{\mathrm{in}} = C_{\mathrm{out}} \end{cases} \\ \boldsymbol{f}_{\mathrm{out}} = \sum_{k=1}^{K_s} \boldsymbol{W}_{w^{(k)}} \boldsymbol{f}_\mu^{(k)} \boldsymbol{G}^{(k)} + \boldsymbol{f} \end{cases} \qquad (6.8)$$

式中：$\alpha_j$ 表示可学习参数，用于调节两拓扑结构之间的相对重要性；$\boldsymbol{W}_{w^{(k)}}$ 表示图卷积参数；$\boldsymbol{W}_\omega$ 表示 1×1 卷积参数，用于调节通道数。

### 6.2.5 动态时序特异性拓扑学习图卷积

在骨架序列，不同的时序帧上，节点间的拓扑关系是不同的，为了学习时间维上的特异性拓扑结构，受文献[5]和文献[16]的启发，本章提出了动态时序特异性拓扑学习图卷积（DTW-GC）。如图 6.3(c)所示，DTW-GC 包含两个分支：时序特异性拓扑分支（temporal individual branch，TIB）和时序全局性拓扑分支（temporal global branch，TGB），分别用于学习两类拓扑结构：时序特异性拓扑结构 $\boldsymbol{G}_{\mathrm{t}}$ 和时序全局动态拓扑结构 $\boldsymbol{G}_{\mathrm{d}}$。为了训练的稳定性，在 MD²TL-GCN 的第一层，$\boldsymbol{G}_{\mathrm{t}}$ 和 $\boldsymbol{G}_{\mathrm{d}}$ 采用了直接拓扑结构进行融合[图 6.3(b)]；而在第二层到第五层，则对基于 $\boldsymbol{G}_{\mathrm{t}}$ 和 $\boldsymbol{G}_{\mathrm{d}}$ 的图卷积结果进行通道维的串接融合[图 6.3(c)]。时序特异性拓扑结构 $\boldsymbol{G}_{\mathrm{t}}$ 使网络在不同的时序帧上可以使用不同的特征聚合方式，而时序全局动态拓扑结构 $\boldsymbol{G}_{\mathrm{d}}$ 给网络提供了全局动态拓扑结构信息，让图卷积在时间维上具有全局感受野。

(1)时序特异性拓扑分支。

如图 6.3(c)所示，TIB 包含时序特异性拓扑结构 $\boldsymbol{G}_{\mathrm{t}}^{(k)} \in \boldsymbol{R}^{T \times N \times N}$ 和用于调整时序拓扑的动作特定拓扑结构 $\boldsymbol{G}_{\mathrm{p} \mathrm{t}}^{(k)} \in \boldsymbol{R}^{N \times N}$，与 J-GC 类似，$\boldsymbol{G}_{\mathrm{p} \mathrm{t}}^{(k)}$ 是可训练的参数，与输入特征无关，通过动作识别损失直接进行训练，并学习到与动作相关的特定拓扑结构，用于对各时序特异性拓扑结构 $\boldsymbol{G}_{\mathrm{t}}^{(k)}$ 进行调整和补充。而 $\boldsymbol{G}_{\mathrm{t}}^{(k)}$ 是与输入特征相关的拓扑结构，它的计算过程如式(6.9)所示：

$$\begin{cases} \boldsymbol{f}_\theta^{(k)} = \mathrm{Reshape}[\boldsymbol{W}_{\theta^{(k)}} \boldsymbol{f}_{\mathrm{in}}] \\ \boldsymbol{f}_\varphi^{(k)} = \mathrm{Reshape}[\boldsymbol{W}_{\varphi^{(k)}} \boldsymbol{f}_{\mathrm{in}}] \\ \boldsymbol{G}_{\mathrm{t}}^{(k)} = \mathrm{Reshape}\{\mathrm{Tanh}[\boldsymbol{f}_\theta^{(k)} \boldsymbol{f}_\varphi^{(k)}]\} \end{cases} \qquad (6.9)$$

式中：$\boldsymbol{f}_\theta^{(k)} \in \boldsymbol{R}^{T \times N \times C_e}$，$\boldsymbol{f}_\varphi^{(k)} \in \boldsymbol{R}^{T \times C_e \times N}$，它们经过矩阵相乘后得到时序特异性拓扑结构 $\boldsymbol{G}_{\mathrm{t}}^{(k)} \in \boldsymbol{R}^{T \times N \times N}$，每个时序帧对应不同的拓扑结构。

TIB 的图卷积计算过程如式(6.10)所示。

100 / 视觉特征表达的集成深度学习研究

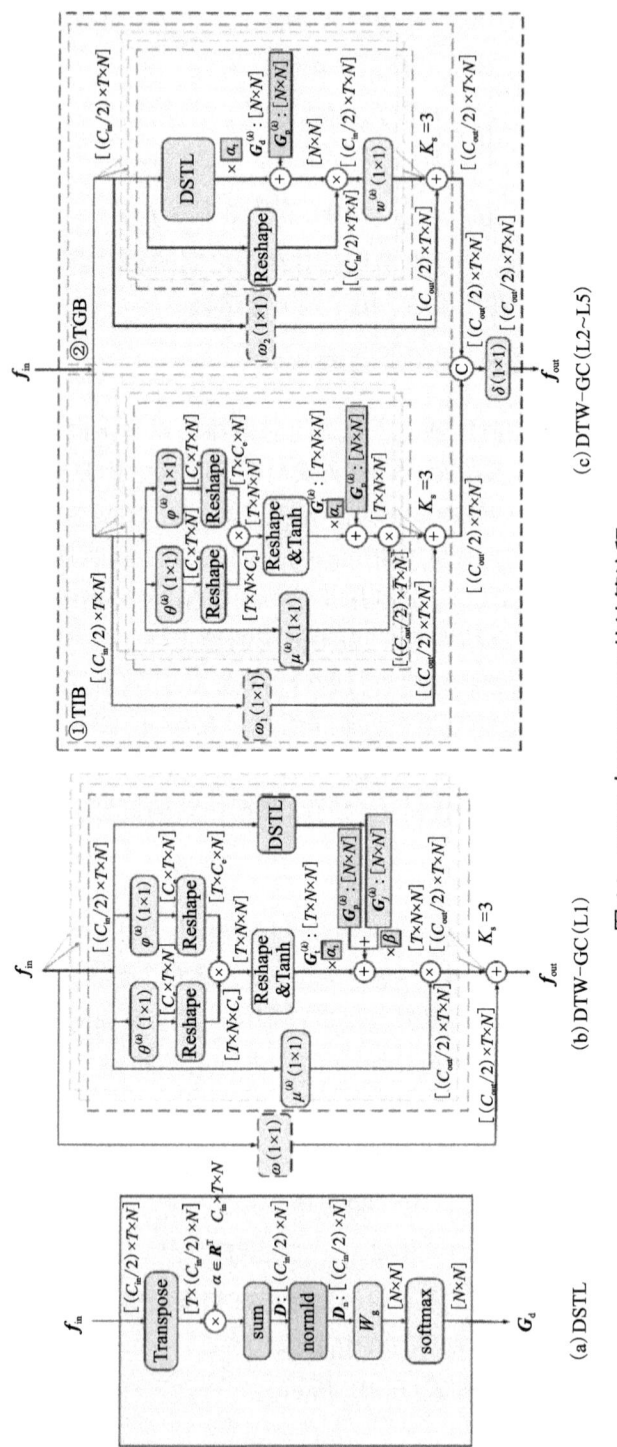

图6.3 DSTL与DTW-GC的计算流程

$$\begin{cases} \boldsymbol{f}_{\mu 1}^{(k)} = \boldsymbol{W}_{\mu^{(k)}} \boldsymbol{f}_{\text{in}} \\ \boldsymbol{G}_1^{(k)} = \boldsymbol{G}_{\text{p1}}^{(k)} + \alpha_t \boldsymbol{G}_t^{(k)} \\ \boldsymbol{f}_1 = \begin{cases} \boldsymbol{W}_{\omega 1} \boldsymbol{f}_{\text{in}}, & C_{\text{in}} \neq C_{\text{out}} \\ \boldsymbol{f}_{\text{in}}, & C_{\text{in}} = C_{\text{out}} \end{cases} \\ \boldsymbol{f}_{\text{out1}} = \sum_{k=1}^{K_s} \boldsymbol{f}_{\mu 1}^{(k)} \boldsymbol{G}_1^{(k)} + \boldsymbol{f}_1 \end{cases} \quad (6.10)$$

式中：$\boldsymbol{f}_1$ 表示调整通道维度后的残差连接；$\alpha_t$ 表示可学习参数，用于调节两拓扑结构之间的相对重要性。通过该时序特异性拓扑分支，DTW-GC 可以捕捉到不同时刻节点间的拓扑结构。

(2) 时序全局性拓扑分支。

在 TGB 中，为了学习到时序全局动态拓扑结构，在文献[16]的启发下，本书设计了 DSTL 模块。

DSTL 模块计算流程如图 6.3(a) 所示，对于骨架序列输入特征 $\{\boldsymbol{f}_1, \boldsymbol{f}_2, \cdots, \boldsymbol{f}_T\}$，首先计算近似排序池化系数：

$$a_t = 2t - T - 1 \quad (6.11)$$

然后使用该系数进行近似排序池化，得到动态骨架，即

$$\boldsymbol{D} = \sum_{t=1}^{T} a_t \boldsymbol{f}_t \quad (6.12)$$

再对该动态骨架进行卷积映射，以获取包含全局时空特征的拓扑结构信息，其计算过程为：

$$\begin{cases} \boldsymbol{D}_n = \text{norm1d}(\boldsymbol{D}) \\ \boldsymbol{G}_d = \text{softmax}(\boldsymbol{W}_g \boldsymbol{D}_n) \end{cases} \quad (6.13)$$

式中：norm1d 表示归一化操作，在输入通道上进行归一化得到 $\boldsymbol{D}_n$；而 $\boldsymbol{W}_g \in \boldsymbol{R}^{N \times (C_{\text{in}}/2)}$，表示使用一维卷积进行特征映射，将维度为 $(C_{\text{in}}/2) \times N$ 的 $\boldsymbol{D}_n$ 映射为维度为 $N \times N$ 的邻接矩阵 $\boldsymbol{G}_d$，最后使用 softmax 函数激活便可以得到全局视角下的 $\boldsymbol{G}_d \in \boldsymbol{R}^{N \times N}$。DSTL 学习到的 $\boldsymbol{G}_d$ 具有全局时间维感受野，在此基础上进行图卷积，可以高效学习到高级语义特征。

(3) 拓扑融合。

考虑到网络浅层缺少高级语义特征，直接在其上进行时序特异性图卷积会引入较大的方差，因此，对于 MD²TL-GCN 的第一层(L1)，如图 6.3(b) 所示，以相加的方式将含有全局时序信息的 $\boldsymbol{G}_d$ 与 $\boldsymbol{G}_t$ 进行融合，在此基础上再进行图卷积，L1 层的融合拓扑结构计算式如式(6.14)所示：

$$\boldsymbol{G}^{(k)} = \boldsymbol{G}_p^{(k)} + \alpha_t \boldsymbol{G}_t^{(k)} + \beta \boldsymbol{G}_d^{(k)} \quad (6.14)$$

式中：$\boldsymbol{G}_p^{(k)}$ 表示可学习的动作特定拓扑结构；$\alpha_t$ 和 $\beta$ 表示可学习的参数，用于调整各拓扑结构间的比重。

对于 MD²TL-GCN 的其他层(L2~L5),如图 6.3(c)所示,是将 TIB 和 TGB 的图卷积结果进行通道维串接融合。首先,对 TGB 分支基于 DSTL 学习到的 $G_d$ 进行图卷积,过程如式(6.15)所示。

$$\begin{cases} f_{\mu 2}^{(k)} = \text{Reshape}(f_{\text{in}}) \\ G_2^{(k)} = G_{p2}^{(k)} + \alpha_d G_d^{(k)} \\ f_2 = \begin{cases} W_{\omega 2} f_{\text{in}}, & C_{\text{in}} \neq C_{\text{out}} \\ f_{\text{in}}, & C_{\text{in}} = C_{\text{out}} \end{cases} \\ f_{\text{out}2} = \sum_{k=1}^{K_s} W_{w}^{(k)} f_{\mu 2}^{(k)} G_2^{(k)} + f_2 \end{cases} \quad (6.15)$$

式中:$G_{p2}^{(k)}$ 表示动作特定的可学习拓扑结构;$f_2$ 表示调整通道维度后的残差连接;$\alpha_d$ 表示可学习参数,用于调节两拓扑结构之间的相对重要性。

然后,将两个分支的图卷积结果进行通道维拼接后,输入1个1×1卷积进行特征融合,进一步学习和通道维调整。

### 6.2.6 通道特异性拓扑学习图卷积

将 J-GC 与 DTW-GC 的卷积结果进行拼接后,所获取的特征图中通道维度包含丰富的时空动态特征与运动模式特征。因此为了进一步细化特征,我们提出了通道特异性拓扑学习图卷积(CW-GC),通过学习通道维上的特异性拓扑结构来进一步增强网络的学习能力。

如图 6.4 所示,通道特异性拓扑结构 $G_c^{(k)}$ 的学习过程如式(6.16)所示:

$$\begin{cases} f_\theta^{(k)} = \text{Reshape}[W_{\theta^{(k)}} f_{\text{in}}] \\ f_\varphi^{(k)} = \text{Reshape}[W_{\varphi^{(k)}} f_{\text{in}}] \\ G_{ce}^{(k)} = \text{Reshape}[f_\theta^{(k)} f_\varphi^{(k)}] \\ G_c^{(k)} = W_{w^{(k)}} \{ \text{Mean}[\text{Tanh}(G_{ce}^{(k)})] \} \end{cases}$$
$$(6.16)$$

式中:$W_{\theta^{(k)}}$、$W_{\varphi^{(k)}} \in R^{C_e \times C_{\text{out}}}$,表示 1×1 卷积的可学习参数,用于特征学习和通道维度的调整,为了构建特征丰富的通道特异性拓扑结构,设置 $C_e = C_{\text{out}}/4$;$f_\theta^{(k)} \in R^{C_e N \times T}$,$f_\varphi^{(k)} \in R^{T \times C_e N}$,它

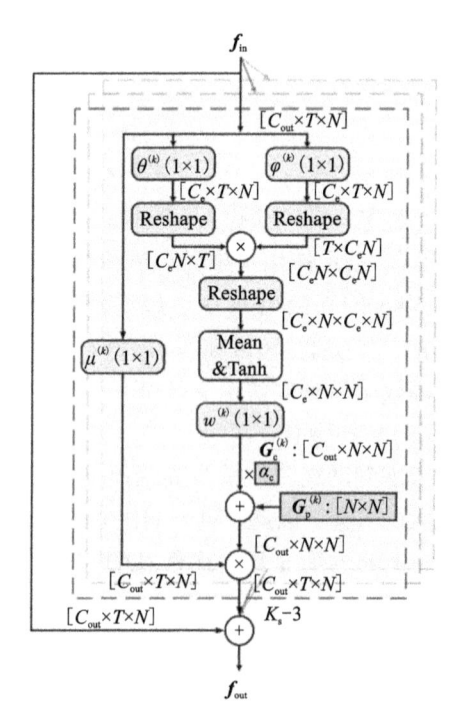

图 6.4 CW-GC 的计算流程

们经过矩阵相乘和维度转换后得到 $\boldsymbol{G}_{\mathrm{ce}}^{(k)} \in \boldsymbol{R}^{C_e \times N \times C_e \times N}$。然后，沿 $\boldsymbol{G}_{\mathrm{ce}}^{(k)}$ 倒数第二维进行平均池化操作，得到维度为 $C_e \times N \times N$ 的具有通道特异性的拓扑结构，将通道维度的自相关性融合于邻接矩阵中。之后，对 $\boldsymbol{G}_{\mathrm{ce}}^{(k)}$ 使用 $\boldsymbol{W}_{w^{(k)}}$ 进行维度调整，得到通道特异性拓扑结构 $\boldsymbol{G}_{\mathrm{c}}^{(k)} \in \boldsymbol{R}^{C_{\mathrm{out}} \times N \times N}$。

CW-GC 也使用了动作特定的可学习邻接矩阵 $\boldsymbol{G}_{\mathrm{p}}^{(k)}$，用于自适应调整 $\boldsymbol{G}_{\mathrm{c}}^{(k)}$，其图卷积过程如式(6.17)所示：

$$\begin{cases} \boldsymbol{f}_{\mu}^{(k)} = \boldsymbol{W}_{\mu^{(k)}} \boldsymbol{f}_{\mathrm{in}} \\ \boldsymbol{G}^{(k)} = \boldsymbol{G}_{\mathrm{p}}^{(k)} + \alpha_c \boldsymbol{G}_{\mathrm{c}}^{(k)} \\ \boldsymbol{f}_{\mathrm{out}} = \sum_{k=1}^{K_s} \boldsymbol{f}_{\mu}^{(k)} \boldsymbol{G}^{(k)} + \boldsymbol{f}_{\mathrm{in}} \end{cases} \quad (6.17)$$

式中：$\boldsymbol{W}_{\mu^{(k)}} \in \boldsymbol{R}^{C_{\mathrm{out}} \times C_{\mathrm{out}}}$，表示图卷积参数；$\alpha_c$ 表示可学习参数，用于调节两拓扑结构之间的相对重要性。CW-GC 网络可以对具有丰富时空信息的特征图进行通道特异性拓扑结构的学习，使每一个通道都拥有独立的特征聚合参数，实现特征细化。

### 6.2.7 多尺度时间维卷积模块 MS-TC

考虑到动作的快慢和持续时间的不同，在时序建模中，使用了 CTR-GCN[12]中的多尺度时间卷积。MS-TC 的结构如图 6.1 所示，它包含 4 个分支，其中前 3 个分支先使用 1×1 卷积将通道数降为输入通道数的 1/4，然后分别使用空洞率 $D$ 为 1、卷积核大小 $K_t = 5$ 的空洞卷积和空洞率 $D$ 为 2、卷积核大小 $K_t = 5$ 的空洞卷积及时间维最大池化操作，获得不同时序感受野的特征；而第 4 个分支作为残差连接，只使用了 1×1 卷积将通道数调整为输入通道数的 1/4。最后，将所有分支的结果进行通道拼接，获得最终的输出结果。在 MD²TL-GCN 的第 2 和第 4 层中，MS-TC 在时间维上采用了步长为 2 的卷积，实现了时间维的减半，而其他层维持时间维的大小不变。

### 6.2.8 多流 MD²TL-GCN

在骨架动作识别任务中，除了使用初始的节点数据以外，骨骼数据和运动信息也十分重要，通过使用节点流、骨骼流以及它们的运动信息所构成的多流架构，可以极大增强网络识别能力。图 6.5 所示为各种骨架输入数据说明，包括常用的节点数据、骨骼数据以及本章提出的相对节点数据和相对骨骼数据。

以人体关节点自然连接得到的每条边作为一个骨骼，用它关联的两相邻节点的 3 维坐标的差值来表示。节点运动信息可通过关节点在相邻时间帧上的 3 维坐标差计算得到。

(a) 骨架结构　　(b) 节点数据　　(c) 骨骼数据　　(d) 相对节点数据　　(e) 相对骨骼数据

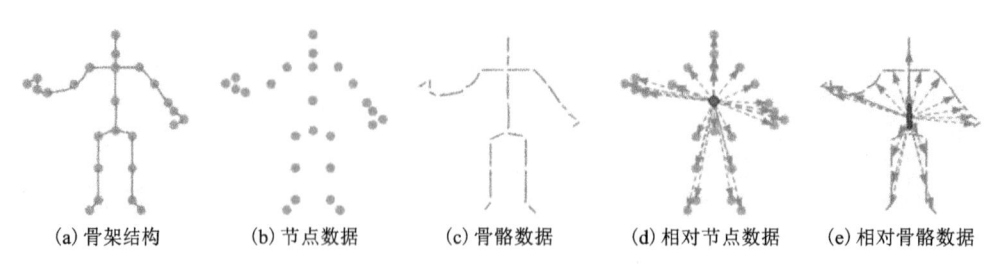

图 6.5　各种骨架输入数据说明

除此之外，节点相对于人体重心的位置和骨骼相对于人体重心的位置对于动作的识别也非常重要，所以我们引入了相对节点数据和相对骨骼数据。如图 6.5 (d)(e) 所示，它们分别通过计算每个节点与中心节点之间的相对坐标向量和每个骨骼与中心骨骼之间的相对坐标向量得到。

多流网络架构 6s-MD$^2$TL-GCN 如图 6.6 所示，其包含节点数据流、相对节点数据流、节点运动数据流、骨骼数据流、相对骨骼数据流和骨骼运动数据流，这些数据流可以并行训练和测试，最后将 6 个数据流的 softmax 得分进行相加融合，作为最终的分类结果。

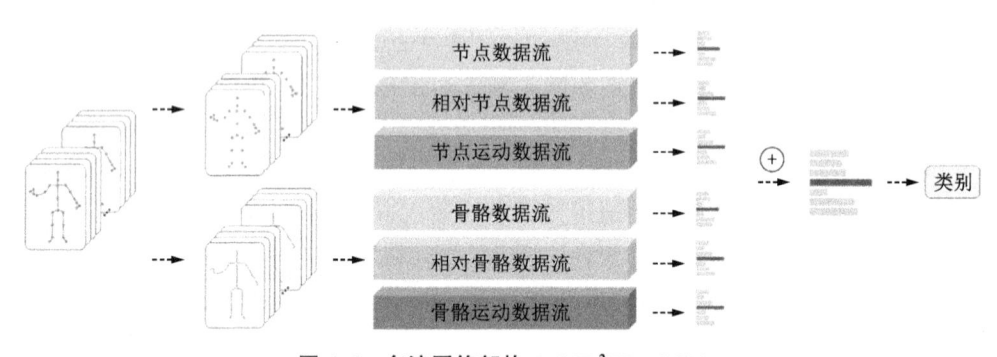

图 6.6　多流网络架构 6s MD$^2$TL-GCN

## 6.3　实验

为了验证本章所提出的 MD$^2$TL-GCN 方法的优势与有效性，我们在两个大规模骨架动作识别数据集上进行消融实验。

## 6.3.1 数据集与实验设置

(1)NTU-RGB+D 数据集。

NTU-RGB+D 数据集[14]包含 60 个动作类中的 56880 个视频样本。该数据提供了 3D 骨骼数据,其中包含每人 25 个身体关节的 3D 坐标,且每个视频样本中至多包含 2 人的身体骨架。

该数据集拥有两个评价指标,对应于两种训练集与测试集划分方式:Cross-Subject(CS)和 Cross-View(CV)。CS 按照志愿者 ID 来划分训练集和测试集,训练集含 40320 个样本,测试集含 16560 个样本。CV 按相机 ID 来划分训练集和测试集,相机 1 采集的样本作为测试集,相机 2 和相机 3 采集的样本作为训练集,样本数分别为 18960 个和 37920 个。三个相机的垂直高度相同,但水平角度分别为 $-45°$、$0°$ 和 $45°$。

(2)NTU-RGB+D 120 数据集。

NTU RGB+D 120[15] 数据集是目前用于骨架动作识别最大的数据集,共有 114480 个骨架序列样本,包含 120 个动作类别,由 106 名志愿者执行,使用 3 个不同视角的摄像头捕获。此数据集同样包含两种评价指标:Cross-Subject(X-Sub)和 Cross-Setup(X-Set)。X-Sub 按照志愿者 ID 来划分训练集和测试集,训练数据来自 53 个志愿者的动作样本,测试数据来自其他 53 个志愿者的动作样本。X-Set 按摄像设置 ID 来划分训练集和测试集,训练数据来自摄像设置 ID 为偶数的样本,测试数据来自摄像设置 ID 为奇数的样本。

(3)实验设置。

所有实验都基于 4 块 Tesla P100 GPU 设备进行,采用交叉熵损失函数和 Nesterov 动量为 0.9 的随机梯度下降(SGD)策略作为网络优化策略。在训练中,训练批次大小为 64;权重衰减设置为 0.0001;为了使训练更稳定,训练前 5 代时使用 warmup 策略[17];在 NTU-RGB+D 数据集与 NTU-RGB+D 120 数据集中,初始学习率都设置为 0.1,在第 35 代与第 55 代分别进行系数为 0.1 的学习率衰减,一共训练 75 代。

## 6.3.2 消融实验

本小节的消融实验在 NTU-RGB+D 和 NTU-RGB+D 120 数据集上分别使用 CS 和 X-Sub 评价指标进行比较,所有参与比较的方法只使用关节点坐标序列作为输入。

(1)MD$^2$TL-GC 的有效性。

为了验证 MD$^2$TL-GC 模块的有效性,我们复现 5 层的 ST-GCN[2]网络作为基线网络(表示为 ST-GCN_L5)进行对比,实验结果如表 6.1 所示。在表 6.1 中,

"ST-GCN_L5+MS-TC"表示在 ST-GCN_L5 基础上增加残差连接，并将它的时间卷积替换为 MS-TC；"ST-GCN_L5+MS-TC+$i$MD$^2$"表示在"ST-GCN_L5+MS-TC"基础上，将前 $i$ 层图卷积层替换为 MD$^2$TL-GC。同时，我们还复现了通道特异性图卷积网络 CTR-GCN[12]，比较了只有 5 层图卷积的 CTR-GCN（表示为"CTR-GCN_L5"）和 10 层图卷积的 CTR-GCN，以验证本章提出的多维动态拓扑图卷积 MD$^2$TL-GC 的优越性。

表 6.1 MD$^2$TL-GC 的有效性分析

| 方法 | CS 识别准确率/% | X-Sub 识别准确率/% |
| --- | --- | --- |
| ST-GCN_L5 | 86.00 | 79.17 |
| ST-GCN_L5+MS-TC | 86.37 | 79.32 |
| ST-GCN_L5+MS-TC+1MD$^2$ | 88.26 | 82.66 |
| ST-GCN_L5+MS-TC+2MD$^2$ | 88.82 | 83.85 |
| ST-GCN_L5+MS-TC+3MD$^2$ | 89.05 | 83.80 |
| ST-GCN_L5+MS-TC+4MD$^2$ | 89.42 | 84.22 |
| MD$^2$TL-GCN | 89.60 | 84.32 |
| CTR-GCN_L5 | 89.14 | 83.96 |
| CTR-GCN | 89.39 | 84.30 |

从表 6.1 可以看出，在 CS 和 X-Sub 评价指标上，ST-GCN_L5 的图卷积层逐步替换成 MD$^2$TL-GC 后，网络的识别准确率逐步提升，全部替换之后，MD$^2$TL-GCN 的两项识别准确率比 ST-GCN_L5+MS-TC 分别高出 3.23 个百分点和 5 个百分点。与同是 5 层图卷积的 CTR-GCN_L5 相比，MD$^2$TL-GCN 的识别准确率分别高出 0.46 个百分点和 0.36 个百分点，比 10 层图卷积的 CTR-GCN 分别高出 0.21 个百分点和 0.02 个百分点。这些实验结果充分验证了我们所提出的 MD$^2$TL-GC 方法的有效性。

(2) 各个模块的有效性。

为了验证 J-GC、DTW-GC、CW-GC 与 MS-TC 对模型性能的影响，我们进行了大量消融实验，实验结果如表 6.2 所示。表 6.2 中的 TCN 模块为 ST-GCN 中的时序建模方法，它只是在时间维上进行了卷积核大小为 9 的一维卷积。实验结果总结如下：

①比较表 6.2 中方法 A 至 F 可以发现，相比于基准模型 ST-GCN_L5，分别添加 J-GC、DTW-GC 和 CW-GC 后，模型识别准确率都得到了显著提升，其中在

NTU-RGB+D 数据集上的 CS 准确率分别提高了 1.84 个百分点、2.39 个百分点和 2.75 个百分点；在 NTU-RGB+D 120 数据集上的 X-Sub 准确率分别提高了 2.48 个百分点、3.08 个百分点和 3.15 个百分点。这充分验证了我们所提出的 J-GC、DTW-GC 和 CW-GC 的有效性。用 MS-TC 替换 TCN 后，两个数据集的性能分别提升了 0.37 个百分点和 0.15 个百分点。

②比较表 6.2 中方法 B 至 D 可以发现，在 NTU-RGB+D 数据集和 NTU-RGB+D 120 数据集上，DTW-GC 中单独使用 TIB 比基线 ST-GCN_L5 的识别准确率分别提高了 1.8 个百分点和 2.77 个百分点，DTW-GC 中单独使用 TGB 比基线 ST-GCN_L5 的识别准确率分别提高了 2.02 个百分点和 2.34 个百分点，这充分验证了我们提出的 DSTL 和 TIB 的有效性。此外，融合 TIB 和 TGB 后，DTW-GC 比基线 ST-GCN_L5 的识别准确率分别提高了 0.59 个百分点和 0.31 个百分点，这证明 DSTL 和 TIB 能学习到互补特征，从而提高模型的性能。

③比较表 6.2 中方法 G 至 I 和 MD$^2$TL-GCN 可以发现，MD$^2$TL-GCN 的识别准确率比任意两个维度拓扑建模的组合都更高，这验证了多维拓扑建模的有效性。

表 6.2 提出的各模块对性能的影响

| 方法 | 空间建模 J-GC | DTW-GC TIB | DTW-GC TGB | CW-GC | 时序建模 TCN | 时序建模 MS-TC | NTU-RGB+D CS 识别准确率/% | NTU-RGB+D 120 X-Sub 识别准确率/% |
|---|---|---|---|---|---|---|---|---|
| ST-GCN_L5 | | | | | √ | | 86.00 | 79.17 |
| A | √ | | | | √ | | 87.84 | 81.65 |
| B | | √ | | | √ | | 87.80 | 81.94 |
| C | | | √ | | √ | | 88.02 | 81.51 |
| D | | √ | √ | | √ | | 88.39 | 82.25 |
| E | | | | √ | √ | | 88.75 | 82.32 |
| F | | | | | | √ | 86.37 | 79.32 |
| G | √ | √ | √ | | √ | | 89.23 | 83.61 |
| H | √ | | | √ | √ | | 89.13 | 84.00 |
| I | | √ | √ | √ | √ | | 89.40 | 83.87 |
| MD$^2$TL-GCN | √ | √ | √ | √ | √ | | 89.60 | 84.32 |

### 6.3.3 多流融合模型

为了分析多流数据输入对 MD$^2$TL-GCN 性能的影响，特别是本章提出的相对节点流数据输入和相对骨骼流数据输入的有效性，我们分别在 NTU-RGB+D 和 NTU-RGB+D 120 数据集上比较了 MD$^2$TL-GCN 在不同数据流组合下的识别准确率。实验结果如表 6.3 和表 6.4 所示，其中 Js、Bs、RJs、RBs、JMs 和 BMs 分别表示节点流数据输入、骨骼流数据输入、相对节点流数据输入、相对骨骼流数据输入、节点运动流数据输入和骨骼运动流输入；2s 指 Js 与 Bs 两流融合；b4s 指 Js、Bs、JMs 和 BMs 四流融合；4s 指 Js、Bs、RJs 和 RBs 四流融合。可以看到在两个大规模数据集上，使用多流融合的方法大大优于基于单流的方法。而且基于相对节点流数据输入和相对骨骼流数据输入的四流网络 4s-MD$^2$TL-GCN 相比于以往的四流数据融合方法 b4s-MD$^2$TL-GCN 具有明显的优势，在 NTU-RGB+D 120 上的 X-Sub 识别准确率提升了 0.53 个百分点，X-Set 识别准确率提升了 0.46 个百分点。

表 6.3　NTU-RGB+D 数据集上多流融合模型性能对比

| 方法 | CS 识别准确率/% | CV 识别准确率/% |
| --- | --- | --- |
| Js MD$^2$TL-GCN | 89.60 | 94.49 |
| Bs MD$^2$TL-GCN | 90.38 | 94.69 |
| RJs MD$^2$TL-GCN | 89.58 | 94.88 |
| RBs MD$^2$TL-GCN | 90.19 | 94.47 |
| JMs MD$^2$TL-GCN | 87.69 | 93.21 |
| BMs MD$^2$TL-GCN | 87.15 | 91.92 |
| 2s MD$^2$TL-GCN | 91.90 | 96.01 |
| b4s MD$^2$TL-GCN | 92.31 | 96.27 |
| 4s MD$^2$TL-GCN | 92.42 | 96.47 |
| 6s MD$^2$TL-GCN | 92.64 | 96.36 |

表 6.4　NTU-RGB+D 120 数据集上多流融合模型性能对比

| 方法 | NTU-RGB+D 120 ||
| --- | --- | --- |
|  | X-Sub 识别准确率/% | X-Set 识别准确率/% |
| Js MD$^2$TL-GCN | 84.32 | 85.79 |
| Bs MD$^2$TL-GCN | 86.10 | 87.20 |
| RJs MD$^2$TL-GCN | 84.44 | 86.26 |
| RBs MD$^2$TL-GCN | 85.87 | 87.10 |
| JMs MD$^2$TL-GCN | 80.78 | 83.01 |
| BMs MD$^2$TL-GCN | 81.22 | 82.72 |
| 2s MD$^2$TL-GCN | 88.52 | 89.51 |
| b4s MD$^2$TL-GCN | 88.64 | 89.91 |
| 4s MD$^2$TL-GCN | 89.17 | 90.37 |
| 6s MD$^2$TL-GCN | 89.29 | 90.49 |

## 6.3.4　与其他先进骨架动作识别算法的比较

MD$^2$TL-GCN 分别在两个大规模骨架动作识别数据集 NTU-RGB+D 和 NTU-RGB+D 120 上与其他先进方法的比较结果如表 6.5 和表 6.6 所示，其他方法的识别准确率均来自相应论文中报道的结果。从表 6.5 和表 6.6 可以看出，MD$^2$TL-GCN 几乎在所有指标上都优于当前所有主流方法，特别是在 NTU-RGB+D 120 数据集的 X-Sub 评价指标和 NTU-RGB+D 数据集的 CS 评价指标上，与当前最先进的方法 CTR-GCN[12] 相比，识别准确率分别提升了 0.39 个百分点和 0.24 个百分点。

表 6.5　MD$^2$TL-GCN 与其他方法在 NTU-RGB+D 数据集上的识别准确率比较

| 方法 | 年份 | NTU-RGB+D ||
| --- | --- | --- | --- |
|  |  | CS 识别准确率/% | CV 识别准确率/% |
| Deep LSTM[14] | 2016 | 60.7 | 67.3 |
| ST-LSTM[18] | 2016 | 69.2 | 77.7 |
| HCN[19] | 2018 | 86.5 | 91.1 |
| ST-GCN[2] | 2018 | 81.5 | 88.3 |

续表6.5

| 方法 | 年份 | NTU-RGB+D CS 识别准确率/% | NTU-RGB+D CV 识别准确率/% |
| --- | --- | --- | --- |
| ASGCN[8] | 2019 | 86.8 | 94.2 |
| MSAGC-SRU[3] | 2022 | 87.3 | 92.7 |
| 2s-AGCN[4] | 2019 | 88.5 | 95.1 |
| SGN[13] | 2020 | 89.0 | 94.5 |
| 2s-AAGCN[5] | 2020 | 89.4 | 96.0 |
| MS-AAGCN[5] | 2020 | 90.0 | 96.2 |
| MS-G3D[9] | 2020 | 91.5 | 96.2 |
| SMotif-GCN[7] | 2022 | 91.7 | 96.7 |
| CTR-GCN(4s)[12] | 2021 | 92.4 | 96.8 |
| 2s MD$^2$TL-GCN | — | 91.90 | 96.01 |
| 4s MD$^2$TL-GCN | — | 92.42 | 96.47 |
| 6s MD$^2$TL-GCN | — | 92.64 | 96.36 |

表6.6　MD$^2$TL-GCN 与其他方法在 NTU-RGB+D 120 数据集上的识别准确率比较

| 方法 | 年份 | NTU-RGB+D 120 X-Sub 识别准确率/% | NTU-RGB+D 120 X-Set 识别准确率/% |
| --- | --- | --- | --- |
| ST-LSTM[18] | 2016 | 55.7 | 57.9 |
| SGN[13] | 2020 | 79.2 | 81.5 |
| MS-G3D[9] | 2020 | 86.9 | 88.4 |
| DynamicGCN[6] | 2020 | 87.3 | 88.6 |
| SMotif-GCN[7] | 2022 | 88.4 | 88.9 |
| InfoGCN(2s)[10] | 2022 | 88.5 | 89.7 |
| CTR-GCN(2s)[12] | 2021 | 88.7 | 90.1 |
| CTR-GCN(4s)[12] | 2021 | 88.9 | 90.6 |
| 2s MD$^2$TL-GCN | — | 88.52 | 89.51 |
| 4s MD$^2$TL-GCN | — | 89.17 | 90.37 |
| 6s MD$^2$TL-GCN | — | 89.29 | 90.49 |

我们进一步比较了 MD²TL-GCN 与 ST-GCN[2]、AAGCN[5] 和 CTR-GCN[12] 算法在 NTU-RGB+D 数据集中的"书写""阅读""吃饭""玩手机或平板""触头或头痛""打喷嚏或咳嗽""喝水"和"恶心或呕吐"类上仅使用节点流作为输入的 CS 识别准确率。这些类是文献报道中性能较低的动作类，是公认的比较难识别的动作。实验比较结果如图 6.7 所示，MD²TL-GCN 在所有困难类上的性能都优于其他 3 种模型。特别是在"玩手机或平板"上，MD²TL-GCN 相比于 ST-GCN[2]、AAGCN[5] 和 CTR-GCN[12] 算法，识别准确率分别提升了 20 个百分点、8.73 个百分点和 3.28 个百分点。这说明与其他图卷积算法相比，我们所提出的 MD²TL-GCN 可以有效地提取到长时动作中多种微妙的运动模式特征，并对其进行更加准确的分类。

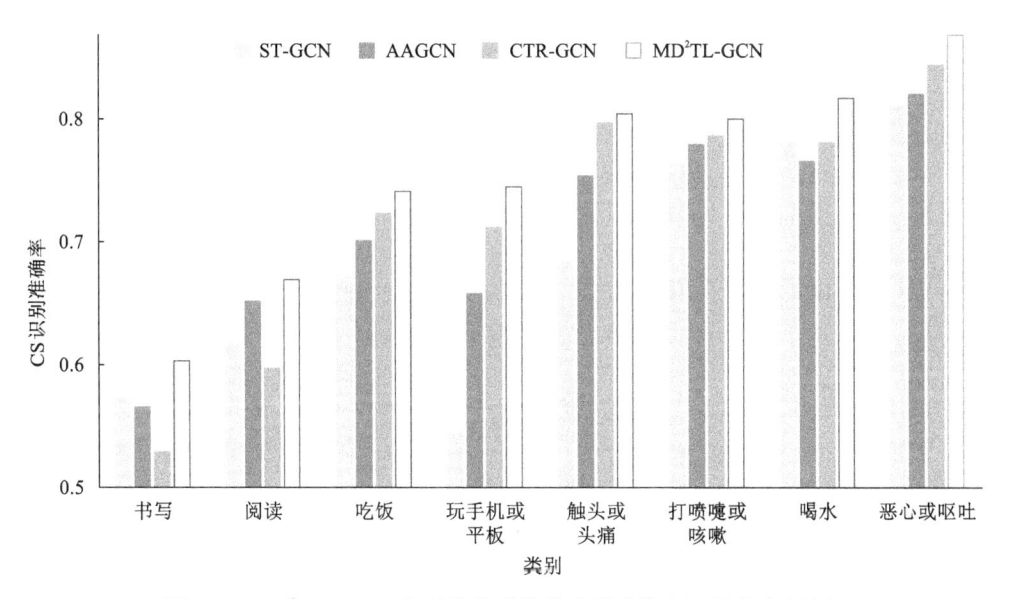

图 6.7　MD²TL-GCN 与其他先进算法在困难类中识别准确率比较

## 6.4　结论

本章提出了一种新颖的基于多维动态拓扑学习图卷积的骨架动作识别方法，它可以动态地建模，同时具有时序特异性与通道特异性的人体骨架拓扑结构。在时间维特异性拓扑建模中，通过学习动态骨架拓扑图，可以增强全局时空动态信息。另外，我们还提出了相对节点数据流和相对骨骼数据流，用于补充骨架信息。在两个大规模的公共骨架动作识别数据集 NTU-RGB+D 和 NTU-RGB+D 120

上的实验结果证明了动态骨架拓扑和多维特异性拓扑能学习到更细微的动作差别，提出的网络模型 MD²TL-GCN 在只堆叠 5 层时就可以超越当前所有的主流方法。

# 参考文献

［1］CAO Z, SIMON T, WEI S H, SHEIKH Y. Realtime multi-person 2D pose estimation using part affinity fields［C］//2017 IEEE Conference on Computer Vision and Pattern Recognition (CVPR). July 21-26, 2017, Honolulu, HI, USA. IEEE, 2017：1302-1310.

［2］YAN S J, XIONG Y J, LIN D H. Spatial temporal graph convolutional networks for skeleton-based action recognition［C］//Proceedings of the AAAI conference on artificial intelligence. 2018, 32(1).

［3］赵俊男, 佘青山, 孟明, 等. 基于多流空间注意力图卷积 SRU 网络的骨架动作识别［J］. 电子学报, 2022, 50(7)：1579-1585.

［4］SHI L, ZHANG Y F, CHENG J, et al. Two-stream adaptive graph convolutional networks for skeleton-based action recognition［C］//2019 IEEE/CVF Conference on Computer Vision and Pattern Recognition (CVPR). June 15-20, 2019, Long Beach, CA, USA. IEEE, 2019：12018-12027.

［5］SHI L, ZHANG Y F, CHENG J, et al. Skeleton-based action recognition with multi-stream adaptive graph convolutional networks［J］. IEEE Transactions on Image Processing, 2020, 29：9532-9545.

［6］YE F F, PU S L, ZHONG Q Y, et al. Dynamic GCN：context-enriched topology learning for skeleton-based action recognition［C］//Proceedings of the 28th ACM International Conference on Multimedia. Seattle WA USA. ACM, 2020：55-63.

［7］WEN Y H, GAO L, FU H B, et al. Motif-GCNs with local and non-local temporal blocks for skeleton-based action recognition［J］. IEEE Transactions on Pattern Analysis and Machine Intelligence, 2023, 45(2)：2009-2023.

［8］LI M S, CHEN S H, CHEN X, et al. Actional-structural graph convolutional networks for skeleton-based action recognition［C］//2019 IEEE/CVF Conference on Computer Vision and Pattern Recognition (CVPR). June 15-20, 2019, Long Beach, CA, USA. IEEE, 2019：3590-3598.

［9］LIU Z Y, ZHANG H W, CHEN Z H, et al. Disentangling and unifying graph convolutions for skeleton-based action recognition［C］//2020 IEEE/CVF Conference on Computer Vision and Pattern Recognition (CVPR). June 13-19, 2020, Seattle, WA, USA. IEEE, 2020：140-149.

［10］CHI H G, HA M H, CHI S, et al. InfoGCN：representation learning for human skeleton-based action recognition［C］//2022 IEEE/CVF Conference on Computer Vision and Pattern Recognition (CVPR). June 18-24, 2022, New Orleans, LA, USA. IEEE, 2022：20154-20164.

[11] CHENG K, ZHANG Y F, CAO C Q, et al. Decoupling GCN with DropGraph module for skeleton-based action recognition[M]//Lecture Notes in Computer Science. Cham: Springer International Publishing, 2020: 536-553.

[12] CHEN Y X, ZHANG Z Q, YUAN C F, et al. Channel-wise topology refinement graph convolution for skeleton-based action recognition[C]//2021 IEEE/CVF International Conference on Computer Vision (ICCV). October 10-17, 2021, Montreal, QC, Canada. IEEE, 2021: 13339-13348.

[13] ZHANG P F, LAN C L, ZENG W J, et al. Semantics-guided neural networks for efficient skeleton-based human action recognition[C]//2020 IEEE/CVF Conference on Computer Vision and Pattern Recognition (CVPR). June 13-19, 2020, Seattle, WA, USA. IEEE, 2020: 1109-1118.

[14] SHAHROUDY A, LIU J, NG T T, et al. NTU RGB D: a large scale dataset for 3D human activity analysis[C]//2016 IEEE Conference on Computer Vision and Pattern Recognition (CVPR). June 27-30, 2016, Las Vegas, NV, USA. IEEE, 2016: 1010-1019.

[15] LIU J, SHAHROUDY A, PEREZ M, et al. NTU RGB+D 120: a large-scale benchmark for 3D human activity understanding[J]. IEEE Transactions on Pattern Analysis and Machine Intelligence, 2020, 42(10): 2684-2701.

[16] BILEN H, FERNANDO B, GAVVES E, et al. Dynamic image networks for action recognition[C]//2016 IEEE Conference on Computer Vision and Pattern Recognition (CVPR). June 27-30, 2016, Las Vegas, NV, USA. IEEE, 2016: 3034-3042.

[17] HE K M, ZHANG X Y, REN S Q, et al. Deep residual learning for image recognition[C]//2016 IEEE Conference on Computer Vision and Pattern Recognition (CVPR). June 27-30, 2016, Las Vegas, NV, USA. IEEE, 2016: 770-778.

[18] LIU J, SHAHROUDY A, XU D, et al. Skeleton-based action recognition using spatio-temporal LSTM network with trust gates[J]. IEEE Transactions on Pattern Analysis and Machine Intelligence, 2018, 40(12): 3007-3021.

[19] LI C, ZHONG Q Y, XIE D, et al. Co-occurrence feature learning from skeleton data for action recognition and detection with hierarchical aggregation[C]//Proceedings of the Twenty-Seventh International Joint Conference on Artificial Intelligence. July 13 19, 2018. Stockholm, Sweden. California: International Joint Conferences on Artificial Intelligence Organization, 2018: 786-792.

# 第 7 章 特征采样运动信息增强的动作识别方法

## 7.1 引言

随着网络多媒体的快速发展以及视频获取设备的日渐普及，生产和生活中积累了越来越多的视频数据。理解和分析这些海量视频数据具有重大的理论研究及应用价值。动作识别的目的是从传感器获取的视频中识别其所包含的动作类别。视频动作识别在许多领域具有非常大的应用价值，比如视频检索[1,2]、异常检测[3]、自动驾驶[4]、视频监控[5]和人机交互等[6]。

基于视频的动作识别方法可以分为两大类[7,8]：基于传统手工特征的方法[9,10]和基于深度学习的方法[11-14]。基于传统手工特征的方法通过对视频采样点提取特征来表达视频，然后将特征矢量输入分类器进行类别预测。YANG 等[9]利用 Kinect 相机采集骨骼动作数据，将每个关节的坐标转换为一组特征向量，然后利用主成分分析方法对这些特征向量进行降维，得到一组新的低维特征向量。在降维后的特征空间中，其利用 SVM 分类器对动作进行分类。DSIFT 算法[10]利用空间和时间的高斯尺度空间信息来提取关键点，并利用方向直方图描述关键点的短期纹理方向。传统算法存在无法自动学习复杂的视频特征表达，以及特征提取与后续分类器不能统一学习的问题，造成识别性能较差。随着深度学习在计算机视觉领域的成功应用，基于深度模型的视频动作识别方法逐渐成为主流方法。根据时间建模长度的不同，基于深度学习的动作识别方法可以分为两大类：短期时序建模方法和长期时序建模方法。短期时序建模方法通常利用卷积神经网络建模短期运动信息来捕捉短期动作特征。这种方法主要关注短期动作特征，容易捕捉到运动的速度和方向等短期运动信息。例如，双流网络[15]将 RGB 流和光流分别输入两个具有 5 个卷积层和 2 个全连接层的卷积神经网络中，分别学习空间特征和光流特征，在测试阶段将两个卷积神经网络的输出均值作为最后的分类结果。由于获取光流数据的计算量过大以及所需的时间很长，因此 EMV 方法[16]从输入的视频中获取 RGB 图像和运动矢量，并使用运动矢量代替光流构成新的双流网络结构，不仅获得了和双流网络相媲美的效果，而且处理速度比原始双流网络快。C3D 方法[17]通过将二维卷积神经网络扩展为三维卷积神经网络，直接对 RGB 视频进行处理，以更准确地捕捉短期动态特征。在 C3D 的基础上，P3D 方法[18]采用时空分离卷积来代替标准的三维卷积，在保持与 C3D 相似准确率的同时，获得了更小的模型尺寸和更快的训练速度。在这一研究思路下，一些研究者将工作集中于设计更强大的时间模块，并将其插入二维卷积神经网络中进行有效的动作识别。TSM 方法[11]将视频序列分成若干时间段，在每个时间段进行平均池化后，通过时间移位操作将相邻时间段的特征进行交换，从而实现在不增加模型参数的情况下增强模型对运动特征的表达能力。TEA 方法[19]通过在网络中引入门控机制，实现了对时间维度上特征的重要性加权，从而提高了模型对运动信息的敏感性。

相比短期时序建模方法，长期时序建模方法更加关注较长时间范围的运动信息，以捕捉动作的上下文信息和动作之间的关系。例如，MTRNN 方法[20]将多个 RNN 模块连接起来，每个模块处理视频序列的一部分，可以处理不同时序尺度的序列数据，从而适用于处理多种动作识别问题。Bi-TSK-LSTM 方法[21]采用双向时空卷积提取视频序列中的时空特征，并将特征序列输入 LSTM 模型，学习序列中的长期依赖关系。TSN 方法[13]将视频序列分成若干个固定长度的视频段，在每个视频段中随机选取一个时间点作为采样点，从采样点的前后若干帧中提取特征，并将这些特征拼接后，输入分类器中进行分类预测。TDN 方法[14]提出了长时时间差模块（long-term TDM），扩展了基本的时间差模块，使其能够处理具有不同时间尺度的特征。

由于视频的长短不一样，并且视频中包含了大量的冗余信息，因此现存视频动作识别方法都是基于帧采样基础进行的，即需要先对输入视频进行固定数量的视频帧采样，并将其作为模型的输入。C3D 方法[17]首先通过随机选择帧作为起始点来获取视频片段，然后对视频中接下来的 64 个连续帧进行均匀采样。TSN 方法[13]和 TDN 方法[14]沿整个时间维度对视频帧均匀采样，这种随机均匀采样的方法不加区别地对待所有视频帧，可能会导致采样到的帧在包含大量冗余信息的同时缺少关键运动信息。图 7.1 为跳水动作视频均匀采样结果，采样到的帧包含了大量的动作准备和结束信息。因此，MGSampler 方法[22]设计了一种基于累积运动分布的运动均匀采样策略，以确保采样帧均匀地覆盖所有具有高运动显著性的重要片段。虽然 MGSampler 方法改进了均匀采样方法，但是因为它是将两帧特征相减作为当前帧的运动信息，所以当处理运动背景变化幅度较大的视频时，MGSampler 方法不能很好地将运动背景和运动前景区分开来。

针对当前动作识别的采样方法不能很好地将运动背景和运动前景区分开来，

图 7.1 跳水动作视频均匀采样结果

导致采样不到包含丰富运动信息的视频帧的问题，在提取局部运动特征时没有考虑到每一帧所关联的局部运动信息的重要性不同和每一时刻的运动信息都和"参照物"有关系的问题，以及在提取全局运动特征时特征尺度太过单一，不能捕捉更丰富的上下文语义关系的问题，我们提出了一种基于特征级采样策略的局部-全局运动信息增强的动作识别网络(local–global motion enhancement network，LGMeNet)。它主要包括 3 个部分：首先，利用基于运动特征的视频帧采样模块(motion-feature-based frame sampling module，MfS)对输入数据进行相同运动信息间隔均匀取帧；其次，提出局部运动特征提取模块(local motion feature extraction module，LME)，将当前帧与前后两帧间的距离作为融合局部特征的权重，学习短期内的运动信息；最后，提出全局运动特征提取模块(global motion feature extraction module，GME)，利用 LSTM 对全局运动特征建模，在此基础上进行局部运动特征和空间特征的增强，以捕捉更丰富的上下文时空特征。

## 7.2 方法

### 7.2.1 LGMeNet 网络结构

LGMeNet 网络整体框架如图 7.2 所示，共包含 3 个部分：视频采样、局部运动特征提取和全局运动特征提取。首先，使用 MfS 采样模块从视频中采样 $T$ 帧作为网络的输入信息，然后对所有采样到的视频帧并行进行特征提取。以 ResNet50 作为主干网络为例，图像分别输入残差块和局部运动特征提取模块 LME 中提取外观特征和局部运动信息，将每一级外观特征与局部运动特征相加后分别输入下一级残差块和局部运动特征提取模块。LGMeNet 只使用了前 3 个残差块提取的低层特征进行局部运动信息的提取与融合，理由是低层特征包含了更多的细节信息，更能反映出局部运动信息，这一点在后面的消融实验中也得到了验证。接下来，将所有采样帧的特征串接融合后，输入全局运动特征提取模块 GME、第四残差块和第五残差块中进行运动信息和空间信息的提取与融合。最后将提取到的视频特征输入全连接层进行分类学习。

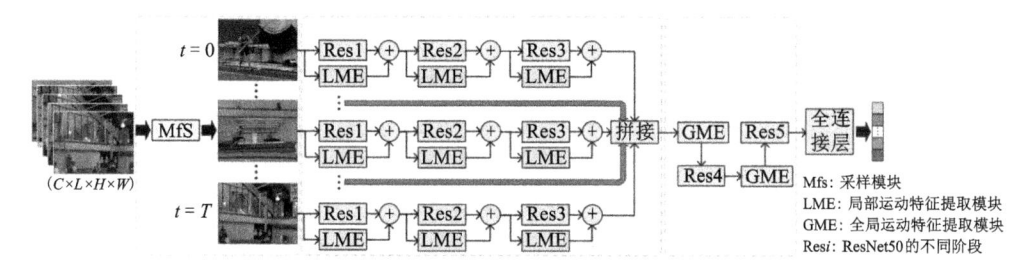

图 7.2　LGMeNet 网络整体框架

## 7.2.2　MfS 采样模块

为了更好地采样到包含丰富运动信息的视频帧，我们提出了 MfS 采样模块。MfS 采样模块的结构框架如图 7.3 所示，具体的实现过程如下：第一步进行运动和空间背景降噪。在这一步中，原始输入视频序列首先在空间维度上使用 1×1 的卷积进行初步特征提取和通道数调整。再通过在时间维度上进行卷积核大小为 3 的 1 维卷积、时序全局平均池化（temporal global average pooling，TGAP）、空间维度的 3×3 卷积，获得全局运动信息。通过将每一帧特征与此全局运动信息相减，消除运动背景的影响。然后，通过空间全局平均池化（spatial global average pooling，SGAP）与输入数据进行点乘，从而去除空间背景噪声的影响。接下来，把经过背景降噪的特征输入训练过的经典三维卷积神经网络，如 PAN[23] 中，提取视频中的运动特征。最后将提取到的运动特征进行 SGAP 和 CGAP，得到每一帧的时空特征值 $F(t)$（$0<t<L$）。为了减少训练时间，我们提出的 MfS 采样模块不需要进行训练，背景降噪部分的参数来自 FEX[24] 模型。

第二步，根据所获得的运动信息进行均匀采样。首先，根据 MGSampler[22] 中的方法计算视频的累积运动分布，计算方法如式（7.1）所示，即先将从初始帧到第 $t$ 帧的特征值 $F(t)$ 累加起来，再除以所有帧的特征值之和。然后，假设需要从输入视频中采样 $T$ 帧，则从累积运动分布中查找与 $1/T, 2/T, \cdots, 15/T$ 和 1 最接近的运动信息分布值 $\text{Diff}(t)$ 所对应的 $T$ 个索引值 $t$，并将这些索引对应的帧作为采样到的帧。

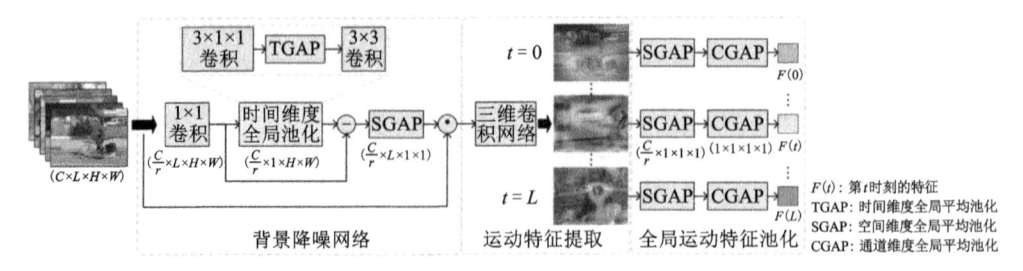

图 7.3 MfS 采样模块结构框架

$$\text{Diff}(t) = \frac{\sum_{i=0}^{t} F(t)}{\sum_{i=0}^{T} F(t)}, \ t \in (0, T) \tag{7.1}$$

### 7.2.3 LME 模块

为了关注视频中的局部运动信息，我们引入了 LME 模块。考虑到每一帧所关联的局部运动信息的重要性不同，以及每一时刻的运动信息都和"参照物"有关系，我们把当前帧作为参考帧，计算它与前后两帧间的特征距离，并以此距离值作为权值进行局部范围内运动信息的聚合学习。

LME 模块的结构如图 7.4 所示，具体的实现过程如下：以计算 $t$ 时刻的局部运动信息 $S(t)$ 为例。首先，通过计算相邻两帧特征 $I(t)$ 之差，计算 $t$ 时刻与前后两帧总共 5 帧的局部运动信息 $f(t_i)$，接下来对 $f(t_i)$ 使用步长为 2 的 2×2 空间平均池化(spatial average pooling，SAP)，扩大局部运动信息的感受野。同时，利用余弦相似性函数计算 $t$ 时刻的特征与前后两帧特征之间的特征级差异性权重 $\mu_i$（0<$i$<4, 0<$\mu_i$<1）。然后，使用特征级差异性权重 $\mu_i$ 将这 5 帧的局部运动信息进行加权融合。$S(t)$ 的计算过程如式(7.2)~式(7.5)所示。

$$\alpha_i = 1 - \text{sum}\{\text{Cosine}[I(t), I(t+i)]\}, \ i \in (-2, -1, 1, 2) \tag{7.2}$$

$$\mu_i = \text{softmax}(\alpha_i) \tag{7.3}$$

$$f(t_i) = I(t) - I(t+i), \ i \in (-2, -1, 1, 2) \tag{7.4}$$

$$S(t) = \text{Concat}\{\text{SAP}[f(t_1)] \times \mu_1, \cdots, \text{SAP}[f(t_4)] \times \mu_4\} \tag{7.5}$$

式中：Cosine( )表示逐点计算余弦相似性；sum( )表示对所有点的值求和；Concat( )表示沿通道维度串接。

LME 模块使用双路融合的方式丰富网络学习到的语义信息。在第一条融合支路中，首先采用 3×3 的卷积操作将加权融合后的局部运动特征与第 $t$ 帧特征进行通道维度的统一。然后，使用上采样对局部运动特征进行空间维度的调整。最

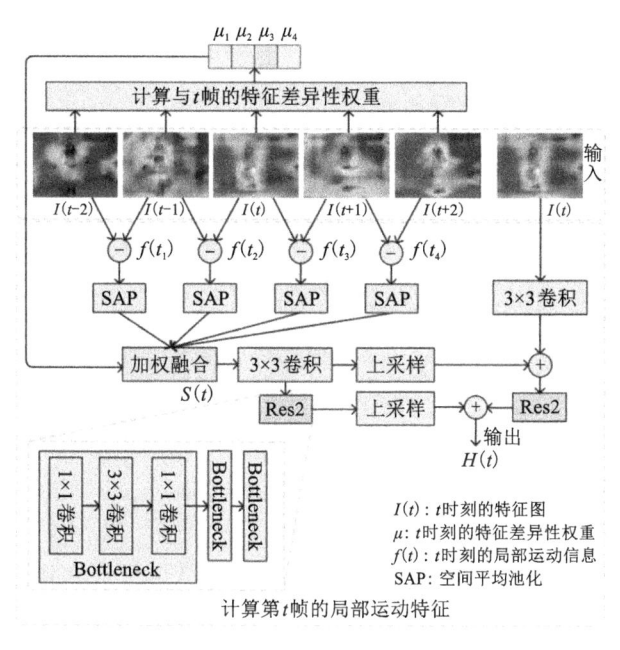

图 7.4 LME 模块结构

后,将调整后的局部运动特征与第 $t$ 帧特征相加作为第一条融合支路的输出。在第二条融合支路中,先使经过 3×3 卷积操作达到通道维度统一之后的局部运动特征和第一条支路的输出分别再通过一个残差卷积层,提取到更大感受野的空间特征。然后,使用上采样对特征进行空间维度的调整。最后,将处理后的特征相加融合,得到每一帧的局部运动信息 $H(t)$。

### 7.2.4 GME 模块

局部运动信息和全局运动信息是动作识别中两个互补的信息。局部运动信息对动作识别准确率的提升以及细粒度的细节特征的捕获有很大的帮助。但是,全局运动信息对于理解运动语义非常重要。

为了学习视频中多尺度的全局运动信息,以及捕捉更丰富的上下文语义关系。我们设计了 GEM 模块,其具体结构如图 7.5 所示,具体的实现过程如下:将所有采样帧的特征串接融合后得到 $X \in R^{C \times T \times H \times W}$ 并作为 GEM 的输入。首先,使用 1×1 卷积和 Reshape 函数得到 $F \in R^{\frac{C}{r} \times T \times H \times W}$,并将其输入长短时记忆网络。长短时记忆网络可以学习到时间维度上的长期依赖关系。然后,将学习了长期依赖关系的特征与原始输入特征进行点乘和相加操作,得到全局运动信息激励后的特征,如式(7.6)~式(7.8)所示。

$$F = \text{Reshape}[\text{Conv}_{1\times1}(X)] \tag{7.6}$$

$$F' = \text{Conv}_{1\times1}\{\text{Sigmoid}[\text{LSTM}(F)]\} \tag{7.7}$$

$$X = X \odot F' + X \tag{7.8}$$

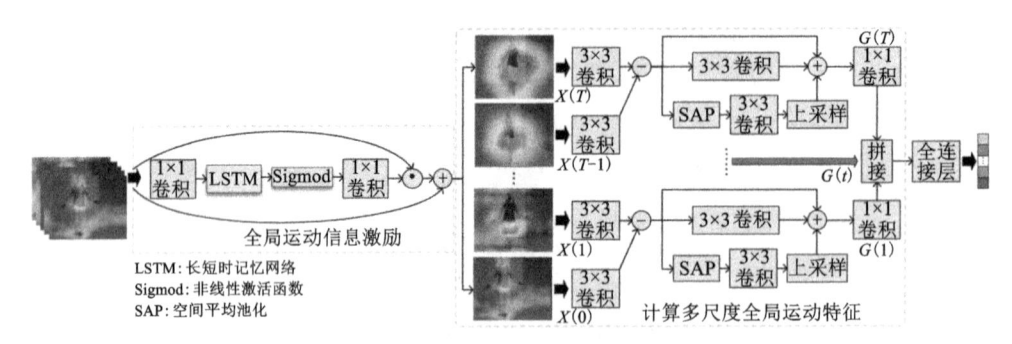

图 7.5　GME 结构示意图

接下来，使经过全局运动信息激励的特征通过多尺度模块进行时空特征增强。以 $t$ 时刻的特征为例，首先将经过 3×3 卷积处理的特征 $X(t)$ 和 $X(t-1)$ 相减，得到运动特征差值 $g(t)$。然后，将它输入 3 个分支，使其在每个分支从不同的感受野中学习运动信息。最后，将不同分支的信息相加得到多尺度的全局运动信息 $G$。这个过程如式(7.9)~式(7.14)所示。

$$g(t) = \text{Conv}_{3\times3}[X(t)] - \text{Conv}_{3\times3}[X(t-1)] \tag{7.9}$$

$$G = \text{Concat}[G(t)], t \in (0, T) \tag{7.10}$$

$$G(t)_1 = g(t) \tag{7.11}$$

$$G(t)_2 = \text{Conv}_{3\times3}[g(t)] \tag{7.12}$$

$$G(t)_3 = \text{UPsample}\{\text{Conv}_{3\times3}\{\text{SAP}[g(t)]\}\} \tag{7.13}$$

$$G(t) = G(t)_1 + G(t)_2 + G(t)_3 \tag{7.14}$$

最后，多尺度的全局运动信息 $G$ 经过平均池化和全连接层后输出最后的分类结果。

## 7.3　实验

为了验证我们所提出的 LGMeNet 网络的有效性，本节在两个具有不同属性的大规模视频数据集上将 LGMeNet 网络与其他先进方法进行了性能比较实验，另外也进行了大量的消融实验以验证各关键模块的有效性。

### 7.3.1　数据集

UCF101[25]是一个广泛使用的动作识别数据集，它有 13000 个来自 YouTube

视频的片段，平均每个视频持续 7 s。总帧数为 240 万，分布在 101 个类别中。视频的空间分辨率为 320×240 像素，帧率为 25 FPS。

Something-Something[26] 数据集是用于动作识别的大规模视频数据集。它包括 V1 和 V2 版本，V1 大约有 $11×10^4$ 个视频，而 V2 大约有 $22×10^4$ 个视频，涵盖了 174 个细粒度的动作类别，具有多样化的对象和场景，专注于人类执行预定义的基本动作。此外，对象和事件的空间和时间尺度在不同视频中变化很大，适于验证本书所提出的方法的灵活的时空建模能力。

## 7.3.2 实现细节

在实验中，我们分别使用了 ResNet50 和 ResNet101 作为 LGMeNet 的主干网络。视频帧采样模块 MfS 中的 3DCNN 使用了预训练过的网络 PAN[23]。在训练过程中，将每个视频帧随机裁剪为 224×224 的大小。在 UCF101 数据集上，训练周期设置为 70，批次大小设置为 8，dropout 设置为 0.8，学习率设置为 0.002。在 Something-Something 数据集上，训练周期设置为 60，批次大小设置为 4，dropout 设置为 0.8，学习率设置为 0.002。当训练周期达到 30、45、55 时，学习率除以 10。

## 7.3.3 消融实验

本小节的消融实验在 UCF101 数据集上进行，每个视频采样 16 帧，以 ResNet50 为主干网络，使用 Top1 准确率评价指标进行比较。

（1）MfS 采样模块的消融实验：MfS 采样模块主要由两部分组成。第一部分是背景降噪网络，在表 7.1 中用 BNRN 表示，它用于消除运动噪声和背景噪声；第二部分是轻量型三维卷积网络，在表 7.1 中用 3D CNN 表示，用于提取运动信息。由表 7.1 可以发现，背景降噪网络和三维卷积神经网络相结合时，能更好地学习视频运动信息，从而获得更好的采样帧，获得了更好的动作识别性能（准确率从 95.6%上升到了 97.1%）。表 7.1 还分析比较了不同的 3D CNN 对采样效果的影响，结果发现使用 PAN[23] 时的准确率最高，达到了 97.1%。所以在后面的实验中，采样模块均使用了 PAN 网络。

表 7.1 MfS 策略消融实验

| BNRN | 3D CNN | GFLOPs | Top1 准确率/% |
| --- | --- | --- | --- |
|  |  |  | 95.6 |
|  | PAN[23] | 35.7 | 96.7 |

续表7.1

| BNRN | 3D CNN | GFLOPs | Top1 准确率/% |
|---|---|---|---|
| √ | PAN[23] | 40.7 | 97.1 |
| √ | XwiseNet[27] | 10.9 | 95.9 |
| √ | R3D[28] | — | 96.7 |

（2）MfS 采样策略和 TSN[13] 采样策略对比：为了验证我们提出的采样模块的有效性，表 7.2 给出了 TSM[11]、TEA[19]、GSM[29]、TDN[14] 和 LGMeNet 模块分别应用 MfS 采样策略和 TSN 采样策略后的动作识别准确率。表 7.2 中的结果表明，MfS 采样策略能够在不同模型上提升性能。

表 7.2 MfS 策略与 TSN 采样策略对比

| 模块 | 主干网络 | 帧数/帧 | 应用 TSN 后的识别准确率/% | 应用 MfS 后的识别准确率/% |
|---|---|---|---|---|
| TSM[11] | ResNet50 | 16 | 95.9 | 96.5 |
| TEA[19] | ResNet50 | 16 | 91.3 | 92.1 |
| GSM[29] | ResNet50 | 16 | 94.3 | 94.8 |
| TDN[14] | ResNet50 | 16 | 96.3 | 96.6 |
| LGMeNet | ResNet50 | 16 | 96.7 | 97.1 |

（3）自相似性函数的选择：表 7.3 给出了在 LME 模块中采用不同的相似性函数计算 $t$ 时刻的特征与前后两帧特征之间的差异性对我们所提出的模型性能的影响。从表 7.3 可以看出，采用余弦相似度函数效果最好，但是不同的相似性函数对结果的影响较小。

表 7.3 不同相似性函数的影响

| 相似性函数 | — | 平均哈希 | 余弦相似度 | 皮尔森系数 | SSIM 结构相似度 |
|---|---|---|---|---|---|
| Top1 准确率/% | 96.4 | 96.6 | 97.1 | 96.7 | 96.9 |

（4）LME 和 GME 的消融实验：表 7.4 给出了 LME 和 GME 模块对模型性能的影响结果。从表 7.4 可以看出，当所有的 LME 和 GME 模块从网络中移除时，识别准确率为 92.5%。随着 3 个 LME 模块的依次加入，性能稳步增加到 96.4%。而结合 LME 和 GME 可以将性能提高到 97.1%，这验证了两个模块的有效性和互补性。

表 7.4　LME 和 GME 的有效性实验结果

| LME | | | GME | | Top1 准确率 |
|---|---|---|---|---|---|
| Res1 | Res2 | Res3 | Res4 | Res5 | /% |
| | | | | | 92.5 |
| √ | | | | | 93.9 |
| √ | √ | | | | 94.2 |
| √ | √ | √ | | | 96.4 |
| √ | √ | √ | √ | | 96.8 |
| √ | √ | √ | √ | √ | 97.1 |

(5) LME 和 GME 位置的消融实验：表 7.5 给出了在 ResNet50 主干网络的不同位置使用 LME 和 GME 的动作识别准确率。从表 7.5 可以看出，采用如图 7.2 所示的设置，即在前 3 个卷积块中使用局部运动信息提取模块，后 2 个卷积块中使用全局运动信息提取模块，得到的识别准确率最高。这表明局部运动信息适合在初级特征上提取，而全局运动信息适合在高层特征上提取。

表 7.5　LME 和 GME 位置研究

| LME | GME | Top1 准确率/% |
|---|---|---|
| — | — | 92.6 |
| Res1 | Res 2 ~ Res 5 | 94.8 |
| Res 1 ~ Res 2 | Res 3 ~ Res 5 | 96.8 |
| Res 1 ~ Res 3 | Res 4 ~ Res 5 | 97.1 |

(6) MfS 采样模块与当前主流采样模块的实例效果比较：为了更加直观地验证我们提出的采样模块的有效性，在图 7.6 中展示了 MfS 模块和当前主流采样模块的采样结果对比图 7.6(a) 是 MfS 模块的采样结果，图 7.6(b) 是主流采样模块采样结果，可以很明显地看出 MfS 模块的采样能力更加优秀，采出的视频帧包含的运动信息更多，而主流采样模块的采样结果覆盖很多静态视频帧。这表明 MfS 模块在采样视频帧的效果上优于当前主流采样模块，证明了 MfS 模块的有效性。

(7) LGMeNet 与同类方法在局部、全局阶段的特征可视化对比：为了更加直观地验证 LGMeNet 在局部和全局阶段的有效性，我们在图 7.7、图 7.8 中分别展示了 LGMeNet 在局部和全局阶段与同类方法的特征可视化对比情况，图 7.7(a)、

124 / 视觉特征表达的集成深度学习研究

(a) MfS 模块采样结果

(b) 当前主流采样模块采样结果

图 7.6 MfS 采样模块和当前主流采样模块的采样结果对比

图 7.8(a)是 LGMeNet 的可视化结果,图 7.7(b)、图 7.8(b)是同类方法的可视化结果。从图 7.7 和图 7.8 中可以看出 LGMeNet 的可视化效果更好一点,证明了 LGMeNet 方法在局部和全局阶段的有效性。

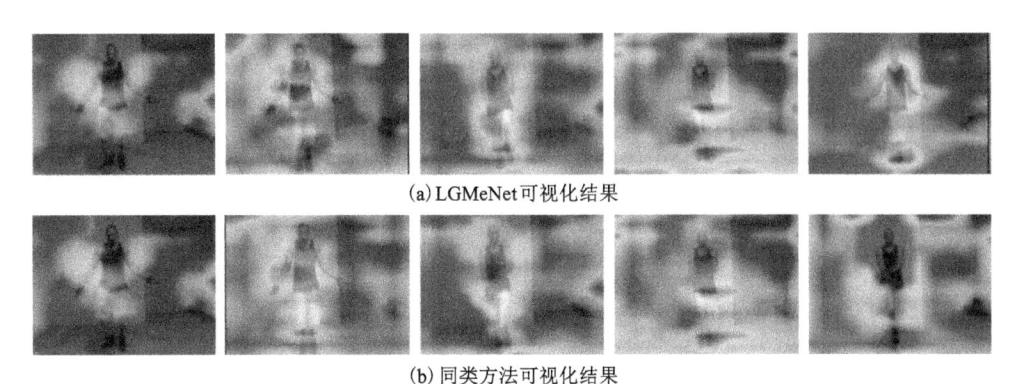

(a) LGMeNet 可视化结果

(b) 同类方法可视化结果

图 7.7　局部阶段可视化结果对比图(扫本章二维码查看彩图)

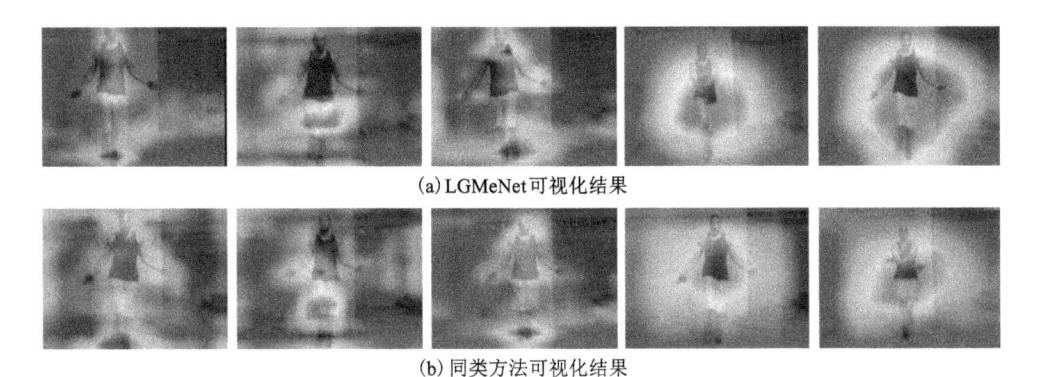

(a) LGMeNet 可视化结果

(b) 同类方法可视化结果

图 7.8　全局阶段可视化结果对比图(扫本章二维码查看彩图)

## 7.3.4　与其他先进方法的比较

本小节分别在 UCF101 数据集和 something V1 数据集上比较了 LGMeNet 和其他先进方法的性能,实验结果如表 7.6 和表 7.7 所示。由于 UCF101 数据集上的 Top5 准确率都太高,方法间的差别难以区分,所以表 7.6 只给出了 Top1 准确率。

表 7.6　在 UCF101 测试集上 LGMeNet 与其他先进方法的结果比较

| 方法 | 主干网络 | 帧数/帧 | GFLOPs | Top1 准确率/% |
|---|---|---|---|---|
| two-stream[15] | ResNet50 | 25 | 76 | 88 |
| R(2+1)D[28] | ResNet50 | 16 | 94 | 96.6 |
| SMSRT[30] | ResNet50 | 26 | 331 | 95.8 |
| TDN[14] | ResNet50 | 16 | 108 | 96.3 |
| BQN[12] | ResNet50 | 16 | 90.3 | 96.5 |
| I3D[17] | inception v1 | 32×2 | 206 | 95.6 |
| TEA[19] | ResNet50 | 16 | 70 | 91.3 |
| TSM[11] | ResNet50 | 16 | 65 | 95.9 |
| TSN[13] | inception v3 | 25 | 80 | 91.7 |
| STM[31] | ResNet50 | 16 | 67 | 91.6 |
| LGMeNet | ResNet50 | 8 | 71 | 95.8 |
| LGMeNet | ResNet50 | 16 | 142 | 97.1 |
| I3D[17] | 3D ResNet101 | 32 | 359 | 93.3 |
| SlowFast[32] | 3D ResNet101 | 16+8 | 234 | 93.9 |
| LGD-3D[33] | esNet101 | 16 | 134 | 97 |
| LGMeNet | ResNet101 | 8 | 103 | 96.4 |
| LGMeNet | ResNet101 | 16 | 206 | 97.7 |

表 7.7　在 Something V1 验证集上 LGMeNet 与其他先进方法的结果比较

| 方法 | 主干网络 | 帧数/帧 | GFLOPs | Top1 准确率/% | Top5 准确率/% |
|---|---|---|---|---|---|
| RSANet[34] | ResNet50 | 16 | — | 55.5 | 82.6 |
| TEA[19] | ResNet50 | 16 | 70 | 51.9 | 80.3 |
| TSM[11] | ResNet50 | 8+16 | 98 | 49.7 | 78.5 |
| TDN[14] | ResNet50 | 8 | 36 | 52.3 | 80.6 |
| BQN[12] | ResNet50 | 24 | 60 | 51.7 | 80.5 |
| MSNET[35] | ResNet50 | 8+16 | — | 55.1 | — |
| I3D[17] | ResNet50 | 74 | 306 | 41.6 | 72.2 |

续表7.7

| 方法 | 主干网络 | 帧数/帧 | GFLOPs | Top1 准确率/% | Top5 准确率/% |
|---|---|---|---|---|---|
| SmallBigNet[36] | ResNet50 | 8+16 | 157 | 50.4 | 80.5 |
| TEINet[37] | ResNet50 | 8+16 | 99 | 52.5 | — |
| STM[31] | ResNet50 | 16×30 | 67×30 | 50.7 | 80.4 |
| CorrNet[38] | ResNet50 | 32×10 | 115×10 | 49.3 | |
| V4D[39] | ResNet50 | 8×4 | 167.6 | 50.4 | 80.5 |
| LGMeNet | ResNet50 | 8 | 71 | 54.6 | 81.6 |
| LGMeNet | ResNet50 | 16 | 142 | 55.7 | 82.8 |
| CorrNet[38] | ResNet101 | 32×30 | 224×30 | 51.7 | |
| GSM[29] | Inception | fusion | 268 | 53.3 | — |
| LGMeNet | ResNet101 | 8 | 103 | 55.6 | 82.4 |
| LGMeNet | ResNet101 | 16 | 206 | 56.9 | 83.9 |

从表7.6可以看出，在UCF101数据集上，采用ResNet50作为主干网络并采样16帧时，相比于其他采用同样主干网络并且采样帧数大于或等于16帧的先进方法，LGMeNet获得了最好的性能，准确率达到了97.1%；当只采样8帧时，准确率达到了95.8%。而当采用更大的主干网络ResNet101时，性能有了更大的提升，采样16帧时，准确率达到了97.7%，采样8帧时，准确率达到了96.4%。

同样地，从表7.7可以看出，在Something V1数据集上，采用ResNet50作为主干网络并采样16帧时，相比于其他采用同样主干网络并且采样帧数大于或等于16帧的先进方法，LGMeNet获得了最好的性能，Top1准确率达到了55.7%，Top5准确率达到了82.8%；当只采样8帧时，Top1准确率达到了54.6%，Top5准确率达到了81.6%。而当采用更大的主干网络ResNet101时，性能有了更大的提升，采样16帧时，Top1准确率达到了56.9%，Top5准确率达到了83.9%；采样8帧时，Top1准确率达到了55.6%，Top5准确率达到了82.4%。

这些实验结果验证了我们所提出的LGMeNet方法的有效性和先进性。与基于三维卷积神经网络的动作识别方法如I3D[11]、SlowFast[25]、LGD-3D[26]相比，我们所提出的方法不但具有更好的性能，计算成本也相对更小。

## 7.4 本章小结

为了更好地采样到包含丰富运动信息的视频帧，同时关注动作的局部和全局上下文特征，我们提出了一种基于特征级采样策略的局部-全局运动信息增强的动作识别网络 LGMeNet。首先在去除运动噪声和背景噪声后，采用预训练好的 3D CNN 网络提取视频特征，在此基础上进行运动信息的均匀采样，提取到关键帧；然后将关键帧输入主干网络进行空间维特征提取，在初级特征上利用局部运动信息提取模块进行短期运动信息增强，在高层特征上利用全局运动信息提取模块学习多尺度全局时空特征。在 Something V1 和 UCF101 数据集上的实验结果验证了我们所提出的模块的有效性，与其他先进方法的结果比较也证明了我们所提出的方法的先进性。我们提出的基于运动特征的采样模块是利用预训练好的模块来进行特征提取的，在模型学习时，此部分参数没有进行训练和微调。所以，后续研究将考虑改进此模块，使其能与主体网络无缝连接，以便进行统一训练和学习，进一步提高视频动作识别性能。

# 参考文献

［1］ KILICKAYA M, SMEULDERS A W M. Structured visual searchvia composition-aware learning ［C］//2021 IEEE Winter Conference on Applications of Computer Vision（WACV）. January 3-8, 2021, Waikoloa, HI, USA. IEEE, 2021：1700-1709.

［2］ TAN R, XU H J, SAENKO K, et al. LoGAN：latent graph co-attention network for weakly-supervised video moment retrieval［C］//2021 IEEE Winter Conference on Applications of Computer Vision（WACV）. January 3-8, 2021, Waikoloa, HI, USA. IEEE, 2021：2082-2091.

［3］ LIU W, LUO W X, LIAN D Z, et al. Future frame prediction for anomaly detection-A new baseline［C］//2018 IEEE/CVF Conference on Computer Vision and Pattern Recognition. June 18-23, 2018, Salt Lake City, UT, USA. IEEE, 2018：6536-6545.

［4］ ZHOU Y, WAN G W, HOU S H, et al. DA4AD：end-to-end deep attention-based visual localization for autonomous driving［M］//Lecture Notes in Computer Science. Cham：Springer International Publishing, 2020：271-289.

［5］ 赵梦瑶. 面向视频从粗粒度到细粒度的动作理解技术研究［D］. 河北：燕山大学, 2023.

［6］ XU D, ZHAO Z, XIAO J, et al. Video question answering via gradually refined attention over appearance and motion ［C］//Proceedings of the 25th ACM international conference on Multimedia. 2017：1645-1653.

［7］ 罗会兰, 王婵娟, 卢飞. 视频行为识别综述［J］. 通信学报, 2018, 39(6)：169-180.

［8］ 黄晴晴, 周风余, 刘美珍. 基于视频的人体动作识别算法综述［J］. 计算机应用研究, 2020, 37(11)：3213-3219.

［9］ YANG X D, TIAN Y L. Effective 3D action recognition using EigenJoints［J］. Journal of Visual Communication and Image Representation, 2014, 25(1)：2-11.

［10］ WILLEMS G, TUYTELAARS T, VAN GOOL L. An efficient dense and scale-invariant spatio-temporal interest point detector[M]//FORSYTH D, TORR P, ZISSERMAN A, eds. Lecture Notes in Computer Science. Berlin, Heidelberg: Springer Berlin Heidelberg, 2008: 650-663.

[11] LIN J, GAN C, HAN S. TSM: temporal shift module for efficient video understanding[C]// 2019 IEEE/CVF International Conference on Computer Vision (ICCV). October 27-November 2, 2019, Seoul, Korea (South). IEEE, 2019: 7082-7092.

[12] HUANG G X, BORS A G. Busy-quiet video disentangling for video classification[C]//2022 IEEE/CVF Winter Conference on Applications of Computer Vision (WACV). January 3-8, 2022, Waikoloa, HI, USA. IEEE, 2022: 756-765.

[13] WANG L M, XIONG Y J, WANG Z, et al. Temporal segment networks: towards good practices for deep action recognition[M]//Lecture Notes in Computer Science. Cham: Springer International Publishing, 2016: 20-36.

[14] WANG L M, TONG Z, JI B, et al. TDN: temporal difference networks for efficient action recognition[C]//2021 IEEE/CVF Conference on Computer Vision and Pattern Recognition (CVPR). June 20-25, 2021, Nashville, TN, USA. IEEE, 2021: 1895-1904.

[15] SIMONYAN K, ZISSERMAN A. Two-stream convolutional networks for action recognition in videos[J]. Advances in Neural Information Processing Systems, 2014, 1(January): 568-576.

[16] ZHANG B W, WANG L M, WANG Z, et al. Real-time action recognition with enhanced motion vector CNNs[C]//2016 IEEE Conference on Computer Vision and Pattern Recognition (CVPR). June 27-30, 2016, Las Vegas, NV, USA. IEEE, 2016: 2718-2726.

[17] CARREIRA J, ZISSERMAN A. Quo vadis, action recognition? A new model and the kinetics dataset[C]//2017 IEEE Conference on Computer Vision and Pattern Recognition (CVPR). July 21-26, 2017, Honolulu, HI, USA. IEEE, 2017: 4724-4733. [LinkOut]

[18] QIU Z F, YAO T, MEI T. Learning spatio-temporal representation with pseudo-3D residual networks[C]//2017 IEEE International Conference on Computer Vision (ICCV). October 22-29, 2017, Venice, Italy. IEEE, 2017: 5534-5542.

[19] LI Y, JI B, SHI X T, et al. TEA: temporal excitation and aggregation for action recognition [C]//2020 IEEE/CVF Conference on Computer Vision and Pattern Recognition (CVPR). June 13-19, 2020, Seattle, WA, USA. IEEE, 2020: 906-915.

[20] SCHMIDHUBER J, HOCHREITER S. Long short-term memory[J]. Neural Comput, 1997, 9 (8): 1735-1780.

[21] ZIRONG F U, SHENGXI W, XIAOYING W, et al. Human action recognition using Bi-LSTM network based on spatial features[J]. Journal of East China University of Science and Technology, 2021, 47(2): 225-232.

[22] ZHI Y, TONG Z, WANG L M, et al. MGSampler: an explainable sampling strategy for video action recognition[C]//2021 IEEE/CVF International Conference on Computer Vision (ICCV). October 10-17, 2021, Montreal, QC, Canada. IEEE, 2021: 1493-1502.

[23] ZHANG C, ZOU Y X, CHEN G, GAN L. PAN: towards fast action recognition via learning persistence of appearance[EB/OL]. 2020: https://arxiv.org/abs/2008.03462v1.

[24] SHEN Z W, WU X J, XU T Y. FEXNet: foreground extraction network for human action recognition[J]. IEEE Transactions on Circuits and Systems for Video Technology, 2022, 32 (5): 3141-3151.

[25] SOOMRO K, ZAMIR A R, SHAH M. UCF101: A DATASET OF 101 HUMAN ACTIONS CLASSES FROM VIDEOS IN THE WILD [EB/OL]. 2012: https://arxiv.org/abs/1212.0402v1.

[26] GOYAL R, KAHOU S E, MICHALSKI V, et al. The "something something" video database for learning and evaluating visual common sense[C]//2017 IEEE International Conference on Computer Vision (ICCV). October 22-29, 2017. Venice. IEEE, 2017: 5842-5850.

[27] 陈遥. 基于轻量级三维卷积神经网络的视频行为识别研究[D]. 武汉: 华中科技大学, 2020.

[28] TRAN D, BOURDEV L, FERGUS R, et al. Learning spatiotemporal features with 3D convolutional networks[C]//2015 IEEE International Conference on Computer Vision (ICCV). December 7-13, 2015, Santiago, Chile. IEEE, 2015: 4489-4497.

[29] SUDHAKARAN S, ESCALERA S, LANZ O. Gate-shift networks for video action recognition [C]//2020 IEEE/CVF Conference on Computer Vision and Pattern Recognition (CVPR). June 13-19, 2020, Seattle, WA, USA. IEEE, 2020: 1099-1108.

[30] GOWDA S N, ROHRBACH M, SEVILLA-LARA L. SMART frame selection for action recognition[J]. Proceedings of the AAAI Conference on Artificial Intelligence, 2021, 35(2): 1451-1459.

[31] JIANG B Y, WANG M M, GAN W H, et al. STM: SpatioTemporal and motion encoding for action recognition [C]//2019 IEEE/CVF International Conference on Computer Vision (ICCV). October 27-November 2, 2019, Seoul, Korea (South). IEEE, 2019: 2000-2009.

[32] FEICHTENHOFER C, FAN H Q, MALIK J, et al. SlowFast networks for video recognition [C]//2019 IEEE/CVF International Conference on Computer Vision (ICCV). October 27-November 2, 2019, Seoul, Korea (South). IEEE, 2019: 6201-6210.

[33] QIU Z F, YAO T, NGO C W, et al. Learning spatio-temporal representation with local and global diffusion[C]//2019 IEEE/CVF Conference on Computer Vision and Pattern Recognition (CVPR). June 15-20, 2019, Long Beach, CA, USA. IEEE, 2019: 12048-12057.

[34] KIM M, KWON H, WANG C, et al. Relational self-attention: What's missing in attention for video understanding[J]. Advances in Neural Information Processing Systems, 2021, 34: 8046-8059.

[35] KWON H, KIM M, KWAK S, et al. MotionSqueeze: neural motion feature learning for video understanding [M]//Lecture Notes in Computer Science. Cham: Springer International Publishing, 2020: 345-362.

[36] LI X H, WANG Y L, ZHOU Z P, et al. SmallBigNet: integrating core and contextual views for video classification [C]//2020 IEEE/CVF Conference on Computer Vision and Pattern Recognition (CVPR). June 13-19, 2020, Seattle, WA, USA. IEEE, 2020: 1089-1098.

[37] LIU Z Y, LUO D H, WANG Y B, et al. TEINet: towards an efficient architecture for video recognition[J]. Proceedings of the AAAI Conference on Artificial Intelligence, 2020, 34(7): 11669-11676.

[38] WANG H, TRAN D, TORRESANI L, et al. Video modeling with correlation networks[C]// 2020 IEEE/CVF Conference on Computer Vision and Pattern Recognition (CVPR). June 13-19, 2020, Seattle, WA, USA. IEEE, 2020: 349-358.

[39] ZHANG S W, GUO S, HUANG W L, et al. V4D: 4D convolutional neural networks for video-level representation learning[EB/OL]. 2020: https://arxiv.org/abs/2002.07442v1.

# 第 8 章　注意力-边缘交互的光学遥感图像显著性目标检测

扫一扫，看本章彩图

## 8.1　引言

显著目标检测(salient object detection, SOD)旨在定位和分割图像/视频中最具视觉吸引力的物体/区域。SOD 作为一种重要的图像处理方法，广泛应用于各种计算机视觉任务中，如语义分割[1,2]、图像描述[3]、目标检测[4,5]、无监督视频目标分割[6]等。

早期的传统 SOD 方法通常依赖于人工特征提取，难以捕获与显著性目标相关的高级语义信息，性能远不如当前全卷积神经网络(fully convolutional network, FCN)[7]的方法。近年来，基于 FCN 的自然场景图像 SOD 模型虽然取得了显著的成果，但针对光学遥感图像(remote sensing image, RSI)显著性目标检测的研究工作却十分有限。光学 RSI 是指只有红、绿、蓝(RGB)三个波段的彩色图像。通常，光学 RSI 是通过部署在卫星或飞机上的遥感器从高海拔自上而下的视角收集的。光学 RSI 中的显著目标在数量、形状、尺度、位置、方向等方面往往比自然场景图像(natural sense image, NSI)更加多样化和复杂，从背景中被识别出来的难度更大。因此，光学遥感图像显著性目标检测(remote sensing image salient object detection, RSI-SOD)通常比自然图像显著性目标检测(natural image salient object detection, NSI-SOD)更具挑战性。

现有的大多数 RSI-SOD 模型都将语义注意和边缘感知机制集成到网络中，以应对光学 RSI 的复杂情况。具体而言，现有的大多数 RSI-SOD 模型可分为以下三类。

(1)语义增强网络[8-10]通过注意力机制自适应地选择有意义的特征，增强重要特征，过滤掉噪声信息。由于缺乏边缘监督，这些方法的预测图可能会有模糊的边界。

(2)边缘辅助网络[11,12]通过设计边缘检测辅助任务或添加边缘损失，将学习到的边缘特征融入显著性特征中,以获得显著目标的清晰边界。然而,由于缺乏对语义特征的关注,经常预测不足或预测过高。

(3)语义边缘辅助网络[13-16]通过整合基于注意力的语义增强和边缘感知来达到平衡,在保留边缘细节的同时增强显著区域特征。

然而,这些方法的局限性在于它们只是单向地使用边缘特征来细化注意力增强的显著性区域特征。边缘特征和显著性信息之间缺乏相互学习,这往往导致检测到非显著性区域或不完整的显著性区域。

基于以上分析,并考虑到 RSI-SOD 的固有挑战,本章提出了一个创新的双向框架,即语义边缘交互网络(semantic-edge interactive network, SEINet)。该框架鼓励注意力和边缘感知机制之间相互作用,从而促进显著性区域特征和边缘特征的互补深度学习。如图 8.1 所示,语义增强网络 ACCoNet[10] 的预测图出现了模糊的边缘,而边缘辅助网络 EMFINet[12] 的预测图虽然边界更清晰,但预测的显著性区域不准确。语义边缘辅助网络 MCCNet[16] 虽然提供了更准确的预测图,但由于信息交互不足,仍然预测出了非显著性区域。与此形成鲜明对比的是,本章提出的模型能够有效应对 RSI-SOD 的复杂性,通过显著性区域和显著性边缘之间更深刻和全面的信息交换,获得了理想的结果。

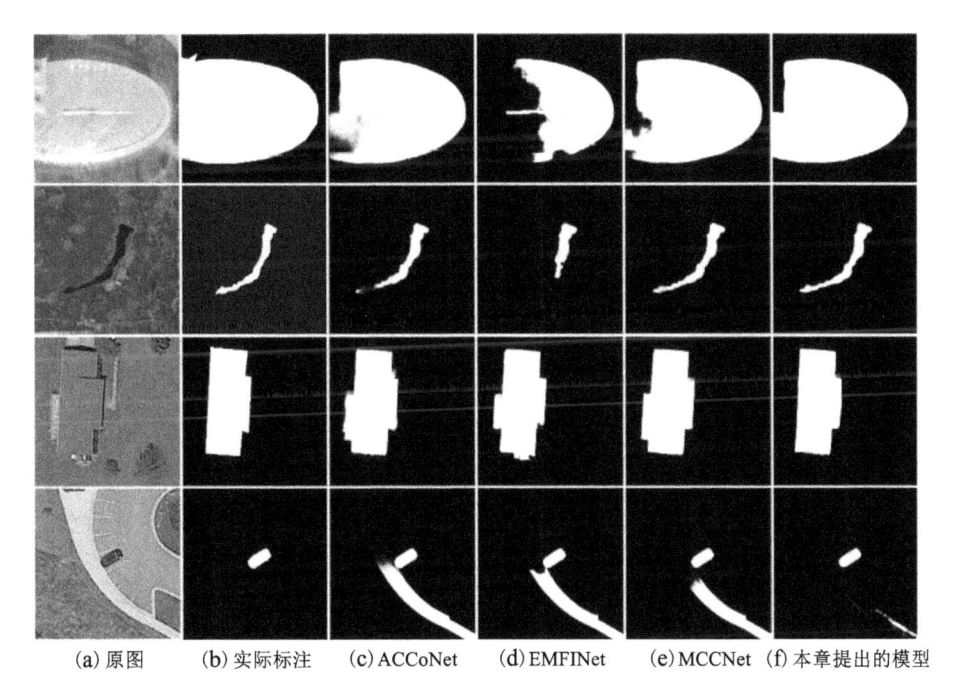

(a)原图　(b)实际标注　(c)ACCoNet　(d)EMFINet　(e)MCCNet　(f)本章提出的模型

图 8.1　3 种不同网络类型和本章提出的模型生成的显著性图比较

SEINet 采用编码器-解码器结构，解码器网络由两个相互作用的分支组成。其中一个分支用于实现主要的 SOD，另一个分支则用于实现次要的显著性边缘检测(salient edge detection, SED)。值得注意的是，SED 的实际标注是通过对 SOD 的实际标注应用 Sobel 滤波器得到的。为了促进两个分支之间的紧密互动，本章提出了多尺度注意力交互(multi-scale attention interaction, MAI)模块用于进行特征处理，其中注意力处理的显著性区域特征和门机制处理的边缘特征进行交互细化，得到边缘增强的显著性区域特征和注意力增强的边缘特征。另外，为了缓解多层次特征在融合过程中的语义稀释问题，本章提出了语义指导融合(semantics-guided fusion, SF)模块，其通过引入最深层的语义信息来指导浅层特征的融合，从而增强信息传播能力，实现更有效的特征融合。本章认为提出的 MAI 和 SF 模块可以鲁棒且准确地帮助网络学习并检测光学遥感图像中的显著目标。

总之，本章的主要成果如下。

(1)提出了一种有效集成语义注意和边缘感知机制的新方法，名为语义边缘交互网络(SEINet)，其通过促进语义增强特征和门抛光的边缘特征之间的交互，提高了 RSI-SOD 在各种 RSI 场景中的性能。通过广泛的定量和定性比较，提出的框架中的每组网络(语义增强网络、边缘辅助网络和语义边缘辅助网络)都优于其他表现最好的网络，并获得最稳定的 F-measure 分数，证明了语义边缘交互细化的性能优势。

(2)提出了多尺度注意交互(MAI)模块，其在每个特征层次提供边缘增强的语义特征和语义增强的边缘特征，有助于更全面地理解场景上下文，提高 RSI-SOD 的性能。

(3)提出 SF 模块，该模块能够有效解决 U 形解码器导致的语义稀释问题，可以增强语义信息的传播，使 RSI 中的目标检测更加准确和详细。

## 8.2　相关工作

本章根据在解码器网络中有无注意力和边缘感知机制将基于 FCN 的 SOD 模型分为语义增强网络、边缘辅助网络和语义-边缘辅助网络。

### 8.2.1　语义增强网络

语义增强网络的设计重点是将注意力机制集成到其架构中，以通过自适应过滤掉不太相关的信息，将模型的焦点指向语义特征，这对于确定显著性目标的形状和位置至关重要。

在 NSI-SOD 领域，已经提出了几种值得注意的方法。GCPANet[17]引入顶部注意力来减少顶部特征层的冗余信息；SUCA[18]设计了多层次注意力级联反馈模块(MACF)来捕获跨层互补的语义信息;该领域最近的一项重大进展是SelfReformer[19],它利用视觉Transformer框架并应用多头注意力来有效捕获图像中的远程依赖关系。

在RSI-SOD领域,SARNet[8]引入并行注意力融合(PAF)模块细化目标的边界,并逐步突出整个目标区域。RRNet[9]引入并行多尺度注意力(PMA)模块,有效地恢复了显著性目标的形状信息,并解决了目标的尺度变化问题。最近的RSI-SOD方法ACCoNet[10]在相邻上下文协调模块中引入了通道注意力机制和空间注意力机制,有效地整合了三个相邻层次的特征。

### 8.2.2 边缘辅助网络

边缘辅助网络的设计目的是通过结合边缘损失来迫使模型学习边缘信息,进而生成具有清晰、准确的显著性边缘的显著性预测图。

在NSI-SOD领域,存在几种重要的方法。PoolNet[20]为其架构配置了一个边缘检测分支,通过与边缘检测分支联合训练进一步锐化显著性目标的细节;EGNet[21]主要研究了显著性边缘信息和显著性目标信息之间的互补性,其目的是利用边缘特征帮助显著性目标特征更准确地定位显著性目标;ITSD[22]提出了一种轻量级的交互式双流解码器,通过探索显著性图和轮廓图的多个线索来进行显著性目标检测。RCSBNet[23]通过递归CNN和提出的阶段特征提取(SFE)模块实现了轮廓和显著性区域更高效的融合。

在RSI-SOD领域,EMFINet[12]在编码端利用由显著边缘提取模块学习到的显著边缘线索集成多尺度高层特征;ERPNet[11]设计了一个额外的SED解码器来检测边缘特征,这些特征用于引导SOD解码器获得显著性目标的正确位置。

### 8.2.3 语义-边缘辅助网络

语义-边缘辅助网络旨在结合语义增强网络和边缘辅助网络的优势来提高SOD的性能。这类网络通常在多层次和多尺度特征中结合注意力机制来增强语义或上下文信息。同时,通过特殊设计的边缘学习结构显式地添加边缘特征,提高SOD的精度。

在NSI-SOD领域,PA-KRN[24]引入了一种基于注意力的采样器来突出基于主体注意力图的显著性目标区域,并在其编码过程中采用中间边缘监督,使编码器生成的特征具有清晰的边界;TRACER[25]采用掩码边缘注意力模块在整个模型中传播精细边缘信息,采用联合注意力模块识别互补通道和重要空间信息。同时,目标注意力模块从精炼的通道和空间表示中提取先前未检测到的目标和边缘信息,有效地利用注意力和边缘信息来实现卓越的SOD性能。

在RSI-SOD领域,DAFNet[13]设计了一个全局上下文感知注意力(GCA)模块，并将其嵌入密集注意流（DAF）结构中，使浅层的注意力线索流向深层，以指导高层特征注意图的生成。此外，DAFNet 还引入边缘监督来捕获细粒度显著性模式，增强对显著性目标轮廓的描述。MJRBM[14] 设计了一个分层注意力模块用于提取有效的多尺度特征，并将边界特征结合到联合学习的框架中，生成高质量的边界感知显著性图。AGNet[10] 引入了语义注意力模块和上下文注意力模块，分别从全局语义和局部上下文的角度为网络提供注意力指导的信息。与 DAFNet 类似，AGNet 也把边缘信息添加到损失函数中，以增强显著目标边界的细化。MCCNet[16] 引入通道注意力机制和空间注意力机制来提取有效的前景特征，并结合学习到的边缘特征图来补充前景特征的边界细节。

尽管上述方法取得了较好的效果，但这类语义边缘辅助方法往往表现出语义特征和边缘特征之间的交互学习不足。没有语义指导的边缘增强通常会预测出非显著性区域的边缘。相反，缺乏边缘指导的语义增强会导致语义特征定位不明确。因此，我们提出 SEINet 的目的是在 SOD 和 SED 解码分支之间传递有用信息，实现语义-注意的边缘和边缘-注意的语义学习，从而提高 RSI-SOD 性能的鲁棒性和准确性。

## 8.3 方法

如图 8.2 所示，SEINet 的整体框架为一个双分支的编码器-解码器结构。编码器采用了高效率、高性能的 EfficientNet-B7[26]，其 4 个卷积块（分别为 Eb7-1~Eb7-4）输出 4 个不同分辨率的特征。具体来说，对于输入的光学遥感图像

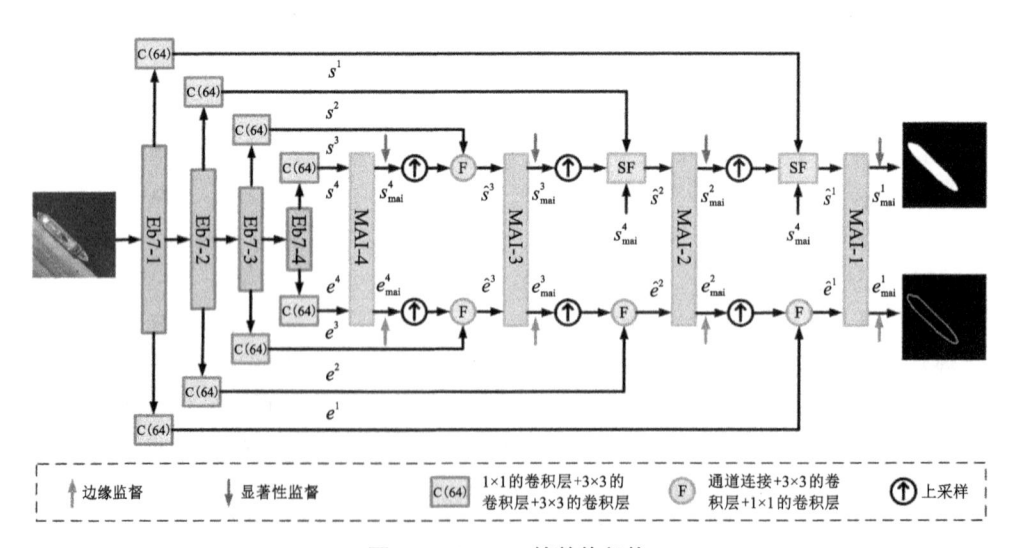

图 8.2 SEINet 的整体架构

$I\in\mathbb{R}^{H\times W\times 3}$，4个卷积块提取的特征记为$f^i\in\mathbb{R}^{h_i\times w_i\times c_i}$（$i=1, 2, 3, 4$），其中$h_i$为$H/2^{i+1}$，$w_i$为$W/2^{i+1}$，$c_i$为$\{48, 80, 224, 640\}$。为了降低解码器的计算成本，使用一个1×1卷积层和两个3×3卷积层将输出特征的通道数统一调整为64个，得到一组显著性区域特征$\{s^i|i=1, 2, 3, 4\}$和一组边缘特征$\{e^i|i=1, 2, 3, 4\}$。

解码器网络设计为一个基于U形结构[27]的双分支交互网络，其中两个分支的交互节点为MAI模块，该模块以SOD为主要任务，SED为辅助任务，在相同特征层次上交互细化两个任务的特征。另外，SOD分支的末端部署了两个SF模块，其通过引入MAI-4模块的输出$s_{mai}^4$来指导低层特征的融合，增强语义信息的传播。

### 8.3.1 多尺度注意力交互模块

如图8.3(a)所示，MAI模块对边缘特征和显著性区域特征进行交互优化。特别地，MAI-4模块的输入分别为$s^4$和$e^4$。MAI模块主要执行了3个步骤，首先，显著性区域特征通过多尺度聚合注意力（multi-scale aggregation attention，MAA）模块捕获多尺度、多形状的显著性区域特征，在一个特征层次内获得全面的上下文信息，这有利于在光学遥感图像中捕捉各种大小和形状的显著性目标。然后边缘特征会通过一个门机制来进行抛光处理。最后注意力处理的显著性区域特征和门处理的边缘特征分别通过通道连接和元素乘法进行交互融合，生成边缘增强的显著性区域特征和注意力增强的边缘特征。在此之后，它们分别通过两个连续的3×3卷积层来进一步优化交互特征。此外，每个分支都使用一个短连接来保留原始信息，最终生成MAI-$i$模块的输出特征（$s_{mai}^i$和$e_{mai}^i$）。下面详细描述这3个步骤。

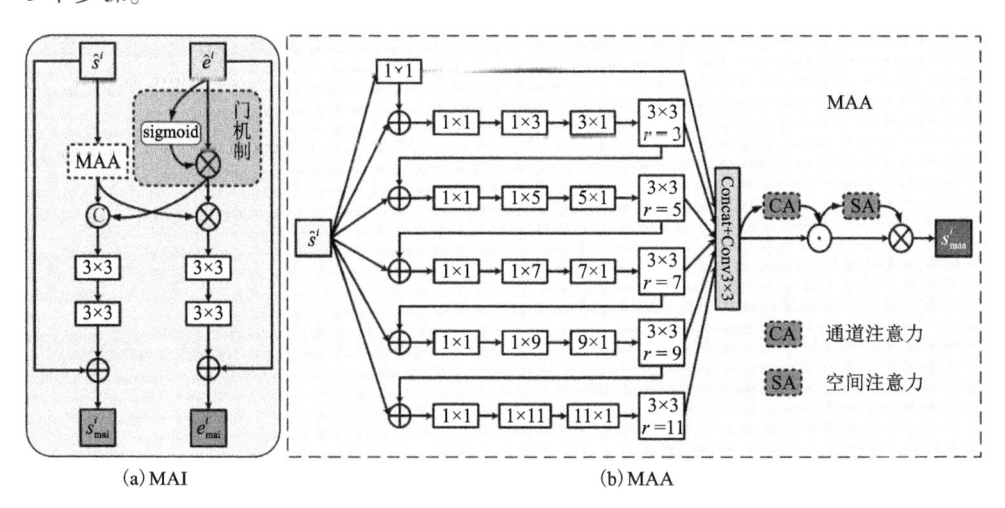

(a) MAI  (b) MAA

图8.3 多尺度注意力交互（MAI）模块的结构图

(1) 多尺度聚合注意力模块：由于光学遥感图像中显著性目标的尺度变化较大，RSI-SOD 模型需要对显著性目标的尺度变化非常敏感。之前的工作[28-30]已经证明了扩大卷积核的感受野可以帮助网络捕获不同大小的目标特征。本章进一步结合不同形状的卷积核来处理显著性目标的拓扑多样性和方向多样性。

多尺度聚合注意力（MAA）模块如图 8.3(b) 所示，该模块由 6 个并行的卷积分支组成。除了第一个分支只有一个 1×1 卷积来保留输入特征的原始信息外，其余第 $j(j=2, 3, 4, 5, 6)$ 个分支按顺序采用一个 1×1 卷积，一个 1×(2j-1) 卷积，一个 (2j-1)×1 卷积和一个空洞率为 2j-1 的 3×3 空洞卷积。通过在不同分支中使用不同形状的卷积核可以捕获不同形状的显著性目标，成功获取多尺度特征。

此外，通过在并行的卷积分支之间进行自上而下的信息传播（up-down information propagation, UIP），有效保留显著性目标的局部细节。具体来说，当 $j=1, 2, 3, 4, 5$ 时，第 $j$ 个分支的输出特征被馈送到第 $j+1$ 个分支。该结构还具有级联残差的功能，其迫使每个分支学习不同于其他分支的独特特征，从而减少特征冗余，实现高效有用的特征提取。然后使用通道连接和一个 3×3 卷积来集成这些分支的输出特征，如式(8.1) 所示。

$$s_{cat}^{i} = \text{Conv}_{3\times3}(\text{Concat}(s_1^i, s_2^i, s_3^i, s_4^i, s_5^i, s_6^i)) \tag{8.1}$$

图 8.4 为 MAA 模块的 6 个分支在 MAI-1 阶段有无自上而下信息传播的输出特征图。如图 8.4(a) 所示，由于没有自上而下信息传播，6 个分支捕获的特征包含大量冗余，因此融合的特征 $s_{cat}^{w/o\ uip}$ 捕获到了一些不显著的区域。相比之下，如图 8.4(b) 所示，随着自上而下信息传播的应用，6 个分支提取了更有效的特征，因此最终的特征图 $s_{cat}^i$ 包含更少的背景干扰，表现力更强，也更有助于最终的预测。

为了进一步增强集成后的特征，本章采用一个轻量级卷积块注意力模块（CBAM）[31]执行顺序的通道-空间注意力，以自适应方式进一步精炼 $s_{cat}^i$，其表达式如下：

$$\begin{aligned} s_{CA}^{i} &= \text{CA}(s_{cat}^i) \odot s_{cat}^i \\ s_{maa}^{i} &= \text{SA}(s_{CA}^i) \otimes s_{CA}^i \end{aligned} \tag{8.2}$$

式中：$\odot$ 表示通道乘法；$\otimes$ 表示元素乘法；$\text{CA}(\cdot)$ 和 $\text{SA}(\cdot)$ 分别表示通道注意力和空间注意力操作。如图 8.4(b) 所示，经过注意力处理后，特征图更加关注显著性目标，显著性特征得到强化。

(2) 门机制：本章引入一种简单有效的门机制来优化 $e^i$，从而获得更纯粹的边缘信息。计算公式如式(8.3) 所示。

$$e_{gate}^{i} = \text{Sigmoid}(\hat{e}^i) \otimes \hat{e}^i \tag{8.3}$$

通过可视化 MAI-1 模块中门机制前后的特征图 $\hat{e}^i$ 和 $e_{gate}^i$（图 8.5），可以看出门机制的应用有效抑制了边缘特征图 $\hat{e}^1$ 中的非显著线索。

(a) 有自上而下信息传播

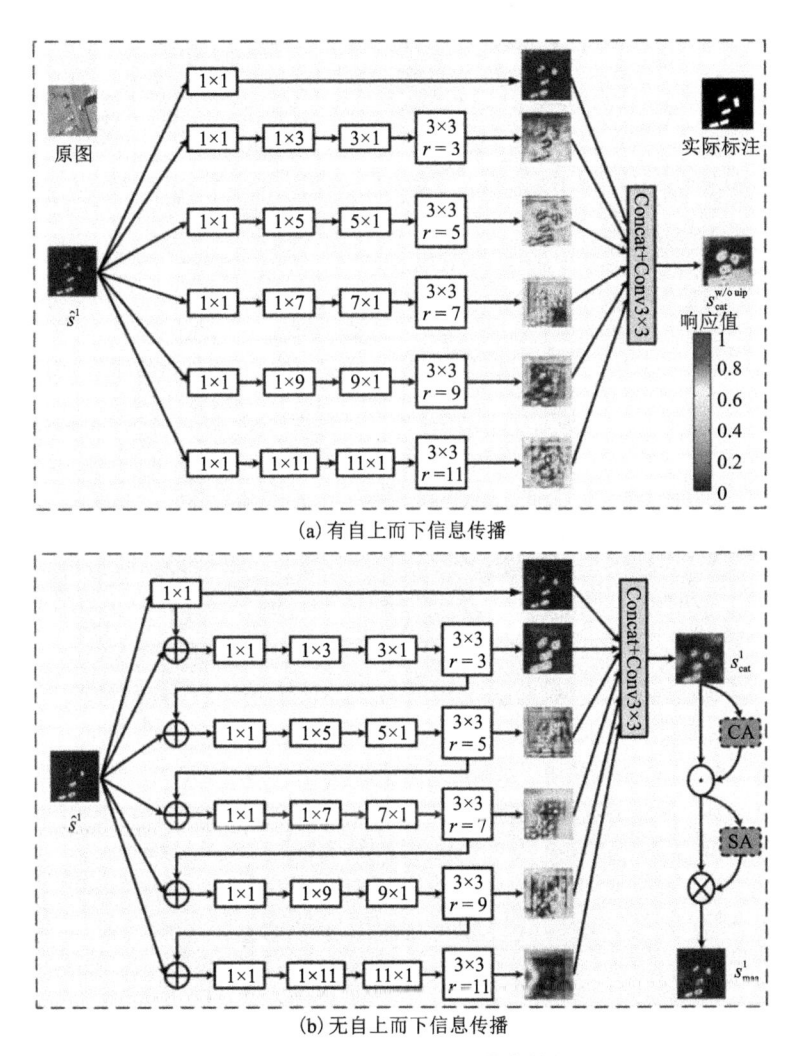

(b) 无自上而下信息传播

图 8.4 并行卷积分支之间有无自上而下信息传播的输出特征图(扫本章二维码查看彩图)

(3) 特征交互：如图 8.6 所示，$s_{maa}^i$ 表示来自 MAA 模块经过注意力处理的显著性区域特征，$e_{gate}^i$ 表示经过门处理的边缘特征。MAI 模块的最后一步是交互细化特征，其一方面将 $s_{maa}^i$ 与 $e_{gate}^i$ 进行通道连接，然后利用两个卷积层将通道数量调回 64 个。这样，边缘特征和显著性区域特征之间的互补信息被融合，从而获得更具识别能力的边缘增强显著性区域特征。另一方面，MAI 模块对 $s_{maa}^i$ 与 $e_{gate}^i$ 进行乘法操作来改进 $e_{gate}^i$，从而获得注意力增强的边缘特征。

图 8.6 给出了 4 幅输入图像在 MAI-1 模块交互前后的显著性区域特征图

140 / 视觉特征表达的集成深度学习研究

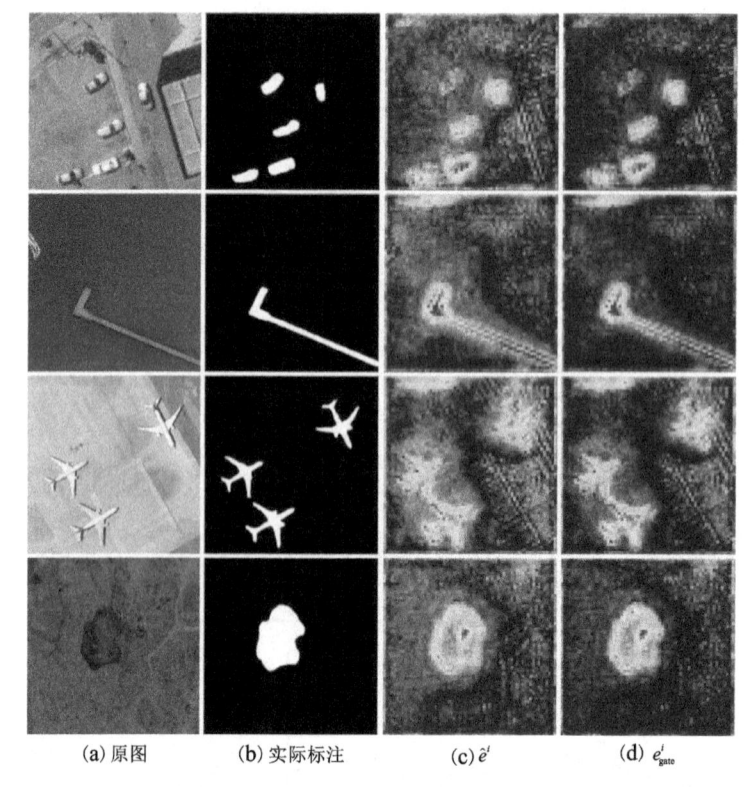

(a) 原图　　(b) 实际标注　　(c) $\tilde{e}^l$　　(d) $e^l_{\text{gate}}$

图 8.5　MAI-1 模块中门机制前后的特征可视化（扫本章二维码查看彩图）

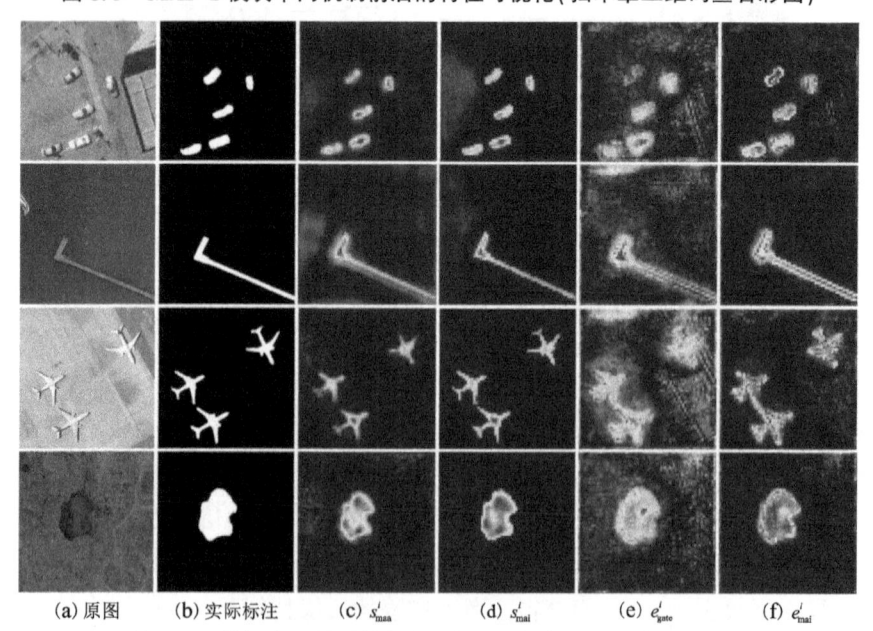

(a) 原图　(b) 实际标注　(c) $s^l_{\text{maa}}$　(d) $s^l_{\text{mai}}$　(e) $e^l_{\text{gate}}$　(f) $e^l_{\text{mai}}$

图 8.6　特征交互前后的视觉比较（扫本章二维码查看彩图）

($s_{\text{mai}}^i$)和边缘特征图($e_{\text{mai}}^i$)。可以看出,这种交互使显著性区域特征和边缘特征更加集中和准确。这部分结构如式(8.4)所示。

$$s_{\text{mai}}^i = \hat{s}^i \oplus \text{Conv}_{3\times3}[\text{Conv}_{3\times3}(s_{\text{maa}}^i \copyright e_{\text{gate}}^i)]$$
$$e_{\text{mai}}^i = \hat{e}^i \oplus \text{Conv}_{3\times3}[\text{Conv}_{3\times3}(s_{\text{maa}}^i \otimes e_{\text{gate}}^i)] \quad (8.4)$$

式中:ⓒ表示通道连接操作;⊕表示按元素求和。

## 8.3.2 语义指导的融合模块

如图8.7所示,解码过程中低层特征会逐渐融入高层特征以补充细节信息。在解码器末端,这将导致高级语义信息的稀释,进而生成不完整的或过度预测的显著性图。基于这一考虑,本章提出了语义指导融合(semantics-guided fusion module, SF)模块,其引入了最高层次边缘增强的注意力特征来指导低层特征的融合。如图8.2所示,SF模块部署在最后两个MAI模块之前,可以有效提高显著性目标的定位精度。

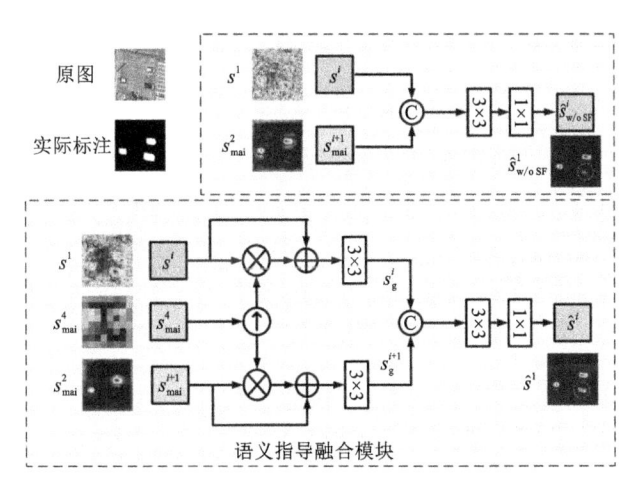

**图 8.7 语义指导融合模块结构与 U 形结构的特征可视化比较**

如图8.7底部框所示,SF模块先通过像素级乘法将最高层次的注意力-边缘交互特征 $s_{\text{mai}}^4$ 注入低层特征 $s^i$ 和 $s_{\text{mai}}^{i+1}$($i=1,2$)中。然后使用短连接来保留低层特征的细节,接着使用一个3×3卷积进行调制。最后将两个融合特征进行通道连接,并分别输入到一个3×3卷积层和一个1×1卷积层进一步细化并调整通道数,得到如式(8.5)所示的 $\hat{s}^i$。

$$\hat{s}^i = \text{Conv}_{1\times1}[\text{Conv}_{3\times3}(s_g^i \copyright s_g^{i+1})] \quad (8.5)$$

图8.7也可视化和比较了有无SF模块的特征图。可以看到,在 $i=1$ 时,$\hat{s}^1$ 红圈中的显著性目标要比 $\hat{s}_{\text{w/o SF}}^1$ 完整得多。这是因为前者在 $s_{\text{mai}}^4$ 的指导下能更精

确地突出整个显著性目标。

### 8.3.3 损失函数

SOD 和 SED 任务的损失函数结合像素级 BCE 损失、地图级 IoU 损失和度量感知 F-m 损失，分别表示为：

$$L_{\text{BCE}} = -\frac{1}{H \times W} \sum_{i=1}^{H} \sum_{j=1}^{W} [G_{ij} \lg(S_{ij}) + (1 - G_{ij}) \lg(1 - S_{ij})] \quad (8.6)$$

$$L_{\text{IoU}} = 1 - \frac{\sum_{i=1}^{H} \sum_{j=1}^{W} S_{ij} G_{ij}}{\sum_{i=1}^{H} \sum_{j=1}^{W} (S_{ij} + G_{ij} - S_{ij} G_{ij})} \quad (8.7)$$

$$L_{\text{Fm}} = 1 - \frac{(1 + \beta^2) \times \text{precision} \times \text{recall}}{\beta^2 \times \text{precision} + \text{recall}} \quad (8.8)$$

式中：$H$ 和 $W$ 分别表示训练图像的高度和宽度；$G_{ij}$ 表示像素 $(i, j)$ 的实际标注；$S_{ij}$ 表示相应的预测；$\beta^2 = 0.3$；precision = TP/(TP+FP)；recall = TP/(TP+FN)；$\text{TP} = \sum_{i=1}^{H} \sum_{j=1}^{W} S_{ij} G_{ij}$；$\text{FP} = \sum_{i=1}^{H} \sum_{j=1}^{W} S_{ij} (1 - G_{ij})$；$\text{FN} = \sum_{i=1}^{H} \sum_{j=1}^{W} (1 - S_{ij}) G_{ij}$。本章提出的模型采用了 4 个显著性监督和 4 个边缘监督，如图 8.2 中的红色和绿色箭头所示。边缘图的实际标注是利用 sobel 算子从显著性目标的实际标注中获得的。具体来说，将 $s_{\text{mai}}^i$ 和 $e_{\text{mai}}^i$ ($i \in \{1, 2, 3, 4\}$) 分别送入一个 3×3 卷积层和一个 1×1 卷积层，生成显著性区域预测图 $s_{\text{pred}}^i$ 和边缘预测图 $e_{\text{pred}}^i$。然后将预测图上采样到与实际标注相同的大小，以计算损失。模型的总损失定义为：

$$L_{\text{total}} = \sum_{i=1}^{4} \{L_{\text{BCE}}[\text{up}(s_{\text{pred}}^i), G_s] + L_{\text{IoU}}[\text{up}(s_{\text{pred}}^i), G_s] + L_{\text{Fm}}[\text{up}(s_{\text{pred}}^i), G_s] + L_{\text{BCE}}[\text{up}(e_{\text{pred}}^i), G_e]\} \quad (8.9)$$

式中：$G_s$ 和 $G_e$ 分别表示显著性目标和边缘的实际标注。

## 8.4 实验

### 8.4.1 实验设置

(1) 数据集：ORSSD[32] 由 800 张光学遥感图像组成，具有相应的像素级实际标注，包括多个场景，如船舶、汽车、飞机、操场、河流和岛屿等。在这些光学遥感图像中，600 张图像被用作训练集，其余 200 张图像被用作测试集。

EORSSD[13] 扩展了 ORSSD 数据集，其包括更复杂和更具挑战性的场景，从而产生了 2000 个具有相应像素级标注的光学遥感图像。其中 1400 张图像被用作训练集，600 张图像被用作测试集。

ORSI-4199[14]于 2022 年被提出，因此只有少数 RSI-SOD 模型有测试结果。该数据集有 2000 张用于训练的图像和 2199 张用于测试的图像。此外，该数据集是最具挑战性的光学遥感图像数据集。它定义了大显著性目标(BSO)、小显著性目标(SSO)、偏离图像中心的显著性目标(OC)、复杂显著性目标(CSO)、狭小的显著性目标(NSO)、多个显著性目标(MSO)、低对比度场景(LSO)和不完整的显著性目标(ISO)8 种不同的场景属性，帮助研究者客观评价不同属性的 SOD 模型。

(2) 实验环境及参数设置：本章模型是使用公共 Pytorch 工具箱和 NVIDIA GeForce RTX 2080Ti GPU 实现的。在训练阶段，每张输入图像的大小被调整为 256×256。根据之前的工作[33]，输入图像按照[0.75,1,1.25]的比例重新缩放为多个尺寸用于数据增强。本章使用 Adam 优化器来训练本章所提出的模型，批次大小设置为 6。初始学习率设置为 0.0001，30 个 epoch 后学习率将降低至初始学习率的 1/10。本章所提出的模型在 EORSSD、ORSSD 和 ORSI-4199 数据集上分别训练 52 个、55 个和 45 个 epoch。

(3) 评估指标：本章采用精度-召回率(PR)曲线、F-measure($F_\beta$)[34]、平均绝对误差(MAE)、S-measure($S_m$)[35]这 4 个广泛使用的标准指标来评估本章所提出的方法与其他方法的性能。

$F_\beta$ 由精度与召回率计算加权调和平均值得出：

$$F_\beta = \frac{(1 + \beta^2) \times \text{precision} \times \text{recall}}{\beta^2 \times \text{precision} + \text{recall}} \tag{8.10}$$

式中，$\beta^2$ 设置为 0.3 进行加权，使精度权重大于召回率。本章使用 $F_\beta$ 的最大值($F_\beta^{\max}$)和平均值($F_\beta^{\text{mean}}$)作为评价指标，该值越大，性能越好。

MAE 通过计算显著性预测图 $S$ 和实际标注 GT 之间像素的平均绝对误差得到：

$$\text{MAE} = \frac{1}{W \times H} \sum_{x=1}^{W} \sum_{y=1}^{H} |S(x,y) - \text{GT}(x,y)| \tag{8.11}$$

式中：$W$ 和 $H$ 分别表示图像的宽度和高度。MAE 的值用于评估预测图和实际标注之间的相似性，其数值越小，说明二者间的差异越小。

$S_m$ 通过考虑 $S_o$ 和 $S_r$ 来评估显著性预测图与实际标注之间的结构相似性，$S_o$ 和 $S_r$ 分别表示目标感知和区域感知的结构相似度。

$$S_m = \alpha \times S_o + (1 - \alpha) \times S_r \tag{8.12}$$

式中，$\alpha$ 设置为 0.5。较好的显著性检测器应具有较大的 $S_m$。$S_m$ 是一种较为有效的 SOD 指标，其原因是它比较接近人类的视觉系统，对显著性图的前景结构信息具有更高的敏感性。

### 8.4.2 实验结果及分析

对本章所提出的 SEINet 模型与 18 个先进的 NSI-SOD 和 RSI-SOD 模型进行比较，这 18 个模型包括 GCPANet[17]、SUCA[18]、SelfReformer[19]、SARNet[8]、RRNet[9]、ACCoNet[10]、PoolNet[20]、EGNet[21]、ITSD[22]、RCSBNet[23]、ERPNet[11]、EMFINet[12]、PA-KRN[24]、TRACER[25]、DAFNet[13]、MJRBM[14]、AGNet[10] 和 MCCNet[16]。这些模型的显著性检测图都由 MCCNet 或默认参数设置的官方公共源代码提供，并且所有预测的显著性检测图使用相同的评估代码进行评估。

（1）定量分析：本章使用 $F_\beta^{max}$、$F_\beta^{mean}$ 和 MAE 3 个评价指标在 3 个基准数据集上进行评估，表 8.1 给出了本章所提出的模型与 18 个先进 SOD 模型的定量比较结果，其中最好的分数加粗显示，符号"↑"和"↓"分别表示分数越高或越低越好。另外，所有评价分数的整数部分均为 0，表 8.1 中作了简写。根据表 8.1 中各方法的定量结果，总结如下。

第一，尽管 NSI-SOD 方法在光学遥感图像数据集上进行了重新训练，但其性能仍比 RSI-SOD 方法差，这说明光学遥感图像需要专门的解决方案。

第二，将第一组语义增强网络与第二组边缘辅助网络进行比较，可以看出语义增强的 RSI-SOD 网络优于边缘辅助的 RSI-SOD 网络。这说明语义增强对 RSI-SOD 的作用比边缘感知更重要。

第三，对于第三组语义边缘辅助网络，MCCNet 的表现最好，因为它有 5 个指标排名第二，1 个指标达到了最好。将 MCCNet 与第一组和第二组中表现最好的 ACCoNet 和 EMFINet 进行比较，可知语义-边缘辅助的方法得到了改进，这不仅说明了语义增强网络和边缘辅助网络具有局限性，还说明了语义增强和边缘感知两种机制在性能上具有潜在互补性。

第四，SEINet 模型优于其他 18 个模型，其有 11 个指标排名第一，1 个指标排名第二。具体而言，除了 EORSSD 数据集上的 $F_\beta^{max}$ 外，本章所提出的方法在所有指标上都优于排名第二的 MCCNet。本章利用注意力-边缘感知的双分支交互框架使 SEINet 模型具有更好的性能优势。

第五，本章所提出的模型的参数和 FLOPs 在表 8.1 中也与 18 种先进模型进行了比较。可以看出，与 3 个 SOD 网络组中表现最好的 3 个模型（ACCoNet、EMFINet 和 MCCNet）相比，本章所提出的模型的参数和 FLOPs 最少。特别地，本章所提出的模型的参数量只有 67.4 M，而 ACCoNet、EMFINet、MCCNet 的参数量分别是 102.55 M、107.26 M 和 67.65 M。在计算复杂度方面，本章所提出的模型的 FLOPs 只有 7.52 G，而 ACCoNet、EMFINet 和 MCCNet 的 FLOPs 分别是 179.96 G、480.9 G 和 112.8 G。从上面的定量比较和计算复杂度比较结果可以看出本章所提出的方法是有效和高效的。

表 8.1 本章所提出的模型与 18 个 SOD 模型在 3 个基准数据集上的性能比较

| 方法 | 类型 | 主干网络 | 参数量 /M↓ | FLOPs /G↓ | EORSSD $F_\beta^{max}$↑ | EORSSD $F_\beta^{mean}$ | EORSSD $S_m$↑ | EORSSD MAE↓ | ORSSD $F_\beta^{max}$ | ORSSD $F_\beta^{mean}$ | ORSSD $S_m$↑ | ORSSD MAE↓ | ORSI-4199 $F_\beta^{max}$ | ORSI-4199 $F_\beta^{mean}$ | ORSI-4199 $S_m$↑ | ORSI-4199 MAE↓ |
|---|---|---|---|---|---|---|---|---|---|---|---|---|---|---|---|---|
| 语义增强网络 |||||||||||||||||
| GCPANet[20] | N.S. | ResNet-50 | 67.06 | 54.30 | 0.8347 | 0.7905 | 0.8869 | 0.0102 | 0.8687 | 0.8433 | 0.9026 | 0.0168 | 0.8175 | 0.8004 | 0.8362 | 0.0389 |
| SUCA[21] | N.S. | ResNet-50 | 117.71 | 56.40 | 0.8229 | 0.7949 | 0.8988 | 0.0097 | 0.8484 | 0.8237 | 0.8989 | 0.0145 | 0.8014 | 0.8127 | 0.8394 | 0.0378 |
| SelfReformer[22] | N.S. | PVT-V2 | 90.70 | 12.81 | 0.8785 | 0.8342 | 0.9276 | 0.0079 | 0.8967 | 0.8706 | 0.9254 | 0.0110 | 0.8584 | 0.8405 | 0.8657 | 0.0358 |
| SARNet[21] | R.S. | Res2Net-50 | 40.46 | 35.30 | 0.8769 | 0.8566 | 0.9288 | 0.0086 | 0.8837 | 0.8676 | 0.9214 | 0.0141 | 0.8512 | 0.8463 | 0.8603 | 0.0373 |
| RRNet[22] | R.S. | Res2Net-50 | 86.27 | 692.15 | 0.8792 | 0.8377 | 0.9264 | 0.0074 | 0.9011 | 0.8747 | 0.9339 | 0.0112 | 0.8570 | 0.8522 | 0.8678 | 0.0353 |
| ACCoNet[22] | R.S. | VGG16 | 102.55 | 179.96 | 0.8837 | 0.8552 | 0.9290 | 0.0074 | 0.9149 | 0.8971 | 0.9437 | 0.0088 | 0.8686 | 0.8620 | 0.8775 | 0.0314 |
| 边缘辅助网络 |||||||||||||||||
| PoolNet[19] | N.S. | VGG16 | 53.63 | 123.40 | 0.7545 | 0.6406 | 0.8207 | 0.0210 | 0.7706 | 0.6999 | 0.8403 | 0.0358 | 0.7352 | 0.7457 | 0.7713 | 0.0485 |
| EGNet[19] | N.S. | ResNet-50 | 108.07 | 291.90 | 0.7880 | 0.6967 | 0.8601 | 0.0110 | 0.8332 | 0.7500 | 0.8721 | 0.0216 | 0.7534 | 0.7658 | 0.7956 | 0.0424 |
| ITSD[20] | N.S. | VGG16 | 17.08 | 54.50 | 0.8523 | 0.8221 | 0.9050 | 0.0106 | 0.8735 | 0.8502 | 0.9050 | 0.0165 | 0.8136 | 0.8286 | 0.8362 | 0.0396 |
| RCSBNet[22] | N.S. | Res2Net-50 | 27.90 | 98.89 | 0.8632 | 0.8156 | 0.9087 | 0.0095 | 0.8924 | 0.8721 | 0.9296 | 0.0118 | 0.8452 | 0.8409 | 0.8587 | 0.0364 |
| ERPNet[22] | R.S. | ResNet-34 | 77.9 | 131.35 | 0.8743 | 0.8269 | 0.9252 | 0.0082 | 0.9036 | 0.8796 | 0.9352 | 0.0114 | 0.8546 | 0.8505 | 0.8605 | 0.0359 |
| EMFINet[22] | R.S. | VGG16 | 107.26 | 480.9 | 0.8720 | 0.8486 | 0.9290 | 0.0084 | 0.9002 | 0.8856 | 0.9366 | 0.0109 | 0.8552 | 0.8510 | 0.8625 | 0.0359 |

续表8.1

| 方法 | 类型 | 主干网络 | 参数量/M↓ | FLOPs/G↓ | EORSSD $F_\beta^{max}$↑ | EORSSD $F_\beta^{mean}$↑ | EORSSD $S_m$↑ | EORSSD MAE↓ | ORSSD $F_\beta^{max}$↑ | ORSSD $F_\beta^{mean}$↑ | ORSSD $S_m$↑ | ORSSD MAE↓ | ORSI-4199 $F_\beta^{max}$↑ | ORSI-4199 $F_\beta^{mean}$↑ | ORSI-4199 $S_m$↑ | ORSI-4199 MAE↓ |
|---|---|---|---|---|---|---|---|---|---|---|---|---|---|---|---|---|
| PA-KRN[21] | N.S. | ResNet-50 | 141.06 | 617.7 | 0.8639 | 0.8358 | 0.9192 | 0.0104 | 0.8890 | 0.8727 | 0.9239 | 0.0139 | 0.8257 | 0.8432 | 0.8428 | 0.0385 |
| TRACER[22] | N.S. | EfficientNetB7 | 66.27 | 18.16 | 0.8726 | 0.8435 | 0.9274 | 0.0065 | 0.9021 | 0.8526 | 0.9157 | 0.0092 | 0.8597 | 0.8514 | 0.8645 | 0.0352 |
| DAFNet[21] | R.S. | Res2Net-50 | 29.35 | 839.21 | 0.8734 | 0.7980 | 0.9184 | 0.0053 | 0.8999 | 0.8442 | 0.9118 | 0.0106 | 0.8568 | 0.8523 | 0.8658 | 0.0348 |
| MJRBM[22] | R.S. | ResNet-50 | 63.28 | 80.56 | 0.8555 | 0.8058 | 0.9091 | 0.0099 | 0.8885 | 0.8573 | 0.9211 | 0.0146 | 0.8511 | 0.8305 | 0.8582 | 0.0372 |
| AGNet[22] | R.S. | Res2Net-50 | 26.60 | 9.65 | 0.8758 | 0.8516 | 0.9287 | 0.0067 | 0.9098 | 0.8956 | 0.9389 | 0.0091 | 0.8570 | 0.8522 | 0.8675 | 0.0348 |
| MCCNet[22] | R.S. | VGG16 | 67.65 | 112.8 | **0.8904** | **0.8604** | 0.9327 | 0.0066 | 0.9155 | 0.9054 | 0.9437 | 0.0087 | 0.8690 | 0.8630 | 0.8746 | 0.0316 |
| SEINet-V |  | VGG16 | 20.03 | 50.06 | 0.8788 | 0.8708 | 0.9283 | 0.0076 | 0.9090 | 0.8996 | 0.9382 | 0.0097 | 0.8616 | 0.8572 | 0.8686 | 0.0330 |
| SEINet-R |  | ResNet-50 | 44.95 | 66.63 | 0.8824 | 0.8733 | 0.9327 | 0.0063 | 0.9112 | 0.9031 | 0.9394 | 0.0093 | 0.8734 | 0.8694 | 0.8752 | 0.0301 |
| SEINet-R2 |  | Res2Net-50 | 45.12 | 67.65 | 0.8861 | **0.8787** | 0.9354 | 0.0063 | 0.9132 | 0.9049 | 0.9427 | 0.0096 | 0.8748 | 0.8710 | 0.8773 | 0.0295 |
| SEINet |  | EfficientNetB7 | 67.4 | 7.52 | 0.8873 | 0.8780 | **0.9356** | **0.0052** | **0.9227** | **0.9150** | **0.9503** | **0.0070** | **0.8843** | **0.8794** | **0.8846** | **0.0260** |

注：N.S.表示 NSI-SOD方法，R.S.表示 RSI-SOD方法。

为了验证本章所提出的模块的鲁棒性和有效性，本章使用各种流行的主干网络进行实验。通过用 VGG16、ResNet50 和 Res2Net50 分别替换 EfficientNetB7 编码器，分别构成 SEINet-V、SEINet-R 和 SEINet-R2 模型。如表 8.1 所示，与使用 VGG16 的其他方法相比，SEINet-V 为最轻量级的模型，拥有最少的参数和 FLOPs。虽然其性能略微落后于 ACCoNet 和 MCCNet，但 SEINet-V 的参数量是 ACCoNet 的 1/5，是 MCCNet 的 1/3。此外，SEINet-R 和 SEINet-R2 优于其他模型（SARNet、RRNet、DAFNet、AGNet 和 MJRBM），在所有数据集的所有指标上使用相同的主干网络，除了 EORRSD 数据集上的 MAE 指标之外，SEINet-R2 的表现均略优于 DAFNet。这些进一步证明了本章所提出的模块的有效性和高效性。

此外，表 8.1 中 SEINet 模型和 9 个 RSI-SOD 模型的 PR 曲线和 F-measure 曲线如图 8.8 所示。本章所提出的模型 SEINet、SEINet-R2、SEINet-R 和 SEINet-V 的性能分别以红色、绿色、蓝色和浅红色表示。从图 8.8 中可以看出，红色曲线在大多数情况下高于其他曲线，除了 EORSSD 数据集上的 PR 曲线与 MCCNet 相比略有下降之外，EORSSD 和 ORSI-4199 数据集上的性能均优于其他方法。此外，本章所提出的模型的 F-measure 分数在各种阈值下均表现出更高的稳定性，这表明本章所提出的方法具有更准确和更鲁棒的 SOD 性能。

(2) 在 ORSI-4199 数据集上基于属性的 SOD 性能比较：为了进一步对本章提出的模型与表 8.1 中 3 个网络组中较先进的 2 个模型进行比较，基于 ORSI-4199 数据集的 9 个属性评估 $F_\beta^{mean}$ 的得分如表 8.2 所示，其中所有评价分数的整数部分均为 0，最高的分数加粗显示，最后一行是所有属性上的平均得分。可以发现，本章所提出的方法除了在 OC 属性上的 $S_m$ 分数略低，其余属性上的所有指标都排在前两名，因此获得了最好的平均性能。这些结果表明，本章所提出的模型在各种场景下都能取得良好的性能，并具有较好的鲁棒性。另外，虽然 MCCNet 在 OC 属性的 3 个评估指标上得分最高，ACCoNet 在 SSO 属性上得分最高，但它们在其他属性上表现较差。

(3) 定性分析：为了进一步说明所提出的 SEINet 模型的优势，图 8.9 给出了在 5 个不同的显著性目标场景下 SEINet 模型与表 8.1 中 3 个不同网络组的 9 个 RSI-SOD 网络进行可视化比较的结果，其中包括 3 个语义增强网络（SARNet、RRNet 和 ACCoNet）、2 个边缘辅助网络（ERPNet 和 EMFINet）和 4 个语义-边缘辅助网络（DAFNet、MJRBM、AGNet 和 MCCNet）。图 8.9 的第一列和第二列分别是原图和实际标注。

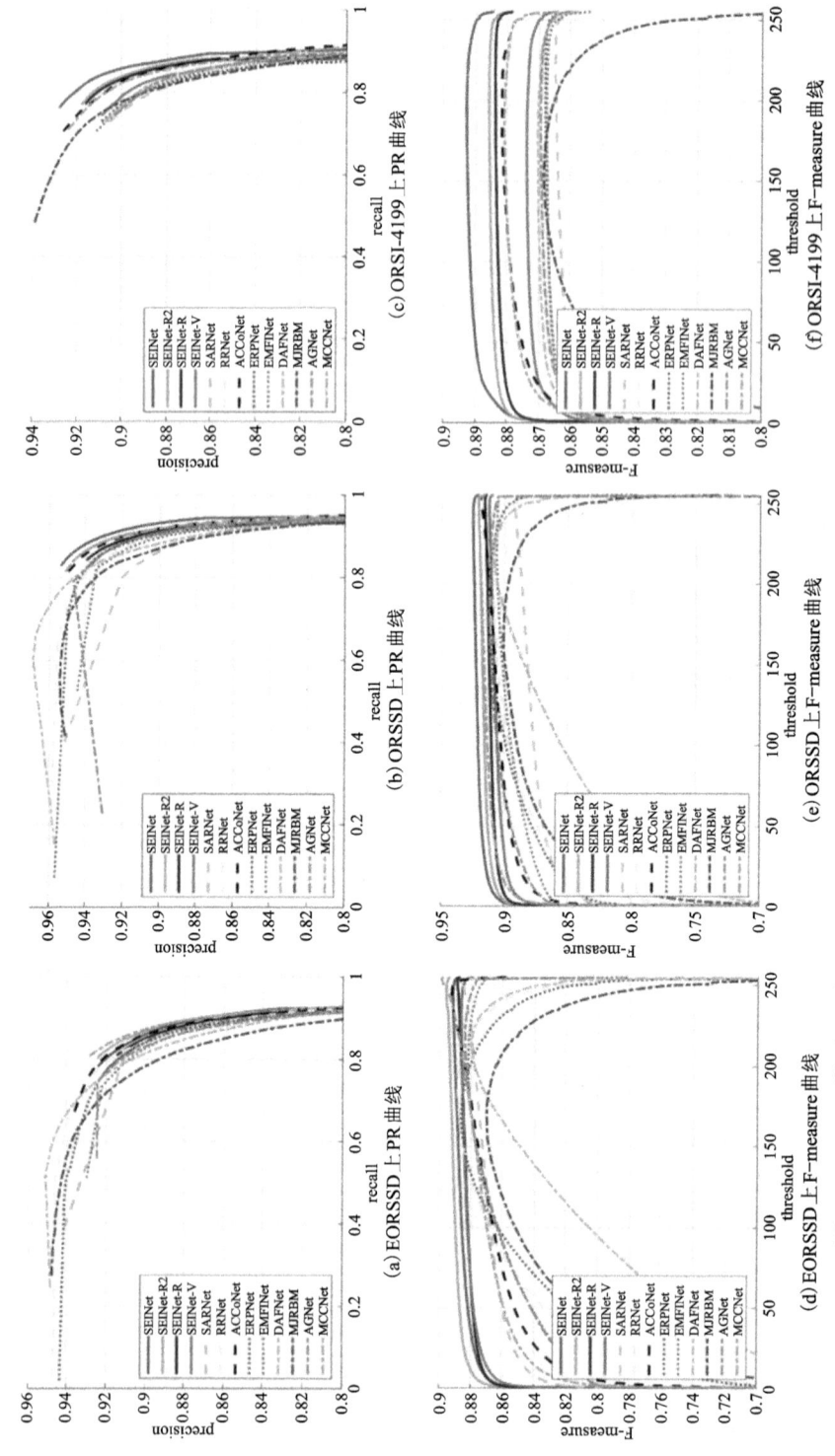

图8.8 SEINet模型和9个RSI-SOD模型的PR曲线和F-measure曲线对比（扫本章二维码查看彩图）

表 8.2　ORSI-4199 数据集上基于属性的测试结果

| 属性 | RRNet | ACCoNet | ERPNet | EMFINet | AGNet | MCCNet | SEINet-V | SEINet-R | SEINet-R2 | SEINet |
|---|---|---|---|---|---|---|---|---|---|---|
| BSO | 0.9115 | 0.9215 | 0.9146 | 0.9038 | 0.9149 | 0.9125 | 0.9166 | 0.9227 | 0.9276 | **0.9323** |
| CS | 0.8873 | 0.8970 | 0.8865 | 0.8832 | 0.8868 | 0.8921 | 0.8901 | 0.8978 | 0.8996 | **0.9123** |
| CSO | 0.8761 | 0.8898 | 0.8825 | 0.8716 | 0.8789 | 0.8794 | 0.8802 | 0.8913 | 0.8963 | **0.9014** |
| ISO | 0.8995 | 0.9039 | 0.8944 | 0.8892 | 0.9044 | 0.8921 | 0.9010 | 0.9103 | 0.9104 | **0.9237** |
| LSO | 0.7843 | 0.7874 | 0.7779 | 0.7825 | 0.7843 | 0.7898 | 0.7927 | 0.8031 | 0.8050 | **0.8180** |
| MSO | 0.8444 | 0.8472 | 0.8411 | 0.8420 | 0.8427 | 0.8520 | 0.8460 | 0.8513 | 0.8584 | **0.8618** |
| NSO | 0.8616 | 0.8544 | 0.8505 | 0.8421 | 0.8611 | 0.8759 | 0.8596 | 0.8871 | 0.8836 | **0.8984** |
| OC | 0.8212 | 0.8364 | 0.8075 | 0.8239 | 0.8219 | **0.8515** | 0.8273 | 0.8843 | 0.8345 | 0.8506 |
| SSO | 0.7836 | 0.8064 | 0.7857 | 0.7946 | 0.7832 | 0.8075 | 0.7963 | 0.8087 | 0.8071 | **0.8163** |
| Avg | 0.8522 | 0.8604 | 0.8490 | 0.8481 | 0.8531 | 0.8614 | 0.8566 | 0.8685 | 0.8692 | **0.8794** |

如图 8.9 第一行和第二行所示，河流和操场都比较大，而且它们周围的背景比较复杂。对于 3 个语义增强网络(图 8.9 第三列至第五列)，虽然引入注意力机制能够在一定程度上捕获相对完整的显著性区域，但其预测容易产生模糊的边缘。通过引入边缘感知机制，两个边缘辅助网络(图 8.9 第六列至第七列)可以生成更清晰的轮廓，但它们缺乏对显著性区域适当的关注，造成了不完整或过度预测的边缘。语义-边缘辅助网络 DAFNet 的预测图(图 8.9 第八列)是所有模型中第二好的，可以发现同时具有注意力和边缘感知能够更好地处理较为复杂的场景。但在语义-边缘感知网络中，边缘特征只是单向地用于细化注意力特征，边缘特征没有得到充分的细化，导致预测图的边缘模糊或不连续。相反，本章所提出的模型(最右边的一列)被认为能产生最准确的显著性图，而不受河流背景和操场复杂纹理的影响，这要归功于注意力处理的显著性区域和显著性边缘的相互补充。

图 8.9 的第三行和第四行是最困难的显著目标检测场景，其中显著性目标的外观几乎与背景相同。除 DAFNet 方法外，其他方法均遗漏了小岛(图 8.9 第三行)。而本章所提出的方法在边界清晰的情况下获得了最佳结果。至于图 8.9 第四行中的小船，其他方法只检测到部分目标，而本章所提出的方法得到了完整准确的预测图。

图 8.9 的第五行至第十行分别是细长的目标、小目标和具有杂乱背景的截断目标的场景，本章所提出的模型依然能够在这 3 个具有挑战性的场景中生成最准确的显著性图，进一步证明了本章所提出的模型在鲁棒性方面具有优势。

从上述大量视觉比较中可以看出，SOD 模型在许多场景中都能够通过注意力

大目标

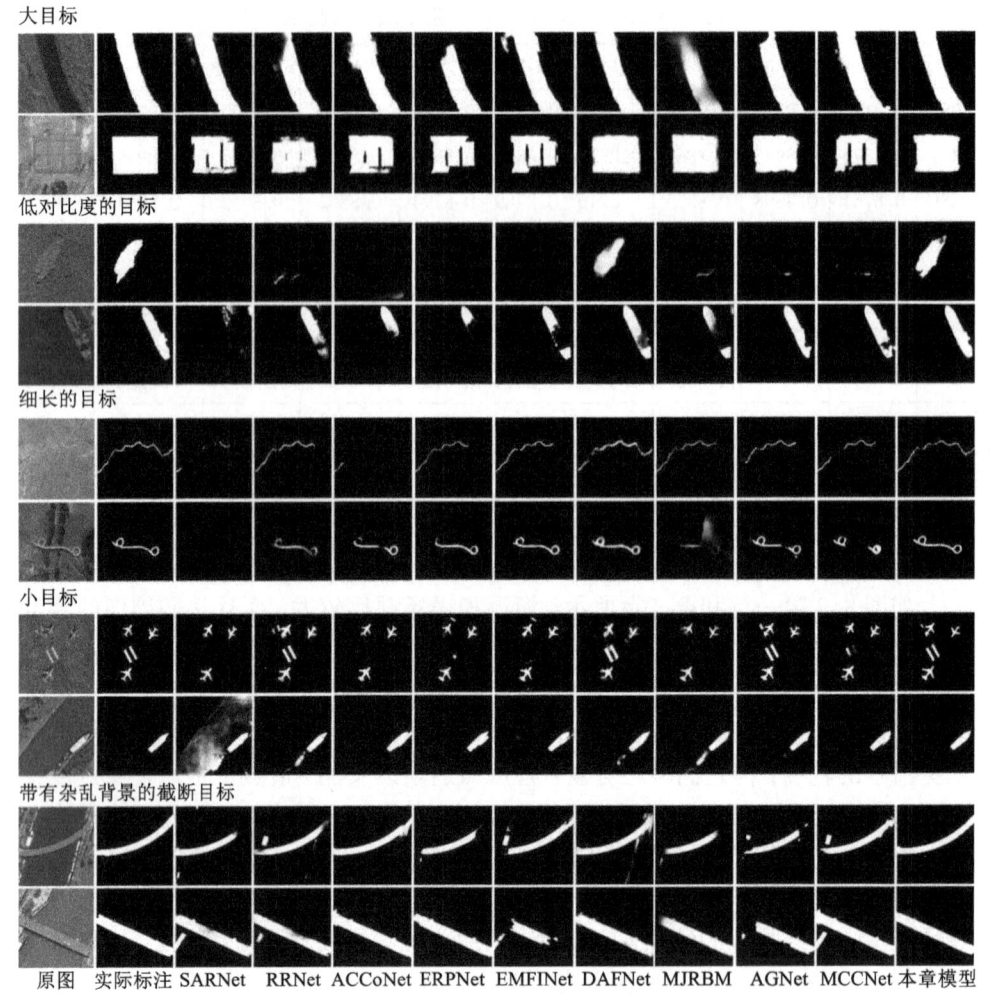

低对比度的目标

细长的目标

小目标

带有杂乱背景的截断目标

原图　实际标注　SARNet　RRNet　ACCoNet　ERPNet　EMFINet　DAFNet　MJRBM　AGNet　MCCNet　本章模型

图 8.9　本章模型与 9 个较先进的 RSI-SOD 网络的可视化比较

或边缘感知机制两者中的至少一种来改进显著性图。然而，在一个场景中检测性能较好的方法往往伴随着在另一个场景中检测性能较差。本章所提出的方法因为使用了注意力和边缘进行交互细化的方法，降低了模型对场景的依赖性，因此具有较强的鲁棒性。

（4）显著性边缘评估：为了证明语义增强边缘检测在提高最终显著目标预测图的边缘检测质量方面的有效性，将本章所提出的方法预测的显著边缘与表 8.1 中列出的 9 种 RSI-SOD 方法产生的显著边缘进行比较。鉴于 SOD 模型的预测图是一个 0 到 255 的灰度图，其中 0 表示背景，255 表示显著性目标，本章使用 sobel 算子从预测的显著性图中提取显著边缘，将 sobel 算子的阈值设置为 0，确保生成公平的显著边缘图来进行比较，并保证没有忽略任何边缘信息。由于阈值已固定，$F_\beta^{\max}$ 的值等于 $F_\beta^{\mathrm{mean}}$。因此，仅将 $F_\beta^{\mathrm{mean}}$、$S_\mathrm{m}$ 和 MAE 视为显著性边缘定量评估的指标。本章所提出的模型的边缘评估结果包括定性和定量两方面，如表 8.3 和图 8.10 所示。

表 8.3 在 3 个基准数据集上的边缘性能比较结果

| 方法 | EORSSD $F_\beta^{\mathrm{mean}} \uparrow$ | EORSSD $S_\mathrm{m} \uparrow$ | EORSSD MAE $\downarrow$ | ORSSD $F_\beta^{\mathrm{mean}} \uparrow$ | ORSSD $S_\mathrm{m} \uparrow$ | ORSSD MAE $\downarrow$ | ORSI-4199 $F_\beta^{\mathrm{mean}} \uparrow$ | ORSI-4199 $S_\mathrm{m} \uparrow$ | ORSI-4199 MAE $\downarrow$ |
|---|---|---|---|---|---|---|---|---|---|
| SARNet[21] | 0.3950 | 0.7100 | 0.0074 | 0.3049 | 0.6500 | 0.0137 | 0.2394 | 0.6157 | 0.0162 |
| RRNet[22] | 0.3782 | 0.6917 | 0.0131 | 0.3455 | 0.6591 | 0.0186 | 0.2313 | 0.6125 | 0.0154 |
| ACCoNet[22] | 0.0873 | 0.5554 | 0.0120 | 0.2069 | 0.6005 | 0.0150 | 0.1506 | 0.5678 | 0.0172 |
| ERPNet[22] | 0.0392 | 0.5340 | 0.0110 | 0.1690 | 0.5842 | 0.0134 | 0.2575 | 0.6244 | 0.0153 |
| EMFINet[22] | 0.2764 | 0.6561 | 0.0078 | 0.3356 | 0.6733 | 0.0108 | 0.2586 | 0.6264 | 0.0149 |
| DAFNet[21] | 0.0174 | 0.5203 | 0.0113 | 0.0304 | 0.4994 | 0.0191 | 0.2319 | 0.6122 | 0.0151 |
| MJRBM[22] | 0.0071 | 0.5144 | 0.0112 | 0.0106 | 0.4967 | 0.0169 | 0.0526 | 0.5173 | 0.0229 |
| AGNet[22] | 0.2720 | 0.6538 | 0.0078 | 0.3393 | 0.6806 | 0.0143 | 0.2319 | 0.6124 | 0.0152 |
| MCCNet[22] | 0.1591 | 0.5931 | 0.0105 | 0.2834 | 0.6384 | 0.0137 | 0.0173 | 0.5803 | 0.0166 |
| SEINet-V | 0.4114 | 0.7130 | 0.0084 | 0.3514 | 0.6729 | 0.0117 | 0.2395 | 0.6169 | 0.0148 |
| SEINet-R | 0.4550 | 0.7366 | 0.0077 | 0.4083 | 0.7022 | 0.0105 | **0.2841** | **0.6386** | **0.0138** |
| SEINet-R2 | **0.4624** | **0.7420** | **0.0067** | **0.4282** | **0.7102** | 0.0109 | 0.2806 | 0.6378 | 0.0139 |
| SEINet | 0.4133 | 0.7164 | 0.0069 | 0.3995 | 0.6987 | **0.0099** | 0.2479 | 0.6215 | 0.0143 |

由表 8.3 可以看出，SEINet、SEINet-R2、SEINet-R 和 SEINet-V 在评价指标上的排名靠前。具体来说，与其他 9 个 RSI-SOD 网络相比，SEINet 在 9 个指标中的 7 个中占据了榜首位置，而 SEINet-R2、SEINet-R 和 SEINet-V 分别在 8 个和 4 个指标中占据主导地位。这种出色的性能得益于 MAI 模块，它可以有效地利用来自 SOD 任务的信息来增强 SED 的性能。此外，图 8.10 中由本章所提出的模型生成的显著边缘图也表明其与显著性目标有更好的语义一致性，并超过了其他先进方法的预测图，证明这种语义一致性在识别和排除非显著区域方面是有效的。

综上所述，SEINet 的能力在 SOD 领域起着关键作用。通过改进边缘和显著性区域的语义边界交互过程，本章所提出的方法在准确识别显著目标方面表现出色，显著提高了整体检测性能。

图8.10 显著性边缘预测评估结果（本章模型与9种先进的RSI-SOD网络的可视化比较）

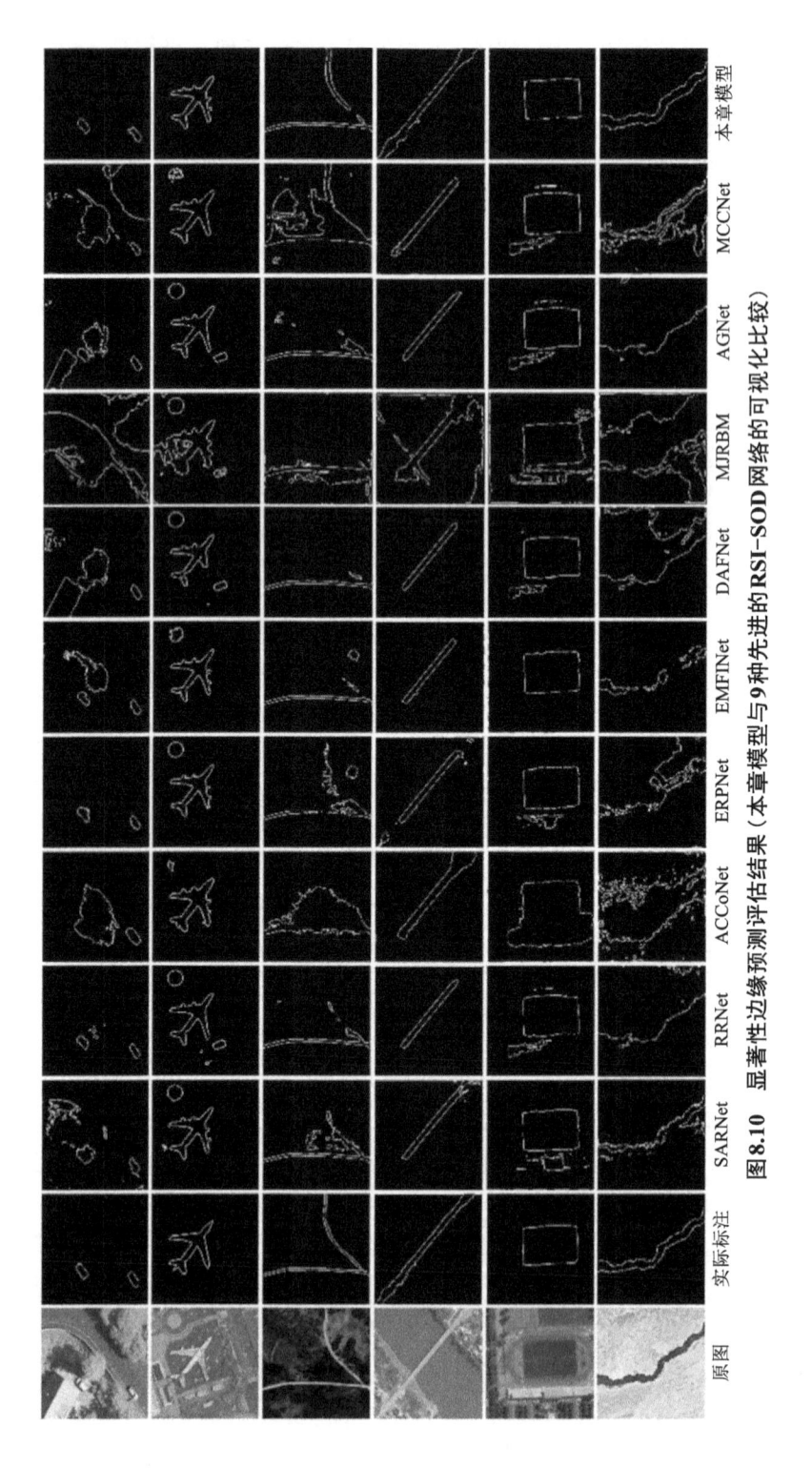

## 8.4.3 消融实验

本小节使用 ORSSD 的基准数据集进行了一系列消融实验,旨在研究本章所提出的模块及各种模块组合对本章所提出的模型性能的影响,结果如表 8.4 所示。其中分数最好的加粗显示,且符号"↑"和"↓"分别表示分数越高和越低越好。

(1)注意力和门机制的有效性:注意力和门机制可以用来增强显著特征的语义和细化边缘特征。为了评估这些机制在 MAI 模块中的有效性,移除其中一个或两个机制进行消融实验,实验结果如表 8.4 所示,表明注意力和门机制的纳入均提高了评估分数。总体来说,完整 SEINet 的 $F_\beta^{\max}$、$F_\beta^{\text{mean}}$、$S_m$ 和 MAE 分数分别显著提高了 0.93%、1.28%、0.87% 和降低了 0.18%。值得注意的是,与没有这两种机制的变体相比,完整 SEINet 仅增加 0.01 M 参数量和 0.01 G FLOPs 就实现了这种改进效果。这表明在显著特征和边缘特征交互之前单独细化它们的有效性,可以提高融合质量,也证明了语义边缘相互作用的好处。

表 8.4 注意力和门机制的有效性评估结果

| 注意力 | 门机制 | 参数量/M↓ | FLOPs/G↓ | ORSSD $F_\beta^{\max}$↑ | $F_\beta^{\text{mean}}$↑ | $S_m$↑ | MAE↓ |
|---|---|---|---|---|---|---|---|
|  |  | 67.39 | 7.51 | 0.9134 | 0.9022 | 0.9416 | 0.0088 |
|  | √ | 67.39 | 7.51 | 0.9142 | 0.9052 | 0.9418 | 0.0088 |
| √ |  | 67.40 | 7.52 | 0.9213 | 0.9104 | 0.9489 | 0.0072 |
| √ | √ | 67.40 | 7.52 | **0.9227** | **0.9150** | **0.9503** | **0.0070** |

(2)多尺度聚合注意力模块配置的消融实验分析:对多尺度聚合注意力(MAA)模块中卷积分支的数量进行消融实验,以探究其对模型性能的影响。表 8.5 显示了卷积分支的数量从 1 个增加到 7 个时 MAA 模块的性能变化,其中第一个卷积分支只有一个 1×1 的卷积层,第 $j(j>1)$ 个卷积分支按顺序包含一个 1×1 的卷积层、一个 1×(2j−1) 的卷积层、一个 (2j−1)×1 的卷积层和一个空洞率为 2j−1 的 3×3 的空洞卷积层。从表 8.5 中可以看出,随着卷积分支数量从 1 个增加到 6 个,参数量和 FLOPs 分别增加了 2.87 M 和 3.9 G,但 $F_\beta^{\max}$、$F_\beta^{\text{mean}}$、$S_m$ 和 MAE 分数分别提高了 2.22%、2.86%、1.36% 和 0.36%。$F_\beta^{\max}$、$F_\beta^{\text{mean}}$ 和 $S_m$ 分数逐渐提高,MAE 分数逐渐降低,这表明了每个额外的分支带来的额外尺度信息对 SOD 整体性能的贡献。如果将卷积分支的数量进一步增加到 7 个,ORSSD 数据集

的所有评估指标都变差，只有 EORSSD 数据集上的 $F_\beta^{max}$ 分数提高。这表明 MAA 模块最有效的配置是 6 个卷积分支。

表 8.5 多尺度聚合注意力模块配置的消融实验结果

| 卷积分支的数量/个 | 参数量/M↓ | FLOPs/G↓ | ORSSD $F_\beta^{max}$↑ | $F_\beta^{mean}$↑ | $S_m$↑ | MAE↓ |
|---|---|---|---|---|---|---|
| 1 | 64.53 | 3.62 | 0.9005 | 0.8864 | 0.9367 | 0.0106 |
| 2 | 65.09 | 4.38 | 0.9135 | 0.8985 | 0.9389 | 0.0102 |
| 3 | 65.57 | 5.03 | 0.9140 | 0.9012 | 0.9395 | 0.0099 |
| 4 | 66.11 | 5.77 | 0.9167 | 0.9021 | 0.9452 | 0.0076 |
| 5 | 66.72 | 6.60 | 0.9190 | 0.9078 | 0.9452 | 0.0076 |
| 6 | 67.40 | 7.52 | **0.9227** | **0.9150** | **0.9503** | **0.0070** |
| 7 | 68.14 | 8.43 | 0.9215 | 0.9143 | 0.9477 | 0.0073 |

(3) 语义指导融合模块位置的消融实验分析：表 8.6 显示了语义指导融合 (SF) 模块处于不同位置时对模型性能的影响，其中 SEINet 表示本章所提出的模型，即在 SOD 分支末端配备两个 SF 模块（见图 8.2），basic 表示用 Concat+Conv（见图 8.7 的顶部方框）代替 SEINet 的 SF 模块，SF-SED 表示将 SF 模块用于执行 SED 分支的最后两个特征融合过程，而用 Concat+Conv 执行 SOD 分支的最后两个特征融合过程。SF-OED 表示使用 SF 模块同时执行 SOD 和 SED 分支的最后两个特征融合过程。从表 8.6 可以看出，与 basic 相比，其他方法因 SF 模块的存在而具有了更好的性能，这证明了 SF 模块的有效性。其次，SF-OED 优于 SF-SED，但由于它们都过于关注边缘信息，两者都不如 SEINet。

表 8.6 语义指导融合模块位置的消融实验分析

| 方法 | 参数量/M↓ | FLOPs/G↓ | ORSSD $F_\beta^{max}$↑ | $F_\beta^{mean}$↑ | $S_m$↑ | MAE↓ |
|---|---|---|---|---|---|---|
| basic | 67.25 | 7.14 | 0.9076 | 0.8987 | 0.9399 | 0.0093 |
| SF-SED | 67.40 | 7.52 | 0.9163 | 0.9036 | 0.9425 | 0.0092 |
| SF-OED | 67.54 | 7.90 | 0.9184 | 0.9122 | 0.9462 | 0.0082 |
| SEINet | 67.40 | 7.52 | **0.9227** | **0.9105** | **0.9503** | **0.0070** |

(4)关键模块的消融实验分析:为了验证本章模型 SEINet 中每个关键模块的有效性,对 SEINet 的三种变体 base line(仅有两个 U 形结构分支的编码器-解码器网络)、baseline+MAI 和 baseline+MAI+SF 进行了消融实验。

从表 8.7 所示结果来看,随着关键模块的增加,从上到下可以看到 $F_\beta^{max}$、$F_\beta^{mean}$ 和 $S_m$ 分数在增加,MAE 分数在减小,说明每个关键模块对 SEINet 的整体性能均有提升作用。4 个 MAI 模块和 2 个 SF 模块的组合具有 3.77 M 参数量和 5.31G FLOPs,并且完整的 SEINet 在 ORSSD 数据集上使 baseline 的 $F_\beta^{max}$ 提高了 3.73%,$F_\beta^{mean}$ 提高了 4.21%,$S_m$ 提高了 4.89%,MAE 降低了 0.65%。

表 8.7 关键模块对模型性能的影响

| baseline | MAI | SF | 参数量/M↓ | FLOPs/G↓ | ORSSD $F_\beta^{max}$↑ | $F_\beta^{mean}$↑ | $S_m$↑ | MAE↓ |
| --- | --- | --- | --- | --- | --- | --- | --- | --- |
| √ | | | 63.63 | 2.21 | 0.8854 | 0.8729 | 0.9014 | 0.0135 |
| √ | √ | | 67.25 | 7.14 | 0.9076 | 0.8987 | 0.9399 | 0.0093 |
| √ | √ | √ | 67.40 | 7.52 | **0.9227** | **0.9150** | **0.9503** | **0.0070** |

## 8.5 讨论

本章通过结合语义注意力和边缘感知机制,将最新的基于 FCN 的 SOD 模型分为 3 种不同的网络类型,对其性能特征进行了深入的研究。定性分析表明语义注意力机制通过有效地突出重要特征来增强显著性预测的准确性。同样,结合边缘感知可以利用边缘信息减少模糊边界,从而提高对显著目标的检测准确率。尽管一些现有的 RSI-SOD 模型试图结合这两种机制,但缺乏边缘特征的细化往往导致边缘信息融合不足,从而难以应对复杂的场景。如图 8.9 中第二行所示,只有 DAFNet 和本章所提出的模型的预测图可以更好地捕获整个显著目标,但 DAFNet 的预测图存在严重的边缘模糊。

与现有的将注意力和边缘感知机制结合起来的网络不同,本章所提出的 SEINet 允许对边缘特征进行细化,并通过基于注意力的语义特征和门控机制细化后的边缘特征不断交互来补充语义特征。这种语义-边缘交互不仅充分结合了注意力机制和边缘感知机制的优势,而且充分利用了 SOD 和 SED 任务的互补信息。从图 8.8 中的 F-measure 曲线对比可以看出,在不同阈值下,本章所提出的模型的得分比其他 SOD 模型更稳定,说明语义边缘交互可以带来更强的鲁棒性,并且从图 8.9 的预测图对比也可以看出,本章所提出的模型在各种场景下都能获得更好的结果。

虽然本章所提出的 SEINet 总体上优于其他 SOD 算法，并且很少产生完全错误的预测结果，但也有不符合预期的情况，如图 8.11 所示。从图 8.11 第一行和第二行可知，本章所提出的方法检测到的显著性图与实际标注不一致。这种差异源于这样一个事实，即从语义的角度来看，对图中的显著性目标可以有多种有效的解释。例如，在图 8.11 第一行中，本章所提出的方法将中心的圆形屋顶识别为显著性目标，而实际标注将周围的道路作为显著性区域的一部分。同样，在图 8.11 第二行中，本章所提出的方法检测到的显著性区域与实际标注之间存在分歧。图 8.11 第三行和第四行中的例子表明，本章所提出的方法很难准确地描绘两个靠得比较近的细长物体的边缘。这可能是由于注意力模块在语义上将它们解释为一个单独的实体，因为它们很接近。因此，SED 将两个目标之间的边缘视为内部纹理，而不是明显的边界，从而无法检测到两个目标之间的边缘，导致预测错误。这说明需要进一步完善本章所提出的注意力模块，以更好地处理两个相近的物体。

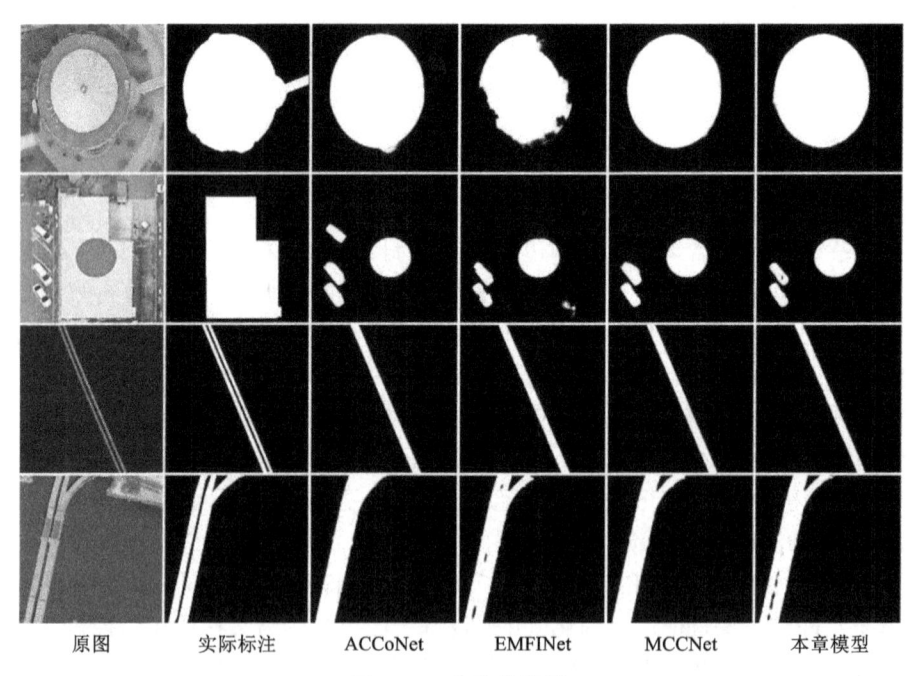

图 8.11 失败的案例

## 8.6 本章小结

本章研究了一些网络中有无注意力和边缘感知机制的 SOD 模型的性能特征，并将它们分为注意力网络、边缘感知网络、注意力-边缘感知网络 3 种不同类型。虽然大多数 RSI-SOD 模型都在网络框架中引入了注意力和边缘感知机制，试图探索二者的互补性，但由于两种机制结合不足，在一些复杂场景下 SOD 性能较差。

本章提出了一种注意力-边缘交互网络(SEINet)。其通过 MAI 模块实现 SOD 和 SED 分支之间的交互，并为显著性区域和边缘特征的细化提供了边缘增强的注意力和注意力增强的边缘。此外，本章所提出的 SF 模块将高级语义信息引入低层特征中进行融合，有效解决了语义稀释的问题，进一步提高了检测精度。

从大量实验结果来看，本章所提出的方法充分结合了注意力和边缘感知机制的性能优势，其 RSI-SOD 性能优于其他 3 个网络组中表现最好的算法。

## 参考文献

[1] WEI Y C, FENG J S, LIANG X D, et al. Object region mining with adversarial erasing: a simple classification to semantic segmentation approach[C]//2017 IEEE Conference on Computer Vision and Pattern Recognition (CVPR). July 21-26, 2017, Honolulu, HI, USA. IEEE, 2017: 6488-6496.

[2] 黄庭鸿, 聂卓赟, 王庆国, 等. 基于区块自适应特征融合的图像实时语义分割[J]. 自动化学报, 2021, 47(5): 1137-1148.

[3] FANG H, GUPTA S, IANDOLA F, et al. From captions to visual concepts and back[C]//2015 IEEE Conference on Computer Vision and Pattern Recognition (CVPR). June 7-12, 2015, Boston, MA, USA. IEEE, 2015: 1473-1482.

[4] REN Z X, GAO S H, CHIA L T, et al. Region based saliency detection and its application in object recognition[J]. IEEE Transactions on Circuits and Systems for Video Technology, 2014, 24(5): 769-779.

[5] 毕威, 黄伟国, 张永萍, 等. 基于图像显著轮廓的目标检测[J]. 电子学报, 2017, 45(8): 1902-1910.

[6] WANG W G, SHEN J B, YANG R G, et al. Saliency-aware video object segmentation[J]. IEEE Transactions on Pattern Analysis and Machine Intelligence, 2018, 40(1): 20-33.

[7] LONG J, SHELHAMER E, DARRELL T. Fully convolutional networks for semantic segmentation [C]//2015 IEEE Conference on Computer Vision and Pattern Recognition (CVPR). June 7-12, 2015, Boston, MA, USA. IEEE, 2015: 3431-3440.

[8] HUANG Z, CHEN H X, LIU B Y, et al. Semantic-guided attention refinement network for

［8］ salient object detection in optical remote sensing images［J］. Remote Sensing, 2021, 13 (11): 2163.

［9］ CONG R, ZHANG Y, FANG L, et al. RRNet: relational reasoning network with parallel multiscale attention for salient object detection in optical remote sensing images［J］. IEEE Transactions on Geoscience and Remote Sensing, 2022, 60: 1-11.

［10］ LI G Y, LIU Z, ZENG D, et al. Adjacent context coordination network for salient object detection in optical remote sensing images［J］. IEEE Transactions on Cybernetics, 2023, 53(1): 526-538.

［11］ ZHOU X F, SHEN K Y, WENG L, et al. Edge-guided recurrent positioning network for salient object detection in optical remote sensing images［J］. IEEE Transactions on Cybernetics, 2023, 53(1): 539-552.

［12］ WANG Z, GUO J X, ZHANG C L, WANG B H. Multiscale feature enhancement network for salient object detection in optical remote sensing images［J］. IEEE Transactions on Geoscience and Remote Sensing, 2022, 60: 5634819.

［13］ ZHANG Q J, CONG R M, LI C Y, et al. Dense attention fluid network for salient object detection in optical remote sensing images［J］. IEEE Transactions on Image Processing, 2021, 30: 1305-1317.

［14］ TU Z Z, WANG C, LI C L, et al. ORSI salient object detection via multiscale joint region and boundary model［J］. IEEE Transactions on Geoscience and Remote Sensing, 2021, 60: 1-13.

［15］ LIN Y H, SUN H, LIU N Z, et al. Attention guided network for Salient object detection in Optical remote sensing images［M］//Lecture Notes in Computer Science. Cham: Springer International Publishing, 2022: 25-36.

［16］ LI G Y, LIU Z, LIN W S, et al. Multi-content complementation network for salient object detection in optical remote sensing images［J］. IEEE Transactions on Geoscience and Remote Sensing, 2021, 60: 5614513.

［17］ CHEN Z Y, XU Q Q, CONG R M, et al. Global context-aware progressive aggregation network for salient object detection［J］. Proceedings of the AAAI Conference on Artificial Intelligence, 2020, 34(7): 10599-10606.

［18］ LI J X, PAN Z F, LIU Q S, et al. Stacked U-shape network with channel-wise attention for salient object detection［J］. IEEE Transactions on Multimedia, 2021, 23: 1397-1409.

［19］ YUN Y K, LIN W S. SelfReformer: self-refined network with transformer for salient object detection［EB/OL］. 2022: https://arxiv.org/abs/2205.11283v4.

［20］ LIU J J, HOU Q B, CHENG M M, et al. A simple pooling-based design for real-time salient object detection［C］//2019 IEEE/CVF Conference on Computer Vision and Pattern Recognition (CVPR). June 15-20, 2019, Long Beach, CA, USA. IEEE, 2019: 3912-3921.

［21］ ZHAO J X, LIU J J, FAN D P, et al. EGNet: edge guidance network for salient object detection［C］//2019 IEEE/CVF International Conference on Computer Vision (ICCV). October 27 - November 2, 2019, Seoul, Korea (South). IEEE, 2019: 8778-8787.

[22] ZHOU H J, XIE X H, LAI J H, et al. Interactive two-stream decoder for accurate and fast saliency detection [C]//2020 IEEE/CVF Conference on Computer Vision and Pattern Recognition (CVPR). June 13-19, 2020, Seattle, WA, USA. IEEE, 2020: 9138-9147.

[23] KE Y Y, TSUBONO T. Recursive contour-saliency blending network for accurate salient object detection [C]//2022 IEEE/CVF Winter Conference on Applications of Computer Vision (WACV). January 3-8, 2022, Waikoloa, HI, USA. IEEE, 2022: 1360-1370.

[24] XU B W, LIANG H R, LIANG R H, et al. Locate globally, segment locally: a progressive architecture with knowledge review network for salient object detection[J]. Proceedings of the AAAI Conference on Artificial Intelligence, 2021, 35(4): 3004-3012.

[25] LEE M S, SHIN W, HAN S W. TRACER: extreme attention guided salient object tracing network (student abstract)[J]. Proceedings of the AAAI Conference on Artificial Intelligence, 2022, 36(11): 12993-12994.

[26] Efficientnet: Rethinking model scaling for convolutional neural networks [C]//International conference on machine learning. PMLR, 2019: 6105-6114.

[27] RONNEBERGER O, FISCHER P, BROX T. U-net: convolutional networks for biomedical image segmentation [M]//Lecture Notes in Computer Science. Cham: Springer International Publishing, 2015: 234-241.

[28] LIU S T, HUANG D, WANG Y H. Receptive field block net for accurate and fast object detection[M]//Lecture Notes in Computer Science. Cham: Springer International Publishing, 2018: 404-419.

[29] SZEGEDY C, VANHOUCKE V, IOFFE S, et al. Rethinking the inception architecture for computer vision [C]//2016 IEEE Conference on Computer Vision and Pattern Recognition (CVPR). June 27-30, 2016, Las Vegas, NV, USA. IEEE, 2016: 2818-2826.

[30] ZHAO H S, SHI J P, QI X J, et al. Pyramid scene parsing network [C]//2017 IEEE Conference on Computer Vision and Pattern Recognition (CVPR). July 21-26, 2017, Honolulu, HI, USA. IEEE, 2017: 6230-6239.

[31] WOO S, PARK J, LEE J Y, et al. CBAM: convolutional block attention module[M]//Lecture Notes in Computer Science. Cham: Springer International Publishing, 2018: 3-19.

[32] LI C Y, CONG R M, HOU J H, et al. Nested network with two-stream pyramid for salient object detection in optical remote sensing images [J]. IEEE Transactions on Geoscience and Remote Sensing, 2019, 57(11): 9156-9166.

[33] WU Z, SU L, HUANG Q M. Stacked cross refinement network for edge-aware salient object detection[C]//2019 IEEE/CVF International Conference on Computer Vision (ICCV). October 27-November 2, 2019, Seoul, Korea (South). IEEE, 2019: 7263-7272.

[34] ACHANTA R, HEMAMI S, ESTRADA F, et al. Frequency-tuned salient region detection [C]//2009 IEEE Conference on Computer Vision and Pattern Recognition. June 20-25, 2009, Miami, FL, USA. IEEE, 2009: 1597-1604.

[35] FAN D P, CHENG M M, LIU Y, et al. Structure-measure: a new way to evaluate foreground maps[C]//2017 IEEE International Conference on Computer Vision (ICCV). October 22-29, 2017, Venice, Italy. IEEE, 2017: 4558-4567.

# 第 9 章  用于密集预测任务的分层多任务学习网络

扫一扫，看本章彩图

## 9.1  引言

在计算机视觉领域，密集预测任务包括语义分割[1,2]、单目深度估计[3,4]和显著性目标检测[5,6]等。这些任务都致力于解决视觉场景中不完全相同但又相互关联的问题，所以需要一个可以辨别和交互不同视觉信息的模型，使其对图像中每个像素点的理解更为准确。多任务学习(MTL)方法的出现提供了一种解决方案，可以利用这些任务之间的内部依赖关系来提高模型性能。换句话说，MTL 框架可以同时学习多个任务，并利用任务之间共享的知识实现更全面的场景理解。

然而，在传统的 MTL 方法中，不同的任务通常被看作并行的学习目标，这可能导致自然场景中视觉元素的相互作用和层次性质被忽略，进而导致次优的特征共享，在某些情况下，还会导致任务之间负迁移现象[7,8]的发生。MTL 的最新进展旨在解决这些局限性，其强调任务之间的相互作用，以提高网络的效率和鲁棒性。例如，Bao 等[9]探索了动态加权方案，以更有效地平衡不同任务的学习目标。蒸馏方法[10,11]也是多任务学习常用的手段，其通过促进有用信息的互换来提高MTL 的性能。此外，基于 Transformer 的 MTL 方法[12,13]利用自注意力机制来捕获不同特征层之间复杂的任务交互信息。一些学者还深入研究了元学习和跨模态学习范式，以进一步丰富 MTL 架构。例如，MTG-Net[14]引入了一个基于元学习的MTL 框架，其能够以最少的额外训练让网络适应新任务。此外，BACHMANN等[15]提出了一种跨模态 MTL 模型，其从文本、视觉和听觉数据中协同学习，以实现更鲁棒的场景理解。

与现有模型不同，本章提出的用于密集预测任务的分层多任务学习网络(hierarchical multi-task learning, HirMTL)专门用于处理现实场景中复杂的层次结构和多样的尺度特征。通过识别密集预测任务中不同任务之间的依赖关系，HirMTL 在不同层次上可以对这些依赖关系进行逐步解耦，在增强任务间信息共享的同时,有效减少任务间的干扰。HirMTL 能够高效作用的基础是特征传递和连接模块(feature propagation and concatenation,FPC)。FPC 模块对于网络早期学习共享特征和后续多尺度特征的融合过程至关重要,它是网络实现有效的特征交换和丰富语义信息的基础。之后,网络进展到多尺度级别,任务自适应多尺度特征融合(task adaptive multi-scale fusion,TAF)模块开始发挥作用。该模块根据每个任务的具体需求,可以自适应地融合来自不同尺度的特征。TAF 模块针对不同的任务,可以确保各尺度有效特征精确融合。非对称信息对比模块(AICM)是对多尺度特征融合过程的补充。AICM 通过管理共享池内不同任务特征的交互,满足每个任务的独特需求。这种信息交互方法有助于增强特定任务的结果,加快网络运行的整体速率。

## 9.2 相关工作

在过去的几十年,多任务学习方法已经从传统的手工特征提取方法转变为更复杂的神经网络架构。而基于多尺度特征提取的多任务学习网络需要突破的两大难题是不同尺度特征的融合和任务特定特征之间的信息交互。下面分别对这两大难题普遍的解决方案进行概述。

### 9.2.1 多尺度特征融合

深度神经网络从低级、高分辨率的图像开始提取特征,以捕获复杂场景的细节信息。然而,随着网络加深,特征图尺度大幅减小,网络中的语义抽象信息逐渐丰富。通过将来自浅层的细节信息与深层语义信息融合,多尺度特征融合实现了丰富的场景表征,这对于复杂的密集预测任务至关重要。

特征金字塔网络(feature pyramid network,FPN)[16]解决了单尺度网络在目标检测[17]和语义分割[18]等应用中的局限性问题。FPN 通过自上而下的上采样和残差连接将深层语义信息和浅层细节信息整合起来,生成适应各种物体尺度和几何形状的丰富特征图谱。它的有效性已在 Faster R-CNN[19]、Mask R-CNN[20] 和 DeepLabv3+[21]等架构中得到证明。为了进一步利用多尺度特征的优势,多任务学习网络已越来越多地与其结合使用。为了增强不同任务之间的共享特征,基本的多尺度特征融合方法[7,11,22]将不同尺度特征重新缩放到相同尺度,然后在通道维度拼接起来。更复杂的融合策略[10,23,24]采用特征的分层集成,提高多任务学习网络的泛化能力。

综上所述,多尺度特征融合方法可以增强单任务和多任务学习的性能,并提高网络对复杂场景处理的鲁棒性。为此,本章提出了任务自适应多尺度特征融合模块(TAF),该方法旨在根据不同任务的需求,自适应地提取适用于当前任务的多尺度特征组合，以获得最佳的场景理解信息。

### 9.2.2 多任务信息交互

硬参数共享方法在参数利用和网络训练中的高效性，使其在多任务学习领域的应用越来越普遍。这种方法通常包括一个统一的特征编码器，用于共享提取的特征信息。不同任务中的特定解码器用来对不同任务之间的复杂关系进行建模，有效地弥补每个任务可能存在的信息缺陷。不同任务间关系的建模主要围绕两个方面展开。

（1）蒸馏方法。

蒸馏方法是指将多个任务提取的丰富特征路由到目标任务中，这种方法可以丰富目标任务的特征谱。例如，PAD-Net[7]是一种多任务引导的蒸馏网络。该模型首先预测一组从低级到高级的中间辅助任务，然后将这些中间辅助任务的预测作为最终任务的多模态输入。PAP-Net[25]使用类似于 PAD-Net 的模型架构，但 PAP-Net 利用像素亲和度进行多模态蒸馏。JTRL[26]在逐渐增大的尺度上递归预测两个任务，多模态蒸馏机制用于根据先前的状态优化预测结果。MTI-Net[10]通过在多个尺度上提取任务信息来改进 PAD-Net。UM-Adapt[27]为多密集预测任务中的无监督领域自适应提供了统一的框架。ATRC[11]提出了一种注意力驱动的多模态蒸馏方法，在多个任务特定的头后部署 ATRC 蒸馏模块，以改进每个任务的预测结果。

（2）Transformer 方法。

InvPT[23]是基于 Transformer 多任务学习网络的典型方法，其中不同任务的特征图被展平并使用 concat 连接起来，然后输入 Transformer 网络中进行全面的整合优化。该策略能有效捕获全局任务间的交互信息，但计算量较大。

虽然以上策略是有效的，但它们都是侧重于单一级别的多任务学习，可能无法充分利用不同任务之间复杂的关系。本章所提出的用于密集预测任务的分层多任务学习网络解决了这一问题。它在单尺度、多尺度和任务级别3个层次上分别进行操作，该方法细化了多任务信息的交互，增强了特定任务的学习能力，减少了网络中的噪声信息和负迁移现象，从而改善了整体网络的预测结果。

## 9.3 提出的方法

### 9.3.1 HirMTL 概述

用于密集预测任务的分层多任务学习网络（HirMTL）旨在通过多层级解耦不同任务相关性的方法解决密集预测任务中的问题。通过促进不同层级之间特征的融合和信息交流，HirMTL 极大提高了多任务学习的性能。这种方法的优势是，可以使不同任务之间有更深的理解和协同作用。为了便于描述，本节举例说明 HirMTL 在语义分割和显著目标检测中的适用性。HirMTL 的网络结构如图 9.1 所示，其主要有 4 个组件，对应于分层多任务不同层级的学习过程：①多尺度主干编码器为后续特征交互过程提供多尺度基本特征。②特征传播和连接（feature propagation and concatenation，FPC）模块用于单尺度级别的信息交互，使任务之间共享基础特征和初始上下文语义信息。③在多尺度层面上运行的任务自适应多尺度特征融合（task adaptive multi-scale fusion，TAF）模块，根据不同的输入任务，可以自适应地整合跨尺度特征，以提升每项任务的性能。④在任务级别运作的非对称信息对比模块（asymmetric information comparison module，AICM），通过策略性的交换操作，细化和增强特定任务的特征，提高特定任务的预测准确率和整体网络的性能。

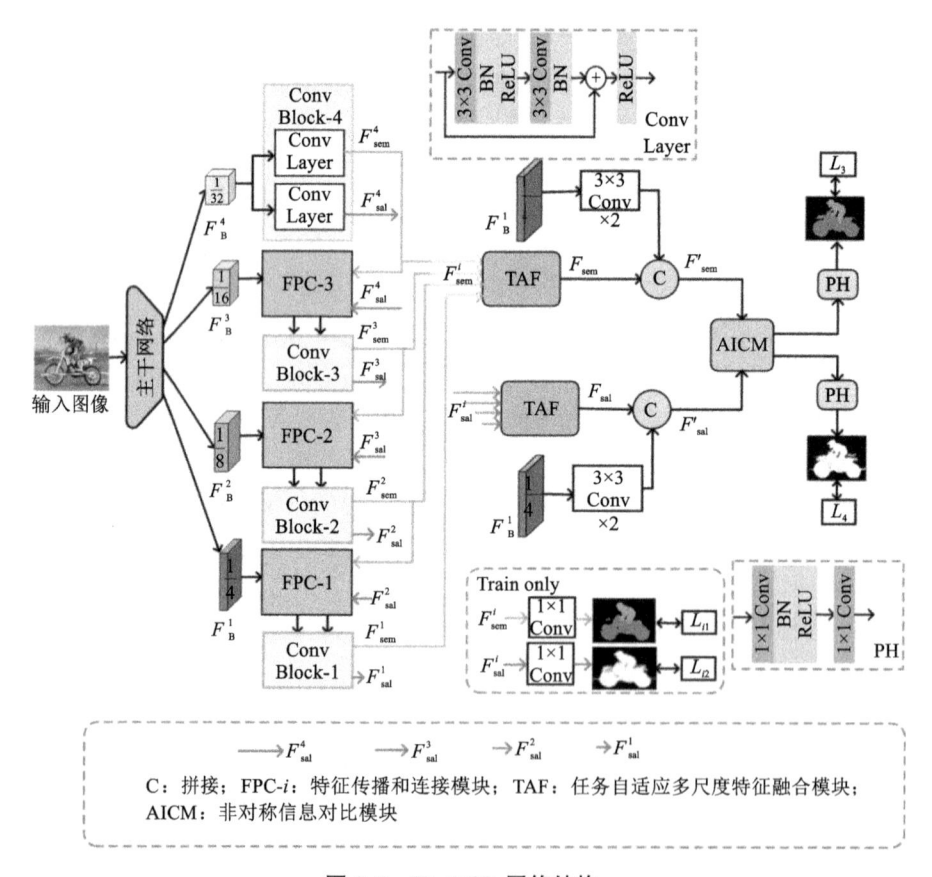

图 9.1　HirMTL 网络结构

主干网络提取多尺度特征($F_B^1$, $F_B^2$, $F_B^3$ 和 $F_B^4$)后，3 个连续的 FPC 模块巧妙地将小分辨率的高层特征融合到更细粒度、大分辨率特征中，增强了 $F_B^1$、$F_B^2$ 和 $F_B^3$ 的语义特征。这些增强的语义特征和 $F_B^4$ 使用两个对称卷积层进行特定任务特征的细化，得到两组面向任务的多尺度特征($F_{\text{sem}}^i$ 和 $F_{\text{sal}}^i$，其中 $i \in \{1, 2, 3, 4\}$)，然后在 4 个尺度上对每个任务进行监督。随后，两个 TAF 模块独立运行，巧妙地融合多尺度特征($F_{\text{sem}}^i$ 和 $F_{\text{sal}}^i$)，形成针对各自任务的多尺度融合特征 $F_{\text{sem}}$ 和 $F_{\text{sal}}$。为了解决潜在的细节稀释问题，编码器的低层特征 $F_B^1$ 与 TAF 输出 $F_{\text{sem}}$ 和 $F_{\text{sal}}$，通过跳跃连接在通道维度拼接，输出 $F'_{\text{sem}}$ 和 $F'_{\text{sal}}$ 增强特征。随后，这些特征被传递至 AICM，通过对不同任务特征的交互共享，进一步加强了各自任务的上下文信息。最终，AICM 的输出经过两个预测头处理，生成了最终的预测结果，如图 9.1 中的"PH"所示。

## 9.3.2 特征传播和连接模块

受 MTI[10] 模型中使用的特征传播模块(feature propagation module，FPM)的启发，我们提出了特征传播和连接模块(feature propagation and concatenation，FPC)，以促进单尺度级别的多任务信息交换。除此以外，该模块还可以完成高层特征向低层特征的传递。低层特征通常具有较小的感受野，导致无法准确地用于初始任务预测。为了解决这一问题，FPC 模块将较低级别的特征与来自较高级别的特征针对特定任务融合在一起。这种融合提高了特定任务特征表示的整体质量和上下文信息质量。

FPC 模块结构如图 9.2 所示，该模块在多尺度特征逐步聚合的过程中实现了不同任务间信息的交互。首先，语义特征 $F_{\text{sem}}^{i+1}$ 和显著性特征 $F_{\text{sal}}^{i+1}$ 在通道维度拼接后使用"Conv block"细化特征，为接下来特定任务的注意力机制奠定了基础。在卷积之后，将合并的特征图在通道上进行划分，这是在任务维度上应用 softmax 函数的基础。然后，softmax 函数产生的注意力图通过与原始高层特征 $F_{\text{sem}}^{i+1}$ 和 $F_{\text{sal}}^{i+1}$ 逐元素相乘，生成了一组既包含每个任务所需共享属性，又体现独特属性的增强特征。接着，应用 1×1 卷积恢复通道尺度。为了强调针对不同任务的信息，FPC 包含了两个不同的挤压-激励(SE)模块，每个模块都根据任务相关性进行微调，以细化特征。最后，残差连接将特征与原始对应特征 $F_{\text{sem}}^{i+1}$ 和 $F_{\text{sal}}^{i+1}$ 重新整合，在不偏离既定语义上下文的情况下增强了特征集。FPC 模块的核心作用发生在上采样过程中，其中增强的特征与相应的低层骨干特征相结合，融合产生了 FPC 输出。任务之间的单尺度交互为在 HirMTL 框架内建立分层多任务学习起到了关键作用。

具体来说，首先进行语义分割和显著性目标检测任务输入特征的聚合，如式(9.1)所示：

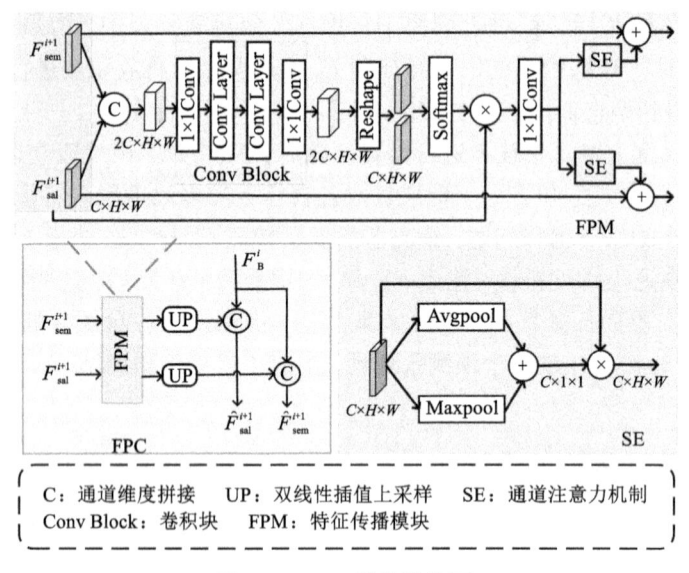

图 9.2 FPC 模块结构图

$$F_{\text{integrated}}^{i+1} = \text{Convblock}[\text{Concat}(F_{\text{sem}}^{i+1}, F_{\text{sal}}^{i+1})] \tag{9.1}$$

式中：Convblock(·)表示包含 1 个 1×1 卷积层(用于将维度降低到输入大小的四分之一)、2 个如图 9.1 所示的"Conv layer"卷积结构，以及 1 个用于恢复原始维度的 1×1 卷积。

接着将聚合后的特征 $F_{\text{integrated}}^{i+1}$ 按照任务数量在通道维度分开后用 softmax 函数激活，如式(9.2)所示，得到特定任务的注意力图。

$$A_{\text{sem}}, A_{\text{sal}} = \text{softmax}[\text{split}(F_{\text{integrated}}^{i+1})] \tag{9.2}$$

将特定任务的注意力图 $A_{\text{sem}}$、$A_{\text{sal}}$ 分别与输入特征 $F_{\text{sem}}^{i+1}$、$F_{\text{sal}}^{i+1}$ 相乘，如式(9.3)和式(9.4)所示，得到不同任务的增强特征。

$$F_{\text{enhanced, sem}}^{i+1} = A_{\text{sem}} \odot F_{\text{sem}}^{i+1} \tag{9.3}$$

$$F_{\text{enhanced, sal}}^{i+1} = A_{\text{sal}} \odot F_{\text{sal}}^{i+1} \tag{9.4}$$

然后，将增强后的语义分割特征和显著性目标检测特征在通道维度拼接后使用 1×1 卷积进行维度重建，此过程如式(9.5)所示。

$$F_{\text{reconcat}}^{i+1} = \text{Conv}_{1\times 1}[\text{Concat}(F_{\text{enhanced, sem}}^{i+1}, F_{\text{enhanced, sal}}^{i+1})] \tag{9.5}$$

将重建后的特征 $F_{\text{reconcat}}^{i+1}$ 通过 SE 细化，再与输入特征相加得到 FPM 的输出特征，如式(9.6)和式(9.7)所示：

$$F_{\text{refined, sem}}^{i+1} = \text{SE}_{\text{sem}}(F_{\text{reconcat}}^{i+1}) + F_{\text{sem}}^{i+1} \tag{9.6}$$

$$F_{\text{refined, sal}}^{i+1} = \text{SE}_{\text{sal}}(F_{\text{reconcat}}^{i+1}) + F_{\text{sal}}^{i+1} \tag{9.7}$$

最后，对当前尺度特征进行上采样，使其和相邻主干网络输出的更大尺度特征在通道维度融合，整个过程可以用式(9.8)和式(9.9)描述。

$$\hat{F}^i_{\text{sem}} = \text{Concat}[\text{Upsample}(F^{i+1}_{\text{refined, sem}}), F^i_{\text{B}}] \tag{9.8}$$

$$\hat{F}^i_{\text{sal}} = \text{Concat}[\text{Upsample}(F^{i+1}_{\text{refined, sal}}), F^i_{\text{B}}] \tag{9.9}$$

式(9.1)~式(9.9)中：Concat(·)表示通道维度拼接操作；⊙表示元素相乘；split(·)表示将特征图划分于特定任务的部分；$\text{SE}_{\text{sem}}(·)$和$\text{SE}_{\text{sal}}(·)$分别表示语义和显著性任务的通道注意力模块；Upsample(·)表示上采样操作。

### 9.3.3 任务自适应多尺度特征融合模块

在HirMTL框架中，任务自适应多尺度特征融合模块(task adaptive multi-scale fusion, TAF)能够根据不同的任务自适应地聚合多尺度特征以进行多任务学习。该模块旨在学习每个任务对4个尺度特征的不同需求，并对其进行重要性排序。图9.3展示了TAF在自适应融合多尺度特征方面的作用。图9.3(a)为RGB输入图像，图9.3(b)~(e)表示主干网络输出的4个特征尺度。图9.3(f)和(g)展示了TAF复杂的多尺度融合结果，分别为语义分割(Semseg)和显著目标检测(Sal)的融合特征的热图，以及它们对应的不同尺度特征的融合比例。

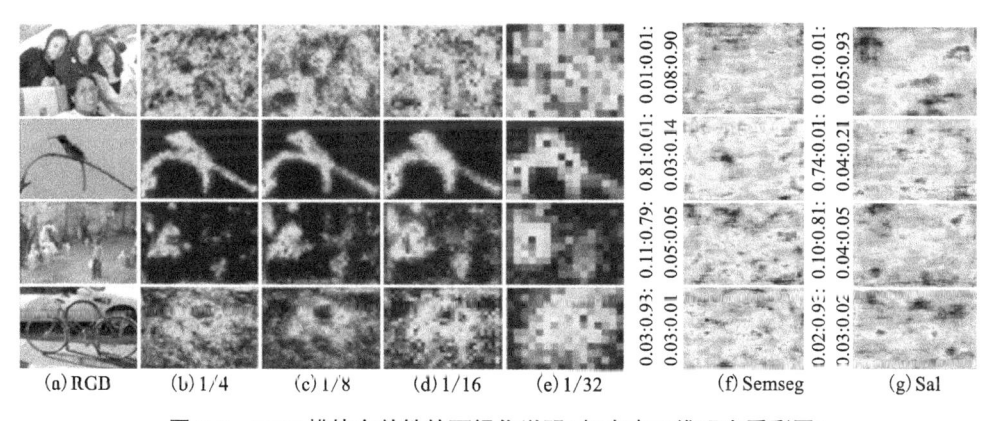

图 9.3　TAF 模块有效性的可视化说明(扫本章二维码查看彩图)

在TAF进行特征融合之前，对最小尺度的主干网络输出特征$F^4_{\text{B}}$和3个FPC-$i$模块($i \in \{1, 2, 3\}$)的输出特征$\hat{F}^i_{\text{sem}}$、$\hat{F}^i_{\text{sal}}$，通过两个具有相同结构的并行卷积层同时进行处理，卷积层的结构如图9.1中的"Conv Layer"所示，处理后得到TAF模块输入特征的数学表达式，如式(9.10)和式(9.11)所示。

$$F^4_{\text{sem}} = \text{Conv}(F^4_{\text{B}}), \ F^4_{\text{sal}} = \text{Conv}(F^4_{\text{B}}) \tag{9.10}$$

$$F^i_{\text{sem}} = \text{Conv}(\hat{F}^i_{\text{sem}}), \ F^i_{\text{sal}} = \text{Conv}(\hat{F}^i_{\text{sal}}), \ i \in \{1, 2, 3\} \tag{9.11}$$

训练阶段，通过 1×1 卷积进一步处理细化的特征 $F_t^i$，以生成初始预测结果，如式(9.12)和式(9.13)所示。这些初始预测结果对损失计算至关重要，能指导网络在每个尺度上学习面向任务的特征。

$$P_{\text{sem}}^i = \text{Conv}_{1 \times 1}(F_{\text{sem}}^i), i \in \{1, 2, 3, 4\} \quad (9.12)$$

$$P_{\text{sal}}^i = \text{Conv}_{1 \times 1}(F_{\text{sal}}^i), i \in \{1, 2, 3, 4\} \quad (9.13)$$

提取初始特征之后，多个尺度上特定任务的特征(记为 $F_{\text{sem}}^i$ 和 $F_{\text{sal}}^i$)由 TAF 模块自适应融合，创建对密集预测任务至关重要的整体多尺度表示。如图 9.4 所示，TAF 利用多感受野特征模块(multi-receptive field feature modules，MFF)首先捕获了跨尺度的全局上下文信息，这个过程如式(9.14)和式(9.15)所示。

$$G_{\text{sem}}^i = \text{MFF}(F_{\text{sem}}^i), i \in \{1, 2, 3, 4\} \quad (9.14)$$

$$G_{\text{sal}}^i = \text{MFF}(F_{\text{sal}}^i), i \in \{1, 2, 3, 4\} \quad (9.15)$$

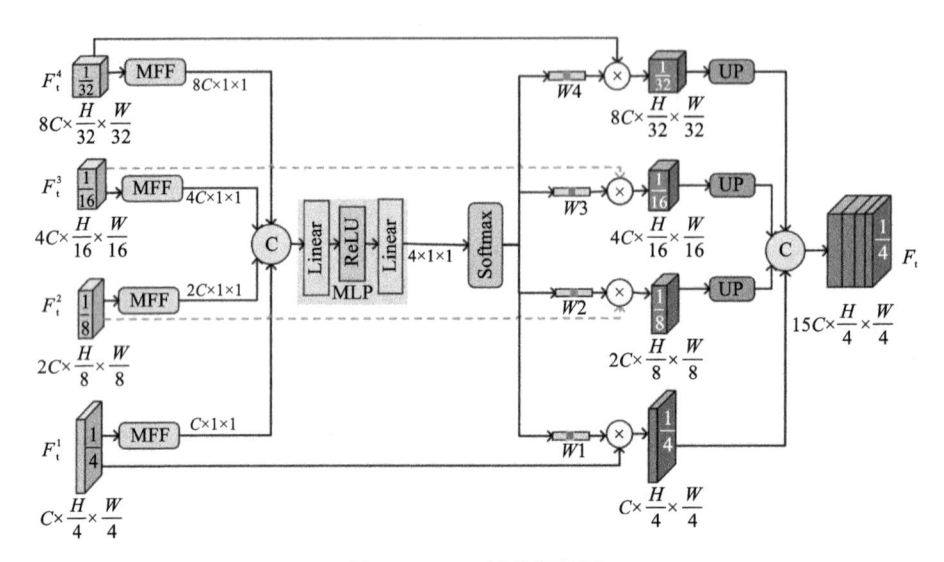

图 9.4 TAF 模块框架图

接下来，通过 MLP 和 softmax 函数连接和处理这些全局特征，为每个尺度生成自适应权重 $W_i$，根据当前特定任务定制尺度实现 TAF 模块的融合，这个过程如式(9.16)所示：

$$[W_1, \cdots, W_4] = \text{softmax}\{\text{MLP}[\text{Concat}(G_{\text{sem}}^1, \cdots, G_{\text{sem}}^4)]\} \quad (9.16)$$

然后利用自适应权重确保特征的最优组合，增强网络处理多个任务多样化需求的能力，如式(9.17)和式(9.18)所示。

$$F_{\text{sem}} = \text{Concat}[W_1 \cdot F_{\text{sem}}^1, \text{Up}(W_2 \cdot F_{\text{sem}}^2), \text{Up}(W_3 \cdot F_{\text{sem}}^3), \text{Up}(W_4 \cdot F_{\text{sem}}^4)]$$

$$(9.17)$$

$$F_{\text{sal}} = \text{Concat}[W_1 \cdot F_{\text{sal}}^1, \text{Up}(W_2 \cdot F_{\text{sal}}^2), \text{Up}(W_3 \cdot F_{\text{sal}}^3), \text{Up}(W_4 \cdot F_{\text{sal}}^4)]$$
(9.18)

式中：Concat(·)表示特征通道维度的拼接；Up(·)表示将特征缩放到 $F_{\text{sem}}^1$ 或 $F_{\text{sal}}^1$ 分辨率的上采样操作[88]。

为了进一步细化用于密集预测任务分析的特征表示，将自适应多尺度融合后的特征与含有丰富空间细节信息的低级主干特征 $F_B^1$ 进行串接融合，如式(9.19)和式(9.20)所示。

$$F'_{\text{sem}} = \text{Concat}(F_{\text{sem}}, F_B^1) \quad (9.19)$$

$$F'_{\text{sal}} = \text{Concat}(F_{\text{sal}}, F_B^1) \quad (9.20)$$

这种集成以细粒度的细节丰富了特定任务的特征，确保 TAF 模块有助于进行精确的像素级任务预测，这对复杂场景下的密集预测任务至关重要。在 HirMTL 框架中，TAF 是由 FPC 模块促进的单尺度交互与由 AICM 实现的任务级细化间的桥梁。

### 9.3.4 MFF 模块

多感受野特征(MFF)模块是 TAF 模块的一部分，如图 9.5 所示，其对于从单尺度特征中提取全局上下文信息至关重要。通过采用一系列扩张卷积，MFF 可以捕捉各种粒度的信息，确保了多样化的感受野。这种能力对于现实场景分析至关重要，这个过程的数学表示如式(9.21)和式(9.22)所示。

$$F'^i_{\text{sem}} = \sum_{j=1}^{3} \text{Conv}_{3\times 3}^{d_j}(F_{\text{sem}}^i) \quad (9.21)$$

$$F'^i_{\text{sal}} = \sum_{j=1}^{3} \text{Conv}_{3\times 3}^{d_j}(F_{\text{sal}}^i) \quad (9.22)$$

式中：$\text{Conv}_{3\times 3}^{d_j}(\cdot)$ 表示扩张率为 $d_j$ 的 3×3 扩张卷积运算。在本章实验中，扩张率 $d_j$ 设置为 12、24 和 36，使 MFF 模块能够有效地处理不同细节层次的特征。

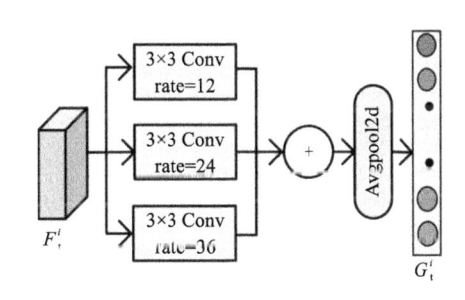

**图 9.5　MFF 模块结构图**

对转换后的特征沿着空间维度进行全局平均池化(GAP)，以提取全局上下文信息：

$$G_{\text{sem}}^i = \text{GAP}(F'^i_{\text{sem}}) \quad (9.23)$$

$$G_{\text{sal}}^i = \text{GAP}(F'^i_{\text{sal}}) \quad (9.24)$$

利用扩张卷积和全局平均池化的协同方法使 MFF 模块能够有效地捕捉不同

尺度的全局上下文信息。这种丰富的特征表示对于 TAF 模块生成自适应融合权重至关重要，进一步确保了网络对场景的全面理解。

### 9.3.5 非对称信息对比模块

虽然相关任务可能共享相似特征，但它们也需要具备不同的特性，以实现在各自任务中的最佳表现。有效地整合共享特征和独特特征对于确保模型性能的稳健性、减少不必要的计算成本以及缓解潜在的网络延迟至关重要。

为应对以上挑战，本章提出非对称信息对比模块（AICM），以协调跨任务的共享和独特特征，如图 9.6 所示。AICM 由共享信息分支、总体信息分支和独特信息分支组成，它们并行提取任务之间的共享、总体和独特特征。总体信息分支在跨任务多尺度信息学习中起着不可或缺的作用。它在通道维度拼接两个特定任务的多尺度特征，然后使用 1×1 卷积来恢复维度，从而得到两个任务的全面表示，如式(9.25)所示。

$$F_{overall} = \text{Conv}_{1\times1}\left[\text{Concat}(F'_{sem}, F'_{sal})\right] \tag{9.25}$$

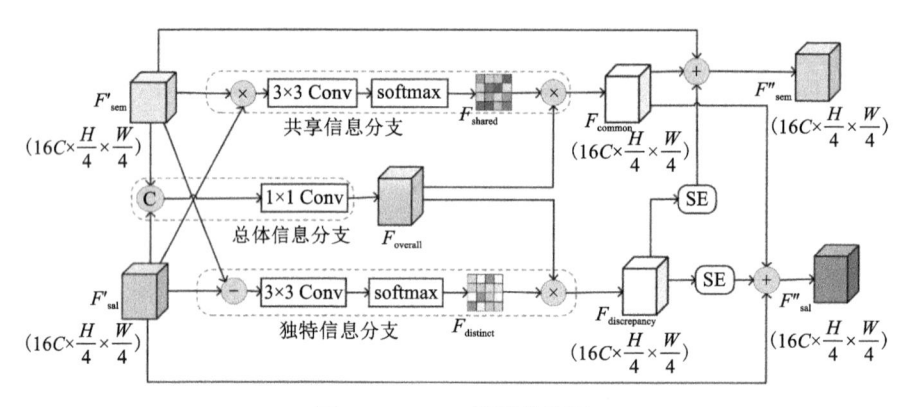

**图 9.6 AICM 模型结构图**

共享信息分支针对任务之间共同激活的特征，旨在提高模型效率，并减少计算冗余。它先对特征 $F'_{sem}$ 和 $F'_{sal}$ 进行逐元素相乘，然后使用 3×3 卷积进行特征细化，最后利用 softmax 函数得到注意力矩阵：

$$F_{share} = \text{softmax}\left[\text{Conv}_{3\times3}(F'_{sem} \odot F'_{sal})\right] \tag{9.26}$$

相反，独特信息分支旨在捕获每个任务之间的特有特征。首先计算 $F'_{sem}$ 和 $F'_{sal}$ 元素之间的差异，然后经过 3×3 卷积和 softmax 操作得到注意力矩阵：

$$F_{distinct} = \text{softmax}\left[\text{Conv}_{3\times3}(F'_{sem} - F'_{sal})\right] \tag{9.27}$$

然后，将总体信息分支的输出、共享信息分支和独特信息分支的输出进行组合，得到增强的共享特征和独特特征：

$$F_{\text{common}} = F_{\text{overall}} \cdot F_{\text{distinct}} \quad (9.28)$$
$$F_{\text{discrepancy}} = F_{\text{overall}} \cdot F_{\text{distinct}} \quad (9.29)$$

这些组合丰富了特征空间，确保了任务的共享和独特方面都得到充分表示。通过 SE 块处理独特特征，学习任务独有的特征：

$$F_{\text{discrepancy}_{\text{sem}}} = \text{SE}(F_{\text{discrepancy}}) \quad (9.30)$$
$$F_{\text{discrepancy}_{\text{sal}}} = \text{SE}(F_{\text{discrepancy}}) \quad (9.31)$$

最后，将增强后的总体特征和特有特征与原始输入特征相结合，得到 AICM 的最终输出结果：

$$F''_{\text{sem}} = F_{\text{common}} + F_{\text{discrepancy}_{\text{sem}}} + F'_{\text{sem}} \quad (9.32)$$
$$F''_{\text{sal}} = F_{\text{common}} + F_{\text{discrepancy}_{\text{sal}}} + F'_{\text{sal}} \quad (9.33)$$

AICM 在 HirMTL 中发挥关键作用，它促进了任务级的交互式学习。每个任务特有的共享特征和独特特征分支，有效减少了冗余信息和任务干扰。这种任务级的信息交互方法是 HirMTL 实现多任务学习的关键，显著减少了网络的负迁移现象，并提高了网络的整体预测精度。

### 9.3.6　多任务学习损失函数

对分层多任务学习网络（HirMTL）在 6 个密集预测任务上进行了评估：语义分割（Semseg）、单目深度估计（Depth）、表面法向量估计（Normal）、人体部位分割（Partseg）、显著性检测（Sal）和边界检测（Bound）。

对于 depth 和 normal 等回归任务，由于 $L1$ 损失函数在最小化绝对差异方面很有效，因此使用 $L1$ 损失函数。对于 Semseg、Partseg、Sal 和 Bound 等分类任务，交叉熵损失被用来度量预测分布和真实分布之间的差异。HirMTL 中的总损失函数，结合了所有任务的初始和最终预测损失，如式（9.34）和式（9.35）所示。

$$L_t = \sum_{i=1}^{4} L_{S,t}^{t} + L_{F,t} \quad (9.34)$$
$$L_{\text{total}} = \sum_{t=1}^{T} \gamma_t L_t \quad (9.35)$$

式中：$L_{S,t}^{i}$ 表示任务 $t$ 在尺度 $i$ 上的初始损失；$L_{F,t}$ 表示任务 $t$ 的最终损失；$T$ 表示任务总数；$\gamma_t$ 表示一个超参数，可以确保不同任务之间的学习平衡。

## 9.4　实验

下面对所提出的用于密集预测任务的分层多任务学习网络（HirMTL）在各种密集预测任务中进行严格评估。本节概述了所提出的实验方法和用于评估框架有效性和通用性的性能指标；将 HirMTL 与现有最先进的网络进行比较，以证明其有效性；研究了不同任务间的依赖关系，并进行了消融实验以评估各个组件的贡献。除此以外，本节还测试了 TAF 模块的即插即用能力，并将所提出的方法扩展到 4 个任务场景中，从而证明了框架的适应性和鲁棒性。

### 9.4.1　实验设置

（1）超参数设置。

本章实验在 Pascal-context 和 NYUD-v2 数据集上进行。对于 Pascal-Context 数据集，注释标签可用于 5 个任务：Semseg、Partseg、Sal、Normal 和 Bound。在 Pascal-Context 数据集上的所有实验中，这些任务的损失权重[即式(9.35)中的 $\gamma_t$ ]分别为 1.0、2.0、5.0、10 和 50。相比之下，NYUD-v2 数据集为 4 个任务，即 Semseg、Depth、Normal 和 Bound 提供了注释标签。这些任务的损失权重在所有实验中保持不变，分别为 1.0、1.0、10 和 50。

（2）实验细节。

计算实验在配备了 Inter© Xeon(R) w-2123CPU@3.60 GHz×8 和 NVIDIA GeForce RTX 2080Ti GPU 的系统上进行。实验的主干网络为在 ImageNet 数据集上进行了预训练的 HRNetV2-W18-small[28]，因为它具有保持高分辨率表示的能力，这对于计算机视觉中的位置敏感任务至关重要。

在训练期间，将批次大小设置为 4，并使用动量为 0.9 和权重衰减为 0.0001 的 Adam 优化器。学习率初始化为 0.0001，模型总共训练了 100 个 epoch。

（3）评价指标。

利用特定任务的指标，对 HirMTL 框架在多种计算机视觉任务中的性能进行评估。使用平均交并比(MIoU)评估语义分割、显著性检测和人体部位分割任务，使用平均误差(mErr)评估表面法向量任务，使用均方根误差(rmse)评估深度估计性能，使用最优数据集尺度 F-measure (odsF)评估边界检测性能。

按照 MTI 中的方法，多任务学习性能 $\Delta m$ 被定义为相对于单任务基线 $b$ 的任务性能平均提升值，如式(9.36)所示。

$$\Delta m = \frac{1}{T} \sum_{i=1}^{T} (-1)^{l_i} \frac{M_{m,i} - M_{b,i}}{M_{b,i}} \tag{9.36}$$

式中：$T$ 表示任务个数；$M_{m,i}$ 表示任务 $i$ 在多任务网络中的指标得分；$M_{b,i}$ 表示单任务基线中的指标得分。分数越低表示性能越好，此时 $l_i$ 分数为 1，否则为 0。$\Delta m$ 值越高，表明多任务学习性能越好，反映了与每个任务特定的单任务模型相比，多任务网络的有效性更好。

### 9.4.2　与其他先进算法的比较

这项基准测试旨在比较 HirMTL 与当前主要方法的多任务性能，特别侧重于比较 Pascal-Context 数据集中的语义分割和显著性检测等性能，以及 NYUD-v2 数据集上的语义分割和单目深度估计性能。选择这些数据集是因为它们具有固有的复杂性和多样化的场景表示，为 HirMTL 提供了一个全面的测试平台。

(1) 在 Pascal-Context 数据集上的比较结果

表 9.1 展示了 HirMTL 与其他先进模型在 Pascal-Context 数据集上的对比结果，特别是针对语义分割和显著性检测任务。当使用 HR-Net18 作为主干网络时，HirMTL 在多任务性能方面与 PAD 和 MTI 框架相比表现出显著的进步，实现了 $\Delta m = +3.00\%$。此外，最接近的竞争对手 ATRC 的 $\Delta m = +2.57\%$，仍然低于 HirMTL 的性能。嵌入 Swin-T 主干网络时，HirMTL 的性能进一步增强，$\Delta m$ 达到+4.90%，与 InvPT 的 $\Delta m = +0.26\%$ 形成鲜明对比。这表明，HirMTL 在利用 Swin-T[29] 架构提供的高级功能方面非常有效，最终实现了卓越的任务性能。

表 9.1 在 Pascal-Context 数据集上 HirMTL 与其他方法的比较结果
(↑表示数值越高效果越好)

| 方法 | Semseg(MIoU↑) ST | Semseg(MIoU↑) MT | Sal(MIoU↑) ST | Sal(MIoU↑) MT | $\Delta m/\%$↑ |
|---|---|---|---|---|---|
| baseline(HR-Net) | 59.13 | 55.26 | 66.78 | 66.45 | -3.36 |
| PAD(HR-Net) | 59.13 | 57.11 | 66.78 | 66.43 | -1.97 |
| MTI(HR-Net) | 59.13 | 60.69 | 66.78 | 67.48 | +1.85 |
| ATRC(HR-Net) | 59.13 | 58.91 | 66.78 | 68.75 | +2.57 |
| HirMTL(HR-Net) | 59.13 | 61.91 | 66.78 | 67.84 | +3.00 |
| InvPT(Swin-T) | 63.17 | 62.76 | 71.04 | 71.22 | +0.26 |
| HirMTL(Swin-T) | 63.17 | 62.24 | 71.04 | 76.03 | +4.90 |

如图 9.7 所示，在 Pascal-Context 数据集的语义分割和显著性检测任务中，HirMTL 比 InvPT 表现出更优越的性能。HirMTL 的优势在于其分层多任务学习策略，巧妙地解耦了不同层级上任务间的依赖关系。

(2) 在 NYUD-v2 数据集上的比较结果。

在 NYUD-v2 数据集上，特别是在语义分割和单目深度估计方面，HirMTL 表现出出色的性能。如表 9.2 所示，HirMTL 擅长捕捉对深度估计至关重要的细节信息，同时保持语义分割的高精度。在 HR-Net18 主干网络上，HirMTL 在多任务性能上取得了显著提升，$\Delta m$ 达到了+10.78%，明显超过了 ATRC 的+7.16%。利用主干网络 Swin-T，HirMTL 进一步证明了其鲁棒性，$\Delta m$ 达到+9.56%，大大超

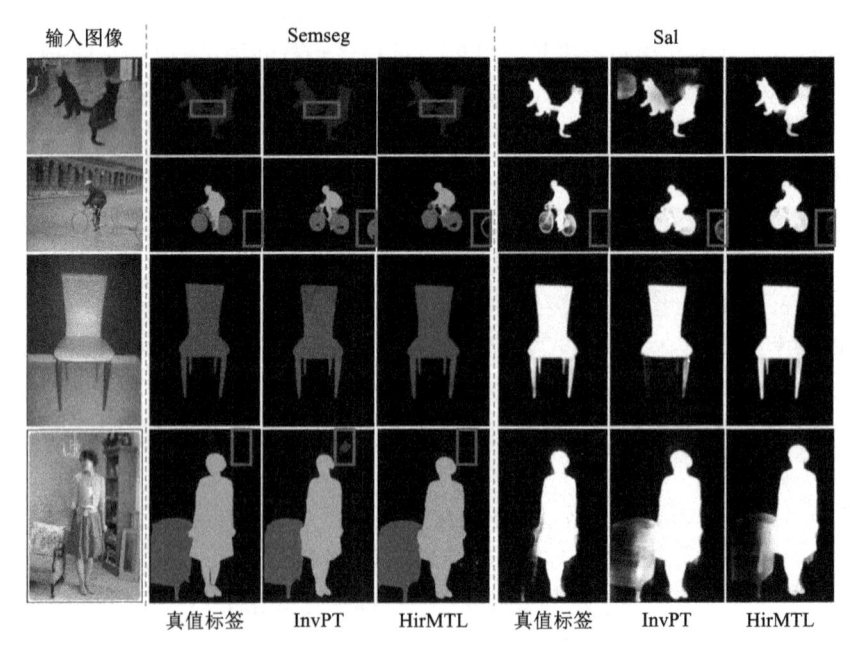

图 9.7 在 Pascal-Context 数据集上进行定性比较

过了 InvPT 的 +4.37%。这些结果不仅进一步证明了 HirMTL 对不同架构主干网络的适应性,而且显示了它在处理既需要语义理解又需要精确回归分析的复杂任务(如深度估计)方面的熟练程度。

表 9.2 在 NYUD-v2 数据集上 HirMTL 与其他方法的比较结果(↑表示数值越高效果越好)

| 方法 | SemSeg(MIoU↑) ST | SemSeg(MIoU↑) MT | Depth(RMSE↓) ST | Depth(RMSE↓) MT | $\Delta m/\%$ ↑ |
|---|---|---|---|---|---|
| baseline(HR-Net) | 33.20 | 32.09 | 0.686 | 0.687 | -1.71 |
| PAD(HR-Net) | 33.20 | 32.80 | 0.686 | 0.679 | -0.02 |
| MTI(HR-Net) | 33.20 | 35.12 | 0.686 | 0.642 | +6.40 |
| ATRC(HR-Net) | 33.20 | 36.04 | 0.686 | 0.632 | +7.16 |
| HirMTL(HR-Net) | 33.20 | 38.18 | 0.686 | 0.641 | +10.78 |
| InvPT(Swin-T) | 43.71 | 45.26 | 0.639 | 0.625 | +4.37 |
| HirMTL(Swin-T) | 43.71 | 47.72 | 0.639 | 0.574 | +9.56 |

(3) 多个任务性能比较。

在 NYUD-v2 数据集上，我们扩展了模型的能力，使其能够同时处理 4 个任务，即语义分割、单目深度估计、表面法向量估计和边界检测。为了支持这 4 个任务，将任务自适应融合(TAF)模块的数量增加到 4 个，并扩展非对称信息对比模块(AICM)来处理跨任务的共享和差异特征。特定任务的预测通过卷积块"PH"实现。这种扩展任务的评估结果如表 9.3 所示。

表 9.3　在 NYUD-v2 数据集上扩展的多任务性能结果

| 方法 | SemSeg (MIoU↑) ST | SemSeg (MIoU↑) MT | Depth (RMSE↓) ST | Depth (RMSE↓) MT | Normal (mErr↓) ST | Normal (mErr↓) MT | Bound (odsF↑) ST | Bound (odsF↑) MT | $\Delta m$/% |
|---|---|---|---|---|---|---|---|---|---|
| MTI(HR-Net) | 33.20 | 34.34 | 0.687 | 0.640 | 22.74 | 23.05 | 74.00 | 74.50 | +2.39 |
| ATRC(HR-Net) | 33.20 | 34.05 | 0.687 | 0.677 | 22.74 | 22.30 | 74.00 | 74.14 | +1.74 |
| HirMTL(HR-Net) | 33.20 | 37.67 | 0.687 | 0.668 | 22.74 | 22.50 | 74.00 | 75.00 | +4.64 |
| InvPT(Swin-T) | 43.71 | 44.52 | 0.638 | 0.596 | 23.10 | 22.53 | 65.40 | 65.99 | +2.84 |
| HirMTL(Swin-T) | 43.71 | 47.85 | 0.638 | 0.628 | 23.10 | 21.27 | 65.40 | 69.80 | +6.37 |

在 NYUD-v2 数据集上将 HirMTL 扩展到处理 4 个任务的实验结果进一步证实了该框架的有效性。基于 HR-Net18 主干网络，HirMTL 在多任务性能上的 $\Delta m$ 提升至+4.64%，明显优于 ATRC 和 MTI 的性能提升。当过渡到 Swin-T 主干网络时，HirMTL 的性能优势变得更加明显，$\Delta m$ 达到+6.37%，而 InvPT 的 $\Delta m$ 为+2.84%。实验结果验证了网络的正迁移效应，并肯定了所提出的 HirMTL 架构的有效性。

## 9.4.3　不同任务依赖关系的研究

本研究以 HR-Net-18 为主干网络，在 Pascal-Context 数据集上探讨了不同任务配对时对 HirMTL 框架性能的影响。这些任务包括 5 个密集预测任务：语义分割(Semseg)、显著性检测(Sal)、人体部位分割(Partseg)、表面法向量估计(Normal)和边界检测(Bound)。不同任务配对时，HirMTL 具体表现见图 9.8。

研究结果显示，相关性较强的任务配对时，HirMTL 表现出显著的有效性。例如，Semseg 和 Partseg 配对时 $\Delta m$ 值为+6%；Semseg 和 Sal 配对时 $\Delta m$ 为+3%；Semseg 和 Bound 配对时 $\Delta m$ 为+2.74%。相比之下，Normal(回归任务)与 Partseg (分类任务)配对时的 $\Delta m$ 值较低，为+1.3%。这些结果显时了 HirMTL 框架中不同任务配对时的不同协同效应，突出了其在分层多任务学习结构中的鲁棒性。值

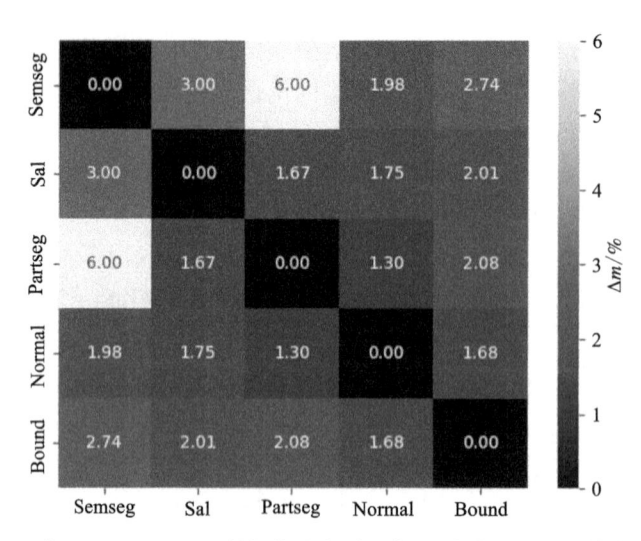

图 9.8 在 Pascal-Context 数据集上各种任务配对对 HirMTL 性能的影响
(扫本章二维码查看彩图)

得注意的是，HirMTL 在所有配对中的 $\Delta m$ 均为非负值，这进一步验证了 HirMTL 的有效性。

### 9.4.4 消融实验

在 NYUD-v2 数据集上以 HRNet-18 为主干网络进行消融实验，以证明 HirMTL 框架下提出的 FPC、TAF 和 AICM 模块的有效性。这些研究对于理解每个模块对分层多任务学习策略非常重要。

(1) 各组件的有效性。

该实验旨在评估 FPC、TAF 和 AICM 模块对 HirMTL 整体性能的贡献。表 9.4 展示了每个模块对多任务性能指标 $\Delta m$ 的影响。需要注意的是，TAF 模块的加入极大地提升了多任务性能指标，$\Delta m$ 从 +5.66% 上升到 +9.32%，证明了 TAF 的有效性。

表 9.4 在 NYUD-v2 数据集上不同模块对 HirMTL 性能的影响(↑表示数值越高效果越好)

| FPC | TAF | AICM | Semseg(MIoU↑) | Depth(RMSE↓) | $\Delta m$/%↑ |
| --- | --- | --- | --- | --- | --- |
| √ |   |   | 35.17 | 0.649 | +5.66 |
| √ | √ |   | 37.65 | 0.643 | +9.32 |
| √ | √ | √ | 38.18 | 0.641 | +10.78 |

此外，AICM 模块的集成显著优化了多任务学习过程，展示了其细化任务相关特征的能力。实验中使用定性评估方法更直观地展示了每个模块的有效性，图 9.9 为各模块有效性的热力可视化图，为 NYUD-v2 数据集上语义分割任务中各模块组合的可视化结果。与表 9.4 所示结论一致，说明通过 FPC、TAF 和 AICM 模块的逐步集成，网络预测得到了优化。

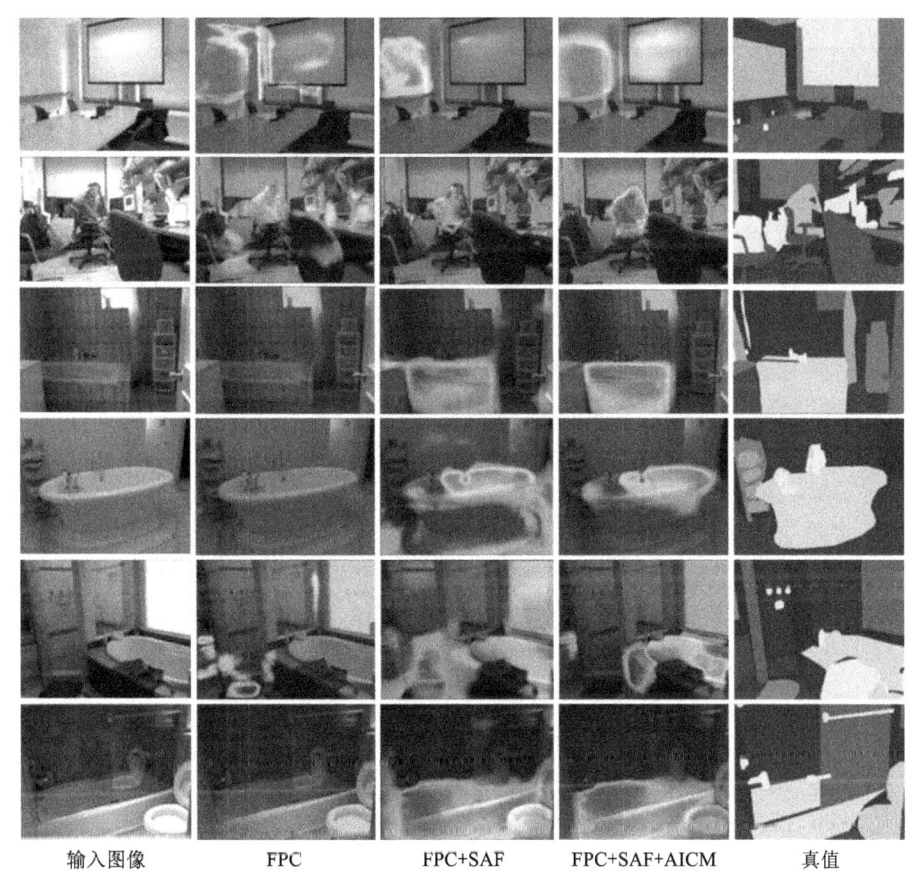

图 9.9　各模块有效性的热力可视化图（扫本章二维码查看彩图）

（2）MFF 模块中空洞率对网络性能的影响。

为了探究 MFF 模块的最佳感受野特性，本节对模块内的分支数量和空洞卷积的扩张率进行了一系列消融实验。这些实验在 NYUD-v2 数据集上的语义分割和单目深度估计任务中进行。实验结果如表 9.5 所示。

表 9.5　MFF 中空洞分支数量对多任务性能的影响(↑表示数值越高效果越好)

| 分支数量/个 | 扩张率 | Semseg(MIoU↑) | Depth(RMSE↓) | $\Delta m$/%↑ |
| --- | --- | --- | --- | --- |
| 1 | 12 | 37.15 | 0.650 | +8.82 |
| 2 | 12,24 | 37.80 | 0.643 | +9.55 |
| 3 | 12,24,36 | 38.18 | 0.641 | +10.78 |
| 4 | 12,24,36,48 | 36.92 | 0.633 | +9.49 |

由表 9.5 可知，随着空洞卷积分支的数量从 1 个增加到 3 个，多任务评价指标 $\Delta m$ 也增加。这表明，每个扩张卷积分支的添加有助于网络的整体性能提升。然而，当扩张的卷积分支数量增加到 4 个时，多任务性能的评价指标 $\Delta m$ 呈现下降趋势。这表明，对于本章所提出的 MFF，最有效的实现方法是使用 3 个扩张分支，且扩张率分别为 12、24 和 36。从实验中发现，扩张率为 48 的卷积核会显著影响语义分割任务的性能。这种影响可以归因于其对细节和边界信息的处理相对不足，导致大量噪声涌入网络。然而，在单目深度估计任务中，使用具有更大扩张率的卷积核可以获得更全面的上下文理解。这种增强的上下文信息有助于捕获全局结构和与深度相关的见解，从而提升网络性能。

(3)多级监督对 HirMTL 性能的影响。

本实验主要研究了 HirMTL 框架中不同层级监督对多任务性能的影响，特别关注了 NYUD-v2 数据集中的 2 个关键任务：语义分割和单目深度估计。本研究涵盖了网络内 3 个监督级别：浅层($L_S$)，即在 Conv Block-$i$ 之后，中层($L_M$)，即在每个 TAF 模块之后，以及最终的输出层($L_F$)。实验结果如表 9.6 所示。

表 9.6　分层监督对网络性能的影响(↑表示数值越高效果越好)

| $L_S$ | $L_M$ | $L_F$ | Semseg(MIoU↑) | Depth(RMSE↓) | $\Delta m$/%↑ |
| --- | --- | --- | --- | --- | --- |
|  |  | √ | 36.59 | 0.649 | +4.49 |
| √ |  | √ | 38.18 | 0.641 | +10.78 |
|  | √ | √ | 36.37 | 0.627 | +9.05 |
| √ | √ | √ | 36.53 | 0.645 | +7.99 |

表 9.6 所示数据表明，在 HirMTL 框架下采用双层监督策略取得了最好的效果。具体而言，$L_S$ 和 $L_F$ 的结合显著提升了网络性能，$\Delta m$ 达到+10.78%。$L_M$ 和 $L_F$ 的结合也提升了网络性能，$\Delta m$ 为+9.05%。但是，同时采用 3 个级别的监督没有使网络性能保持增长趋势，此时 $\Delta m$ 只有+7.99%。这表明，过度监管可能会导

致收益递减。以上研究表明，分层监督的最佳平衡至关重要。过多的监督层可能会限制网络的学习灵活性，导致过拟合或损害更复杂的特征表示。因此，在HirMTL框架中，采用双层监督$L_S$和$L_F$，可以获得最佳的网络性能。

(4) TAF即插即用的研究。

本研究旨在通过将任务自适应多尺度特征融合(TAF)模块整合到两种已建立的多任务学习架构，即PAD-Net和MTI-Net中，来评估TAF的即插即用适应性。对于PAD-Net，TAF模块取代了原始的最终特征融合层，嵌入TAF后记为PAD(T)。在MTI-Net中，在多模态蒸馏模块之后嵌入TAF，记为MTI(T)。

该研究在NYUD-v2数据集中语义分割和单目深度估计两个任务中进行。结果如表9.7所示，将TAF嵌入PAD-Net后，多任务性能有明显的提高，$\Delta m$提高到+8.12%，证明了TAF模块在自适应融合多尺度特征方面的熟练程度。这种适应性有效地迎合了不同任务的独特需求，同时减少了信息冗余和噪声。将TAF嵌入MTI-Net后，多任务性能也获得显著提升，$\Delta m$从最初的+6.40%提高到+9.15%。这种改进不仅体现了TAF模块在多尺度特征处理方面的优越性，而且体现出其性能优于传统多尺度交互方法。总之，将TAF模块嵌入这些现有的多任务学习框架中验证了其即插即用功能。结果表明，TAF在增强多尺度特征集成方面是一个通用和有影响的组件，显著提高了多任务学习架构的整体性能。

表9.7 TAF即插即用对网络性能的影响(↑表示数值越高效果越好)

| 方法 | Semseg(MIoU↑) ST | Semseg(MIoU↑) MT | Depth(RMSE↓) ST | Depth(RMSE↓) MT | $\Delta m/\%$ ↑ |
|---|---|---|---|---|---|
| PAD | 33.20 | 32.80 | 0.686 | 0.679 | -0.02 |
| PAD(T) | 33.20 | 36.85 | 0.686 | 0.651 | +8.10 |
| MTI | 33.20 | 35.12 | 0.686 | 0.642 | +6.40 |
| MTI(T) | 33.20 | 36.61 | 0.686 | 0.631 | +9.15 |

## 9.5 本章小结

本章介绍了用于密集预测任务的分层多任务学习网络(HirMTL)，这是一种在密集预测任务中进行集成学习的开创性方法。HirMTL解决了深度神经网络不同层次任务之间的复杂问题，优化了信息传递，并减少了负迁移。在单尺度层面，特征传播和连接模块(feature propagation and concatenation，FPC)促进了特征交流的稳定和语义信息的丰富。任务自适应多尺度特征融合(TAF)模块根据每个任务的特定需求,熟练地融合跨尺度的特征,从而增强了网络处理复杂现实场景的能力。在任务层面,非对称信息对比模块(AICM)具有微调网络的性能,可以识别共享和独有的特征,从而优化特定任务的预测。

在 Pascal-Context 和 NYUD-v2 数据集上的实验研究证明了 HirMTL 相对现有多任务学习模型的优越性。HirMTL 在 Swin-T 比在 HR-Net-18 上表现出更好的性能,说明它可以有效利用高级特性。多任务学习性能在不同任务对上的表现进一步验证了层次化多任务学习框架的有效性。

HirMTL 具有广泛的潜在应用领域,包括自动驾驶、医疗成像、环境监测和机器人视觉。它所具有的复杂场景分析能力使这些领域具有变革性的前景。未来的工作将聚焦于提高 HirMTL 的效率、可扩展性和适应性,以便将其应用扩展到更广泛的任务和数据集。

# 参考文献

[1] LIN G S, MILAN A, SHEN C H, et al. RefineNet: multi-path refinement networks for high-resolution semantic segmentation[C]//2017 IEEE Conference on Computer Vision and Pattern Recognition (CVPR). July 21-26, 2017, Honolulu, HI, USA. IEEE, 2017: 5168-5177.

[2] HOWARD A, SANDLER M, CHEN B, et al. Searching for MobileNetV3[C]//2019 IEEE/CVF International Conference on Computer Vision (ICCV). October 27-November 2, 2019. Seoul, Korea (South). IEEE, 2019: 1314-1324.

[3] 江俊君,李震宇,刘贤明.基于深度学习的单目深度估计方法综述[J].计算机学报,2022,45(6):1276-1307.

[4] ZHOU Z K, FAN X N, SHI P F, et al. R-MSFM: recurrent multi-scale feature modulation for monocular depth estimating[C]//2021 IEEE/CVF International Conference on Computer Vision (ICCV). October 10-17, 2021, Montreal, QC, Canada. IEEE, 2021: 12757-12766.

[5] ZHANG X N, WANG T T, QI J Q, et al. Progressive attention guided recurrent network for salient object detection[C]//2018 IEEE/CVF Conference on Computer Vision and Pattern Recognition. June 18-23, 2018, Salt Lake City, UT, USA. IEEE, 2018: 714-722.

[6] ZHAO R, OUYANG W L, LI H S, et al. Saliency detection by multi-context deep learning[C]//2015 IEEE Conference on Computer Vision and Pattern Recognition (CVPR). June 7-12, 2015, Boston, MA, USA. IEEE, 2015: 1265-1274.

[7] XU D, OUYANG W L, WANG X G, et al. PAD-net: multi-tasks guided prediction-and-distillation network for simultaneous depth estimation and scene parsing[C]//2018 IEEE/CVF Conference on Computer Vision and Pattern Recognition. June 18-23, 2018, Salt Lake City, UT, USA. IEEE, 2018: 675-684.

[8] LIU S K, JOHNS E, DAVISON A J. End-to-end multi-task learning with attention[C]//2019 IEEE/CVF Conference on Computer Vision and Pattern Recognition (CVPR). June 15-20,

2019, Long Beach, CA, USA. IEEE, 2019: 1871-1880.

[9] BAO G Q, CHEN H, LIU T L, et al. COVID-MTL: Multitask learning with Shift3D and random-weighted loss for COVID-19 diagnosis and severity assessment[J]. Pattern Recognition, 2022, 124: 108499.

[10] VANDENHENDE S, GEORGOULIS S, VAN GOOL L. MTI-net: multi-scale task interaction networks for multi-task learning[M]//Lecture Notes in Computer Science. Cham: Springer International Publishing, 2020: 527-543.

[11] BRÜGGEMANN D, KANAKIS M, OBUKHOV A, et al. Exploring relational context for multi-task dense prediction[C]//2021 IEEE/CVF International Conference on Computer Vision (ICCV). October 10-17, 2021, Montreal, QC, Canada. IEEE, 2021: 15849-15858.

[12] BHATTACHARJEE D, ZHANG T, SÜSSTRUNK S, et al. MuIT: an end-to-end multitask learning transformer[C]//2022 IEEE/CVF Conference on Computer Vision and Pattern Recognition (CVPR). June 18-24, 2022, New Orleans, LA, USA. IEEE, 2022: 12021-12031.

[13] XU Y Y, LI X T, YUAN H B, et al. Multi-task learning with multi-query transformer for dense prediction[EB/OL]. 2022: https://arxiv.org/abs/2205.14354v4.

[14] SONG X, ZHENG S, CAO W, et al. Efficient and Effective Multi-task Grouping via Meta Learning on Task Combinations[C]//Advances in Neural Information Processing Systems. 2022.

[15] BACHMANN R, MIZRAHI D, ATANOV A, et al. MultiMAE: multi-modal multi-task masked autoencoders[M]//Lecture Notes in Computer Science. Cham: Springer Nature Switzerland, 2022: 348-367.

[16] LIN T Y, DOLLÁR P, GIRSHICK R, et al. Feature pyramid networks for object detection [C]//2017 IEEE Conference on Computer Vision and Pattern Recognition (CVPR). July 21-26, 2017, Honolulu, HI, USA. IEEE, 2017: 936-944.

[17] CHEN S L, ZHAO J Q, ZHOU Y, et al. Info-FPN: an Informative Feature Pyramid Network for object detection in remote sensing images[J]. Expert Systems with Applications, 2023, 214: 119132.

[18] HU M, LI Y L, FANG L, et al. A2 FPN: attention aggregation based feature pyramid network for instance segmentation[C]//2021 IEEE/CVF Conference on Computer Vision and Pattern Recognition (CVPR). June 20-25, 2021, Nashville, TN, USA. IEEE, 2021: 15338-15347.

[19] REN S Q, HE K M, GIRSHICK R, et al. Faster R-CNN: towards real-time object detection with region proposal networks[EB/OL]. 2015: https://arxiv.org/abs/1506.01497v3.

[20] HE K M, GKIOXARI G, DOLLÁR P, et al. Mask R-CNN[C]//2017 IEEE International Conference on Computer Vision (ICCV). October 22-29, 2017, Venice, Italy. IEEE, 2017: 2980-2988.

[21] CHEN L C, ZHU Y K, PAPANDREOU G, et al. Encoder-decoder with atrous separable convolution for semantic image segmentation[M]//Lecture Notes in Computer Science. Cham: Springer International Publishing, 2018: 833-851.

[22] ZHANG Y T, LI H M, DU J, et al. 3D multi-attention guided multi-task learning network for automatic gastric tumor segmentation and lymph node classification[J]. IEEE Transactions on Medical Imaging, 2021, 40(6): 1618-1631.

[23] YE H R, XU D. Inverted pyramid multi-task transformer for Dense scene understanding[M]//Lecture Notes in Computer Science. Cham: Springer Nature Switzerland, 2022: 514-530.

[24] SONG T J, JEONG J, KIM J H. End-to-end real-time obstacle detection network for safe self-drivingvia multi-task learning[J]. IEEE Transactions on Intelligent Transportation Systems, 2022, 23(9): 16318-16329.

[25] ZHANG Z Y, CUI Z, XU C Y, et al. Pattern-affinitive propagation across depth, surface normal and semantic segmentation[C]//2019 IEEE/CVF Conference on Computer Vision and Pattern Recognition (CVPR). June 15-20, 2019, Long Beach, CA, USA. IEEE, 2019: 4101-4110.

[26] ZHANG Z Y, CUI Z, XU C Y, et al. Joint task-recursive learning for semantic segmentation and depth estimation[M]//FERRARI V, HEBERT M, SMINCHISESCU C, WEISS Y, eds. Lecture Notes in Computer Science. Cham: Springer International Publishing, 2018: 238-255.

[27] KUNDU J N, LAKKAKULA N, RADHAKRISHNAN V B. UM-adapt: unsupervised multi-task adaptation using adversarial cross-task distillation[C]//2019 IEEE/CVF International Conference on Computer Vision (ICCV). October 27-November 2, 2019, Seoul, Korea (South). IEEE, 2019: 1436-1445.

[28] RUDER S, BINGEL J, AUGENSTEIN I, et al. Latent multi-task architecture learning[C]//Proceedings of The AAAI Conference on Artificial Intelligence, 2019, 33(1): 4822-4829.

[29] LIU Z, LIN Y T, CAO Y, et al. Swin transformer: hierarchical vision transformer using shifted windows[C]//2021 IEEE/CVF International Conference on Computer Vision (ICCV). October 10-17, 2021, Montreal, QC, Canada. IEEE, 2021: 9992-10002.

图书在版编目(CIP)数据

视觉特征表达的集成深度学习研究 / 罗会兰著.
长沙：中南大学出版社，2025.2.
　　ISBN 978-7-5487-6096-2
　Ⅰ. TP302.7; TP181
中国国家版本馆 CIP 数据核字第 2024TE2832 号

## 视觉特征表达的集成深度学习研究
### SHIJUE TEZHENG BIAODA DE JICHENG SHENDU XUEXI YANJIU

罗会兰　著

| □出 版 人 | 林绵优 |
|---|---|
| □责任编辑 | 刘小沛 |
| □责任印制 | 唐　曦 |
| □出版发行 | 中南大学出版社 |
|  | 社址：长沙市麓山南路　　邮编：410083 |
|  | 发行科电话：0731-88876770　　传真：0731-88710482 |
| □印　　装 | 广东虎彩云印刷有限公司 |

□开　　本　710 mm×1000 mm 1/16　□印张 12.25　□字数 249 千字
□互联网+图书　二维码内容　字数 1 千字　图片 11 张
□版　　次　2025 年 2 月第 1 版　　□印次 2025 年 2 月第 1 次印刷
□书　　号　ISBN 978-7-5487-6096-2
□定　　价　58.00 元

图书出现印装问题，请与经销商调换